ASSOCIATION FRANÇAISE

POUR

L'AVANCEMENT DES SCIENCES

Une table des matières et une table analytique, par ordre alphabétique, terminent chaque Tome des Comptes rendus des travaux de
l'Association en 1910.

46474   Paris. — Imp. GAUTHIER-VILLARS, quai des Grands-Augustins, 55.

ASSOCIATION FRANÇAISE

POUR

L'AVANCEMENT DES SCIENCES

FUSIONNÉE AVEC

L'ASSOCIATION SCIENTIFIQUE DE FRANCE

(Fondée par Le Verrier en 1864).

Reconnues d'utilité publique.

———

COMPTE RENDU DE LA 39ᵐᵉ SESSION.

———

TOULOUSE
— 1910 —

NOTES ET MÉMOIRES

TOME IV

AGRONOMIE;

GÉOGRAPHIE;

ÉCONOMIE POLITIQUE ET STATISTIQUE;

PÉDAGOGIE ET ENSEIGNEMENT;

HYGIÈNE ET MÉDÉCINE PUBLIQUE.

———

PARIS,

AU SECRÉTARIAT DE L'ASSOCIATION

Rue Serpente, 28

ET CHEZ MM. MASSON ET Cⁱᵉ, LIBRAIRES DE L'ACADÉMIE DE MÉDECINE

Boulevard Saint-Germain, 120.

—

1911

LISTE DES CONGRÈS ET DE LEURS PRÉSIDENTS.

— VOLUMES —

ANNÉES.			VILLES.		PRÉSIDENTS.	
1872	1re Session.		Bordeaux........	1 volume.	Claude BERNARD	(*Décédé.*)
1873	2e	—	Lyon............	1 —	DE QUATREFAGES............	(*Décédé.*)
1874	3e	—	Lille	1 —	Adolphe WURTZ.............	(*Décédé.*)
1875	4e	—	Nantes	1 —	Adolphe D'EICHTAL	(*Décédé.*)
1876	5e	—	Clermont-Ferrand.	1 —	J.-B. DUMAS	(*Décédé.*)
1877	6e	—	Le Havre........	1 —	Paul BROCA.....	(*Décédé.*)
1878	7e	—	Paris............	1 —	Edmond FRÉMY.............	(*Décédé.*)
1879	8e	—	Montpellier	1 —	Agénor BARDOUX	(*Décédé.*)
1880	9e	—	Reims...........	1 —	J.-B. KRANTZ.............	(*Décédé.*)
1881	10e	—	Alger	1 —	Auguste CHAUVEAU.	
1882	11e	—	La Rochelle	1 —	Jules JANSSEN............	(*Décédé.*)
1883	12e	—	Rouen...........	1 —	Frédéric PASSY.	
1884	13e	—	Blois........... .	2 volumes (1).	Anatole BOUQUET DE LA GRYE.	(*Décédé.*)
1885	14e	—	Grenoble	2 — (2).	Aristide VERNEUIL..........	(*Décédé.*)
1886	15e	—	Nancy...........	2 —	Charles FRIEDEL	(*Décédé.*)
1887	16e	—	Toulouse	2 —	Jules ROCHARD.............	(*Décédé.*)
1888	17e	—	Oran............	2 —	Aimé LAUSSEDAT...........	(*Décédé.*)
1889	18e	—	Paris............	2 —	Henri DE LACAZE-DUTHIERS..	(*Décédé.*)
1890	19e	—	Limoges.........	2 —	Alfred CORNU	(*Décédé.*)
1891	20e	—	Marseille	2 —	P.-P. DEHÉRAIN............	(*Décédé.*)
1892	21e	—	Pau.............	2 —	Édouard COLLIGNON.	
1893	22e	—	Besançon........	2 —	Charles BOUCHARD.	
1894	23e	—	Caen............	2 —	É. MASCART	(*Décédé.*)
1895	24e	—	Bordeaux........	2 —	Émile TRÉLAT..............	(*Décédé.*)
1896	25e	—	Tunis............	2 —	Paul DISLÈRE.	
1897	26e	—	Saint-Étienne....	2 —	J.-E. MAREY..............	(*Décédé.*)
1898	27e	—	Nantes	2 —	Édouard GRIMAUX..........	(*Décédé.*)
1899	28e	—	Boulogne-sur-Mer.	2 —	Paul BROUARDEL...........	(*Décédé.*)
1900	29e	—	Paris............	2 —	Hippolyte SEBERT.	
1901	30e	—	Ajaccio..........	2 —	E.-T. HAMY	(*Décédé.*)
1902	31e	—	Montauban.......	2 —	Jules CARPENTIER.	
1903	32e	—	Angers..........	2 —	Émile LEVASSEUR.	
1904	33e	—	Grenoble........	1 volume (3).	C.-A. LAISANT.	
1905	34e	—	Cherbourg.......	1 — (3).	Alfred GIARD	(*Décédé.*)
1906	35e	—	Lyon............	2 volumes.	Gabriel LIPPMANN.	
1907	36e	—	Reims...........	2 —	Henri HENROT.	
1908	37e	—	Clermont-Ferrand.	1 volume (4).	Paul APPELL.	
1909	38e	—	Lille............	1 — (5).	Louis LANDOUZY.	
1910	39e	—	Toulouse	1 — (6).	C.-M. GARIEL.	

(1) Reliés ensemble ou séparément.

(2) A partir de la 14e Session, les Tomes I et II sont reliés séparément.

(3) Pour le 33e Congrès de Grenoble, 1904, et le 34e, Cherbourg, 1905, le Tome I a été remplacé par un Bulletin mensuel dont les numéros 8 et 9 de chaque année ont été consacrés aux comptes rendus des séances générales et aux procès-verbaux des Sections.

(4) Le Tome I a été remplacé par deux brochures parues en septembre 1908.

(5) Le Tome I a été remplacé par une brochure parue en septembre 1909.

(6) Le Tome I a été remplacé par une brochure parue en septembre 1910. Le volume des Notes et Mémoires existe divisé en quatre Tomes, dont chacun comprend sa Table des matières et sa Table analytique par ordre alphabétique.

ASSOCIATION FRANÇAISE

POUR

L'AVANCEMENT DES SCIENCES

AGRONOMIE.

M. P. DESCOMBES,

Président de l'Association pour l'Aménagement des montagnes (Bordeaux).

LES PERTURBATIONS CLIMATÉRIQUES ET LE DÉBOISEMENT.

551.511.6 : 627.141.1

2 *Août.*

L'inondation de Paris donne actuellement une importance toute spéciale aux questions de Physique du globe concernant la distribution des pluies et il convient de ne perdre de vue aucune des causes, si éloignées qu'elles puissent paraître, susceptibles d'agir sur notre climatologie.

La fréquence et l'intensité des troubles météorologiques ont sensiblement augmenté en Europe depuis un demi-siècle, et l'irrégularité des saisons y a fait l'objet de fréquentes remarques. L'hiver de 1909-1910 a été tout spécialement signalé par la rareté des froids, des chutes abondantes, en automne, de pluie dans les plaines et de neige dans les montagnes, où elle avait presque entièrement fondu au mois de janvier et s'est renouvelée avant le concours international de skis. Une série de cyclones a produit, en décembre, des pluies diluviennes dans le bassin de la Seine, avec de nombreux sinistres maritimes sur nos côtes, et une seconde série a inondé Paris au mois de janvier; la tempête de février dans laquelle le paquebot *Général Chanzy* périt corps et biens peut être attribuée à un trouble du même genre, et la saison froide s'est prolongée jusqu'au mois de juin, au début duquel les visiteurs des Concours agricoles des départements ont été largement arrosés. Plusieurs fleuves de France ont subi de fortes crues pendant le mois de juin, alors que l'inondation faisait en Allemagne de nombreuses victimes et causait tout une série de désastres sur le versant nord des Alpes; une nouvelle série de cyclones a ravagé l'Italie au milieu de juillet.

Une des caractéristiques de cette modification climatérique est la fréquence des mouvements giratoires de l'atmosphère, cyclones, trombes, tornados ou typhons qui n'étaient autrefois connus en Europe que par les récits des voyageurs. Le cyclone qui a traversé Paris en 1892 et et dévasté le square Saint-Jacques la Boucherie avait été accompagné d'une baisse barométrique instantanée d'une dizaine de millimètres avec relèvement immédiat, dont on ne connaissait pas de précédents, et parmi ceux qui ont éprouvé des villes, celui de mars 1900 a brisé les cèdres du jardin des Plantes à Nantes et dévasté les toitures de la ville; le Génie a dû faire plus de 25 000 fr de réparations sur les bâtiments militaires et le service des Tabacs plus de 3 000 fr sur une seule manufacture.

Un grand nombre de recherches ont été faites sur les causes de cette altération de notre climat, qu'on a cherché successivement à rapprocher des taches du Soleil, des variations de la calotte glaciaire des pôles, du déboisement, de diverses variations séculaires ou millénaires, des passages de comètes et des matériaux qu'elles peuvent avoir semés dans notre atmosphère. Les savants ont beaucoup calculé, beaucoup disserté, et la discussion est loin d'être close sur une question scientifique aussi délicate que complexe ([1]).

Mais, parmi toutes les causes invoquées, une seule est dans la dépendance de l'homme, et elle semble à ce point de vue mériter une attention toute spéciale.

L'influence du déboisement sur les modifications du climat européen paraît avoir été signalée pour la première fois par Lespiault, dans une série de Mémoires documentés qu'a publiés en 1883 le *Bulletin de la Société des Sciences physiques et naturelles de Bordeaux* et dont il convient de citer quelques lignes :

« On sait que toutes les bourrasques qui nous abordent viennent d'Amérique, soit directement, soit après quelques détours et quelques transformations. Le plus souvent, elles entrent en Amérique par le golfe du Mexique, remontent les bassins du Mississipi, de l'Ohio et sortent par le Saint-Laurent. Jadis elles perdaient de leur énergie pendant ce long voyage, à cause de la résistance que présentaient à leur partie inférieure les grandes forêts d'Amérique. Aujourd'hui que ces forêts disparaissent avec une rapidité incroyable, n'y a-t-il pas lieu de supposer que les bourrasques perdent moins de force vive et arrivent sur nous plus souvent comme des boulets de canon que comme des jets d'arrosoir? ([2]) »

([1]) Cf. *La Défense forestière et pastorale* (xv, 419 pages. Gauthier-Villars, éditeur).

([2]) G. Lespiault, *Des déboisements américains et de leur influence météorologique* (*Procès-verbaux de la Société des Sciences physiques et naturelles de Bordeaux*, t. V, 3 mars 1883, p. 375).

L'induction scientifique de Lespiault, dont les remarquables travaux doivent, bien plus que son legs à l'Université de Bordeaux, rendre le nom impérissable, ne semble pas avoir trouvé beaucoup d'écho en Europe, mais une gigantesque expérience de vérification est commencée en Amérique. Dans le court espace de onze années, un homme a transformé la mentalité forestière des États-Unis, où la génération actuelle apporte au reboisement la même énergie qu'avaient mise les précédentes à y conquérir sur la forêt vierge l'emplacement de leurs cultures; le *forester* Gifford Pinchot, s'inspirant de la science forestière française qu'il avait puisée en notre école de Nancy, a augmenté les forêts domaniales d'une surface plus grande que la France entière, porté de 13 à plus de 2000 le nombre des agents chargés de leur administration, quadruplé le nombre des écoles forestières (¹) et fait contribuer des souscriptions publiques à cette extension (²). Grâce à l'Arbor-Day et à ses millions de membres, le reboisement est devenu aux États-Unis l'objet d'une véritable croisade, puissamment secondée par le Président Roosevelt qui lui consacrait son dernier message, et dont une souscription récente de 10 millions montre bien l'ampleur.

En s'occupant ainsi de protéger contre les cyclones leur partie septentrionale, les États-Unis travaillent à préserver également l'Europe de leurs ravages; et l'on peut espérer que la continuation de cet immense effort donnera dans quelques années des résultats appréciables de ce côté de l'Altantique.

L'expérience est d'autant plus intéressante pour tous qu'en nous fixant par cette immense contre-épreuve sur la réalité des inductions de Lespiault elle supprimera la cause même du dérèglement météorologique dont nous pâtissons. Il appartient aux météorologistes de déterminer les caractéristiques de la modification qu'a déjà subie le climat européen, pour suivre année par année les progrès que pourra faire son amélioration.

Il appartient aussi aux fervents de l'arbre de renforcer en France la restauration forestière pour se solidariser avec les Brémontier, les Chambrelent, les Surell, les Demontzey dont l'exemple est suivi en Amérique. Si, après l'immense désastre des inondations de Paris, la France entière ne travaille pas activement au reboisement dont elle est l'instigatrice, elle semblera en proclamer l'inutilité : on y verra une faillite de la science française, et cette désertion pourra être le signal d'autres défections. Renforçons donc la croisade forestière entreprise depuis 6 ans par l'Association centrale pour l'Aménagement des montagnes (³), le Touring-Club de France et les sociétés forestières; facilitons l'orientation des capitaux vers le reboisement par le vote des lois qu'elle

---

(¹) *Chronique Forestière (Revue des Eaux et Forêts*, 15 février 1910).
(²) Une École Forestière aux Etats-Unis, 15 avril 1908.
(³) Siège social, Bordeaux, 142, rue de Pessac.

a préparées, .accélérons l'amélioration spontanée des pâturages en montagnes dont elle a donné l'exemple (¹).

C'est en encourageant nos alliés par une action parallèle que nous pouvons contribuer pour notre part à l'extension de la grandiose et salutaire expérience de Physique du globe entreprise par Gifford Pinchot. Elle a un intérêt scientifique de premier ordre, doublé d'un immense intérêt pratique.

Je propose à l'association d'émettre le vœu :

Que des études soient entreprises au sujet de l'influence météorologique des déboisements et reboisements américains sur le climat de l'Europe, et de s'associer au vœu émis le 3 mai 1910 par la Société météorologique de France :

1° *Que des mesures préventives soient prises contre le déboisement des montagnes;* 2° *Que des études soient entreprises en vue d'établir les bases d'un reboisement rationnel capable d'agir dans un sens favorable sur le régime des cours d'eau.*

M. P. DESCOMBES.

L'INFLUENCE DU DÉBOISEMENT SUR LES INONDATIONS.

623-14-141.1

5 Août.

Le désastre des inondations rappelle périodiquement à l'attention publique les méfaits du déboisement. C'est tout d'abord une immense clameur; on réunit des. commissions, on élabore des programmes, on fait des projets; mais, dès qu'il faut chercher des ressources pour les .réaliser, chacun se rejette sur son voisin; le sinistre est perdu de vue et tout est remis ... à l'inondation suivante.

. Cest ainsi que le Conseil général de la Haute-Garonne a examiné, en mai 1910, les projets élaborés après l'inondation de 1875 pendant laquelle 600 toulousains avaient été ensevelis sous les ruines du faubourg Saint-Cyprien, après un long oubli momentanément interrompu par l'inondation de 1897.

· Paris, dont la récente catastrophe vient de rappeler à Toulouse des souvenirs datant de 35 ans, doit-il attendre de pareils atermoiements?

_ Ce ne serait certes pas imputable à la presse ni à l'opinion publique, qui ont unanimement réclamé le reboisement; mais, avant que l'eau

---

(¹) *La lutte contre les inondations* (*Revue scientifique* du 2 mai 1910).

eût quitté les Champs-Élysées et la gare Saint-Lazare, quelques articles d'allure officieuse insinuaient déjà que l'inondation n'avait aucun rapport avec un déboisement traité de chimérique, qu'elle semblait provenir d'endiguements et se rattacher à des

phénomènes de météorologie générale échappant encore à la science humaine.

Les Pouvoirs publics ont réuni une grande Commission pour étudier les causes des inondations ainsi que les moyens d'en prévenir le retour, et, si complexe que soient les trois ordres d'idées qui s'y rattachent, chute de l'eau, ruissellement jusqu'aux rivières, évacuation par les rivières, la compétence des membres de cette commission et les moyens d'action dont ils disposent promettent de très importants résultats.

Il serait prématuré d'aborder l'étude approfondie de l'influence des forêts sur le régime des fleuves avant la publication à l'*Officiel* des rapports de cette commission, dont le programme porte au n° 18

« la crue récente dans ses rapports avec la situation forestière » ;

mais, le sens général du rapport de cette commission étant maintenant connu, on ne saurait différer l'examen de quelques données du problème qui ont fait en France l'objet de publications déjà anciennes.

Influence du taux de boisement sur le ruissellement. — Les observations faites sur cette donnée sont malheureusement fort peu nombreuses.

Observations de Belgrand. — Belgrand, dont les travaux honorent le corps des Ponts et Chaussées et l'Institut, a entrepris les premières recherches comparatives sur le ruissellement à la surface des terrains boisés et déboisés. Après avoir publié en 1846 ([1]) ces premières études réunies plus tard dans un Ouvrage magistral ([2]) et mis en évidence l'influence des terrains imperméables sur la formation des crues, il se demanda si le reboisement pouvait régulariser le régime des cours d'eau, c'est-à-dire

« égaliser entre l'hiver et l'été le tribut que les eaux pluviales donnent aux thalwegs et aux sources. »

Ne trouvant aucun document, il fit une reconnaissance dans cet ordre d'idées sur des bassins qui, malheureusement, n'étaient pas comparables. Un changement de résidence l'empêcha de compléter sa reconnaissance par des observations moins décevantes avant de s'adonner à l'assainissement et à la recherche des eaux potables de Paris, et en 1852 il se résuma en ces termes :

« Je n'ai aucune opinion arrêtée sur ce point, il m'a semblé que les faits relatés jusqu'ici ne prouvent pas grand chose, chacun en tirant les conclusions qui lui agréent le mieux ».

([1]) BELGRAND, *Études hydrologiques*, (*Annales des Ponts et Chaussées*, 2ᵉ semestre, 1846, 1ᵉʳ semestre, 1852).

([2]) BELGRAND, *Les travaux souterrains de Paris*, Paris, 1872, Dunod, éditeur.

L'aberration allait alors jusqu'à la vente des forêts domaniales, aussitôt détruites [1], et deux auteurs dont Cézaune [2] a résumé l'argumentation ont traduit de façon fort différente les observations de Belgrand : Vallés, tout en reconnaissant au bassin boisé *une légère différence, favorable au point de vue de la régularité* [3], écrivait que

« le sol *battu* des forêts doit accélérer la vitesse des eaux coulant à sa surface [4] »;

d'Arbois de Jubainville, se reportant aux conditions locales de ces observations, montrait au contraire combien elles faisaient ressortir l'action régularisatrice des forêts [5] :

« le bassin de la Grenetière étant huit fois plus petit que celui du Bouchat, paraissant un peu moins favorisé par sa nature géologique et se composant de versants beaucoup plus inclinés, devrait donner plus d'irrégularité au cours d'eau qu'il alimente. Néanmoins, la *Grenetière* possède un débit qui n'est nullement plus irrégulier que celui du Bouchat. Évidemment, ce résultat est dû à l'épais manteau de forêts qui abrite la *Grenetière*, tandis que le Bouchat est dépouillé d'ombrages ».

Expériences de MM. Jeandel, Cantegril et Bellaud. — Les observations de Belgrand, qui étaient seulement pour lui une première exploration du problème, en appelaient d'autres, et trois gardes généraux des Eaux et Forêts, MM. Jeandel, Cantegril et Bellaud [6], ont entrepris de déterminer par des expériences directes, dans les terrains boisés ou dénudés, les deux éléments qu'ils définissent ainsi : 1° le coefficient d'écoulement superficiel, c'est-à-dire le rapport de l'eau qui profite aux cours d'eau à celle que fournit la pluie; 2° l'action inondante qui n'est autre que le produit du coefficient d'écoulement par le rapport de la durée de la pluie à la durée de l'écoulement.

Les observateurs ont opéré dans le département de la Meurthe sur des terrains géologiquement identiques dans le bassin boisé de la Zorn et le bassin à moitié déboisé de deux affluents de la Bièvre; leur mémoire est résumé par le tableau suivant :

	Coefficient d'écoulement.	Action inondante.
Bassin boisé..................	0,0529	0,0174
Bassin déboisé..............	0,1270	0,0391

D'après ce tableau, le coefficient d'écoulement et l'action inondante seraient environ deux fois aussi grands dans le bassin boisé que dans le bassin déboisé.

---

[1] Bayssellance, *Observations à propos du Mémoire de M. Fabre*, 1er Congrès du Sud-Ouest navigable, Bordeaux.

[2] Surell et Cézaune, *Étude sur les torrents des Hautes-Alpes*, t. II, p. 127.

[3] Vallés, *Étude sur les inondations.*

[4] Vallés, *de l'Aliénation des Forêts.*

[5] D'Arbois de Jubainville. *Revue des Eaux et Forêts*, 1866, p. 65.

[6] Jeandel, Cantegril et Bellaud, *Études expérimentales sur les inondations* (*Annales des Eaux et Forêts*, 1861, p. 121).

Ces expériences, présentées par Faye à l'Académie des Sciences, y ont fait l'objet d'un rapport du Maréchal Vaillant ([1]) qui se plaît à reconnaître que ce travail mérite non seulement des encouragements mais des éloges :

« Les auteurs sont entrés dans une bonne voie; ils ne l'ont pas, sans doute complètement frayée et ne l'ont pas tracée jusqu'au bout; mais d'autres explorateurs viendront, qui y suivront leurs pas et s'y engageront plus avant. C'est ainsi, c'est par des expériences analogues à celles que nous venons de discuter brièvement, qu'on parviendra à recueillir les renseignements indispensables pour connaître la marche des écoulements et pour résoudre, en la réglant, le grand problème de l'aménagement des eaux. MM. Jeandel, Cantegril et Bellaud ont donné un utile exemple : nous proposons à l'Académie de leur adresser des remerciements pour leur intéressante communication ».

Le maréchal Vaillant, dans sa discussion sur le détail des expériences, faisait diverses observations qu'il convient de rappeler; il remarquait : que la faculté absorbante d'un même sol varie d'une pluie à une autre pluie, suivant son état d'humectation préalable; la durée de 27 jours seulement pour les expériences d'un bassin pouvait être insuffisante pour mettre les conclusions à l'abri de toute critique.

« Le bassin de la Zorn a une superficie de 4.222 hectares ; celui de la Bièvre n'en contient que 978, c'est-à-dire qu'il n'a pas tout à fait le quart de la surface du premier. »

« Cette disproportion entre l'étendue des deux bassins est une circonstance qui nous paraît défavorable pour la comparaison de leur action inondante.

« Le grand bassin des expériences du Mémoire est le bassin boisé; l'autre est déboisé, mais en partie seulement : plus de la moitié de sa surface est encore couverte de bois, le reste se compose de friches, de pâturages, de prés et de terres arables. Le Mémoire ne dit pas dans quelles proportions; mais il est présumable que les terres arables n'occupent qu'une minime partie du bassin.

« Or, il eut été désirable, suivant nous, d'opposer un bassin arable à un bassin boisé, car l'intérêt était surtout de faire ressortir l'influence produite sur les inondations par le labourage du sol, alors que les trois seuls pluviomètres employés à ces observations étaient insuffisants pour permettre une évaluation exacte de la quantité et de la durée des pluies.

« Nous aurions désiré que les observations des hauteurs d'eau sur les déversoirs, observations qui n'ont pas en général dépassé le nombre de deux par jour faites à des heures à peu près fixes, eussent été effectuées à des intervalles plus rapprochés, et qu'elles eussent donné avec certitude la constatation du moment précis des hauteurs maxima.

Les relevés, à notre avis, ont été trop rares pour permettre d'étudier, dans leur détail, comme il eût été nécessaire, les faits successifs d'écoulement.

Vallés a signalé surtout dans la critique ([2]) de ces expériences le trop.

([1]) *Annales des Eaux et Forêts*, 1861, p. 174.
([2]) VALLÉS, *Annales des Ponts et Chaussées*, 1er semestre, 1862, p. 177.

petit nombre de pluviomètres (¹) la différence d'étendue des bassins et l'insuffisance des renseignements topographiques, etc.

Le rapport du maréchal Vaillant et le Mémoire de Vallés semblaient destinés à servir de guide pour le programme d'expériences ultérieures, mais aucune série d'expériences nouvelles n'a été publiée en France depuis cette époque, et les études publiées à l'étranger dans cet ordre d'idées ne paraissent pas avoir été inspirées par le même esprit scientifique.

Dans la plupart de ces études, dont il a été rendu compte dans notre Revue *La Géographie* et dont quelques-unes ont été discutées par MM. Paul Buffault (²) et Tessier (³), le nombre des pluviomètres paraît avoir été fort insuffisant, et, en évaluant, d'après la tranche d'eau mesurée sur un seul point, les quantités de pluies reçues par des bassins étendus où elles peuvent varier du simple au triple, les auteurs étrangers ont été conduits à de singulières conclusions : les uns ont trouvé que les fleuves débitaient beaucoup plus d'eau qu'il n'en tombait dans leurs bassins, et ont fait appel à une condensation aussi énergique qu'occulte pour leur procurer ce supplément d'alimentation; d'autres ont incriminé le reboisement des calcaires fissurés; d'autres ont été jusqu'à proscrire le reboisement des berges des torrents, par crainte qu'un arbre tombant en travers n'y produisît quelque embâcle.

Ces dissertations platoniques, qui peuvent être sans inconvénient dans des pays où tout danger de déforestation et de surcharge pastorale est conjuré depuis longtemps par la réglementation des coupes forestières et des pâturages, sont en France des plus dangereuses; car nous avons à nous défendre contre un péril de chaque jour auquel il n'a été encore apporté aucun remède législatif, et, nos forêts n'étant guère protégées que par l'opinion publique, il importe à un haut degré de ne pas la dévoyer.

Il convient donc de nous reporter aux déterminations précises qui ont été déjà faites en France, et qui ont été trop longtemps perdues de vue.

Résultats des observations de Belgrand. — Le Tableau des expériences de MM. Jeandel, Cantegril et Bellaud n'ayant pas été publié, nous ne pouvons appliquer qu'aux observations de Belgrand les méthodes critiques du maréchal Vaillant et de Vallés.

Belgrand a comparé successivement le bassin entièrement boisé (à 1 ou 2 hectares près) du Ru de la Grenetière (⁴), comprenant 284 hectares, sur sol granitique à pentes raides :

(¹) Les trois pluviomètres placés dans le bassin boisé, à l'altitude de 400 m, 500 m et 889 m, ont indiqué des volumes d'eau respectifs de 974.502 m³ 1.063.394 m³ et 2.554.482 m³ avec un écart maximum de 263 °/o.

(²) Paul Buffault, *Revue des Eaux et Forêts*, 1908.

(³) Tessier, *Revue des Eaux et Forêts*, 1908.

(⁴) Ce cours d'eau dont le nom ne figure pas sur la carte d'État-Major, est au sud

1º Au bassin du Cousin, boisé au tiers, occupant 336 km², granitique sur la rive gauche, jurassique sur la rive droite, encaissé entre des pentes accentuées dominées par des plateaux,

2º Au bassin du Bouchat, entièrement déboisé, occupant avec ses deux affluents 17,50 km² sur terrain liasique et 3 km² sur terrain oolithique (dont il ne tient pas compte parce que, dit-il, l'eau ne coule pas à leur surface quand les versants sont peu inclinés).

Il a comparé journellement les débits par seconde et par kilomètre carré à l'issue du bassin boisé et du bassin déboisé.

Les cotes d'eau étaient relevées une fois par jour aux échelles des ruisseaux en observation, et comme, dit-il lui-même

« la partie courte et élevée des crues dure à peine quelques heures, l'heure de l'observation cadrait bien rarement avec la hauteur maximum de la tranche d'eau ».

« Quoiqu'il ne faille pas apporter trop d'importance à ces indications. »

dit-il également, les pluies ont été mesurées pour la première comparaison au pluviomètre d'Avallon, situé à 245 m d'altitude, qui avait reçu 581 mm d'eau en 1852; pour la seconde comparaison, Belgrand attribuait au bassin de la Grenetière les pluies constatées à Avallon et à celui du Bouchat les pluies de Vezelay dont le pluviomètre, placé à 265 m d'altitude et ayant reçu 881 mm d'eau en 1852, est situé à 9 km de l'embouchure et à 15 km de la source du Bouchat.

La première comparaison d'un bassin boisé avec celui du Cousin 134 fois plus étendu n'étant pas concluante, il convient de s'en tenir à la seconde comparaison avec le bassin du Bouchat, 8 fois plus étendu seulement, et nous n'avons à parler que de cette dernière.

Les résultats publiés par Belgrand pour les mois de février et novembre 1852, janvier 1853 (régime d'hiver), septembre 1851, mai, juin, juillet et septembre 1852 (régime d'été) et dont la série la plus considérable est reproduite ci-dessous, sont assez analogues pour les deux bassins observés, et expliquent fort bien qu'il ait laissé à chacun le soin d'en

« tirer les conclusions qui lui agréent le mieux ».

Si ces observations n'ont pu fournir à Belgrand des termes de comparaison aussi précis que les considérations géologiques pour l'étude du ruissellement, qu'il a inaugurées et si remarquablement poursuivies dans le bassin de la Seine, elles n'en constituent pas moins des données précieuses, d'autant plus précieuses que fort peu de documents ont été publiés sur le rôle hydrologique des forêts, et il y a lieu de les interpréter.

---

d'Avallon, entre le bois des Courteys et le bois aux Moines; il coule vers le Nord. Le Cousin est le cours d'eau où se déverse la Ru de la Grenetière; il coule vers le Nord-Ouest. Le Bouchat, marqué Ru de Bonchin sur la Carte d'État-Major, est au nord d'Avallon; affluent du Cousin, il coule vers l'Ouest-Sud-Ouest.

AGRONOMIE.

OBSERVATIONS DE BELGRAND SUR LE DÉBIT D'UN BASSIN BOISÉ ET D'UN BASSIN DÉBOISÉ.

Février 1852.

DATES.	HAUTEUR de pluie. Pluviomètre d'Avallon.	RUISSEAU de Grenetière (boisé). Débit par seconde et par kilomètre carré.	HAUTEUR de pluie. Pluviomètre de Vezelay.	RUISSEAU du Bouchat (déboisé). Débit par seconde et par kilomètre carré.
	mm	l	mm	l
1............	2,70	23,1	4,10	12,0
2............	3,40	29,5	3,10	10,0
3............	"	41,0	5,30	9,0
4............	7,60	62,5	"	49,0
5............	"	56,4	3,10	42,0
6............	5,00	48,7	9,10	28,5
7............	3,00	89,4	"	182,0
8............	"	71,1	"	25.5
9............	2,15	56,4	8,20	49,0
10............	11,60	192,5	"	231,4
17............	3,55	48,7	7,10	24,3
18............	2,00	53,8	5,90	41,0
19............	"	48,7	3	21,3
20	1,20	41,0	2,40	23,0
		862,8		747,0

Les deux bassins considérés étaient assis sur des sols imperméables de composition différente : ils avaient pour superficie : le bassin déboisé 2798 hectares, et le bassin boisé 284 hectares seulement.

Les observations de février 1852 montrent dans le bassin boisé un débit par seconde et par kilomètre carré un peu plus régulier que dans le bassin déboisé.

Les deux crues observées pendant cette période ont débité : le 7 février, 89,4 l dans le bassin boisé et 182 l dans le bassin déboisé pour des chutes d'eau analogues de 8 mm en deux jours dans le premier et de 9 mm dans le second; le 10 février, 192,5 l dans le bassin boisé et 231,4 l dans le bassin déboisé, avec des chutes d'eau de 11,60 mm pour le premier et 8,20 mm pour le second.

.. Les eaux du bassin déboisé ont été débitées moins régulièrement que celles du bassin boisé : Vallés l'avait déjà remarqué

« mais il ne s'agit que d'un très petit écart »

disait-il. Les bassins n'étant pas exactement comparables, il y a lieu d'examiner dans quel sens ont pu agir les diverses conditions locales.

L'intensité et la soudaineté des crues, résultat de la concentration des eaux en un point du thalweg, l'embouchure dans ces observations, sont d'autant plus grandes que la pente des versants et celles du thalweg sont plus considérables, et que l'imperméabilité du sol est plus accentuée. Elles sont réduites au contraire par l'étendue du bassin, qui augmente la distance qu'ont à parcourir les filets liquides, et par le nombre des affluents dont les crues partielles n'arrivent que successivement à l'embouchure.

Il suffit de jeter un regard sur la Carte pour voir que le bassin déboisé a des pentes bien plus douces que le bassin boisé. Toutes choses égales d'ailleurs, le bassin déboisé devrait débiter de ce chef des eaux plus régulières.

Le sol liasique du Bouchat est plus perméable que le sol granitique de la Grenetière.

Le bassin déboisé devrait de ce chef débiter ses eaux plus régulièrement.

Les deux ruisseaux descendent de coteaux de même hauteur vers des points voisins du même cours d'eau : le Bouchat ayant une longueur double (8,430 km au lieu de 3,376 km) présente une pente deux fois plus faible.

Le bassin du Bouchat est huit fois plus grand que le bassin de la Grenetière et, de ce chef encore, le bassin déboisé devrait débiter des eaux plus régulières.

Puisque le bassin déboisé du Bouchat, dont les eaux devraient, à tous les points de vue, avoir un régime plus régulier que le bassin boisé de la Grenetière, présente malgré cela des crues plus considérables et des écarts de débit supérieur, il ressort nettement des observations de Belgrand que l'état boisé agit favorablement sur la régularisation des cours d'eau.

Belgrand, grand ami des arbres, qui avait ajouté à son premier Mémoire de 1846 une note sur les essences et les procédés applicables au reboisement de sa région, semble avoir espéré de la forêt *l'égalisation du régime des eaux entre l'hiver et l'été*; mais le bassin boisé dont il disposait était trop escarpé pour se prêter à la constatation, non encore réalisée, d'un résultat aussi considérable; les bassins plus ou moins déboisés auxquels il l'a comparé en différaient trop sous tous les rapports pour donner une comparaison frappante. Il dut en être fort déçu, et quand un changement de résidence lui fit abandonner sans espoir de retour un genre d'études qu'il avait inauguré, considérant comme une devoir de faciliter les recherches ultérieures, il réunit précipitamment ses notes et tableaux de chiffres, sans même attendre l'achèvement des plus importants de ces tableaux qui figurent seulement en appendice, et l'on doit attribuer à sa déception les lambeaux de phrases qu'on cite parfois pour en faire, bien à faux, un adversaire légendaire du reboisement.

La renommée scientifique de Belgrand ne peut donc pas être invoquée contre l'utilité du reboisement; ses observations, confirmées par les expériences des trois gardes généraux, ont résolu, scientifiquement la question, mais la solution n'est pas suffisamment connue du public.

L'action préventive des forêts contre les inondations n'a pas été réunie en corps de doctrine ni répandue dans l'enseignement, et ses contradicteurs déroutent encore l'opinion publique parce que l'étude en a été trop tôt interrompue ([1]).

Cette étude est certainement des plus complexes : il faut y faire concourir la géologie, la météorologie, l'hydraulique, se placer dans les conditions les plus variées et opérer sur des terrains comparables pour détermine les coefficients correspondant à l'effet utile des sols variés, des essences diverses, de l'âge des peuplements, de la couverture morte et de la couverture vide, sur les pluies continues, discontinues, d'hiver, d'été et d'orages. Ni Belgrand, ni les trois gardes généraux, n'avaient pu trouver dans leurs circonscriptions des bassins directement comparables, ayant même superficie, même nature géologique, même pentes, et les hommes d'initiative n'ont pu chercher à faire mieux qu'eux par leurs seuls moyens.

Ce n'est pas qu'il manque en France de ravins déboisés comparables à des ravins boisés; mais ils ne sont ni dans le service des mêmes fonctionnaires, ni à la disposition des mêmes dévouements. Si, comme disait Cezanne, « il n'existe pas deux cours d'eau comparables et que, pour résoudre la question qui nous occupe, il faille comparer non pas deux bassins mais deux états successifs du même bassin avant et après le défrichement ou reboisement », les services publics peuvent seuls se livrer à des expériences de cette envergure. Depuis 56 ans que sont publiées les observations de Belgrand, bien des vallons ont été déboisés; on aurait eu largement le temps d'en reboiser un certain nombre et d'y procéder à ce genre d'expérimentation, mais il ne semble pas qu'aucune administration se soit préoccupée de continuer les recherches de Belgrand et des trois gardes généraux dans cet ordre d'idées.

Ces deux séries de recherches sur les bassins boisés de la Grenetière et de la Zorn ont été faites d'après des méthodes différentes et ne sont pas directement comparables; les éléments faisant défaut pour en ramener les résultats au même système de notations, nous sommes réduits à réunir sous la désignation générale d'*Indice d'irrégularité* les différences constatées soit sur les écarts de débit soit sur les débits de crue et d'étiage dans la 1re série, les coefficients d'écoulement et d'action inondants calculés pour la seconde, afin d'en opérer un rapprochement sommaire, mais indispensable.

([1]) Cf. *Une observation sur l'atténuation des crues par la forêt* (*Bulletin de la Société de Géographie commerciale de Paris*, 1910, p. 728).

INDICES D'IRRÉGULARITÉ DU RÉGIME DES EAUX DANS LES BASSINS
BOISÉS ET DÉBOISÉS.

DÉSIGNATION des indices d'irrégularité.	BASSINS		DIFFÉRENCE		Taux pour 100 (col. 4 et col. 2).		OBSERVATIONS.
	boisés.	déboisés.	en plus.	en moins.	en plus.	en moins.	
1	2	3	4	5	6	7	8
Écarts maximum des débits..........	169,5	222,4	52,9	//	31	//	Belgrand 1852
	192,5	231,4	38,9	//	20	//	
Débits de crue......	89,4	182	92,6	//	103	//	
Débits d'étiage »....	23,1	9	14,1	//	65	//	
Moyenne de la première série.......	La Grenetière	Le Bouchat			54	//	
Coefficients d'écoulement....	0,0529	0,1270	0,741	//	139	//	Jeandel, Cantegril et Belland, 1860
Coefficients d'action inondante.........	0,0174	0,0391	0,217	//	124	//	
Moyenne de la deuxième série.......	Le Zorn	La Bièvre			131	//	
Moyenne des deux séries...........					92	//	

Tous les indices d'irrégularité concordent pour montrer que le régime
des eaux est beaucoup plus irrégulier dans les bassins déboisés. Le déboisement augmente l'irrégularité de moitié dans les observations de Belgrand,
elle les double dans celles des trois gardes généraux, et ces indices ne
pourraient concorder comme valeur numérique qu'après application
aux résultats directs de termes de correction tenant compte : des
différences de pente ou de dimension, de ce que le bassin de la Bièvre
n'est déboisé qu'à moitié, etc.; et toutes ces corrections agissent dans
le même sens pour accentuer l'irrégularité dans les bassins déboisés.

Ce qu'il importe d'ailleurs ce n'est pas de savoir si l'irrégularité des
eaux dans les bassins déboisés est deux, trois ou quatre fois plus grande
que dans les bassins boisés, mais d'avoir la *certitude que le déboisement
augmente l'irrégularité du régime des eaux et la probabilité des inondations.*

Les observations de Belgrand et des trois gardes généraux, en donnent
la certitude absolue, et il ne subsiste aucun prétexte pour ajourner le
reboisement et qui aide ainsi à prévenir les inondations.

Le déboisement et l'encombrement des cours d'eau. — Si quelques divergences ont pu se produire au sujet de l'influence du déboisement sur le ruissellement, aucune ne s'est manifestée à propos de son action sur l'érosion des pentes, et tous les auteurs sont d'accord sur le rôle protecteur de la forêt contre le ravinement des terrains en pente.

Les matériaux arrachés par l'eau sur les flancs des coteaux ou des montagnes sont entraînés dans les cours d'eau, et s'y déposent par ordre de grosseur : les blocs d'abord, puis les galets, les graviers, les sables et les vases; tous contribuent à surélever le fond des cours d'eau, à diminuer leur section utile pour l'évacuation des eaux, et à relever le niveau de crues; parfois même l'entraînement désordonné ou le remaniement de ces matériaux les accumule en barrages temporaires dont la formation et la rupture aggravent successivement les causes d'inondation; les limons en suspension augmentent en outre le volume des eaux dans une proportion qui peut aller au-delà de 10 °/₀ (1). Le déboisement est, à ce point de vue encore, un facteur important des crues.

L'arbre et l'évaporation. — « Les arbres sont de merveilleux évaporateurs. En cinq mois un chêne rend à l'atmosphère 111.225 l d'eau puisée dans le sol. Que l'on juge par là de l'immense quantité d'eau qu'une forêt, qu'un simple coteau boisé empêche de regagner les rivières, du rôle important que jouent les arbres dans la régularisationdu cours des fleuves » (2).

La comparaison du sol boisé avec une éponge, exacte pour la retenue des eaux pluviales, cesse de l'être quand on limite son action à sa capacité primitive d'absorption; l'arbre revivifie l'éponge en agissant comme appareil évaporatoire, et lui permet ainsi d'absorber de nouvelles couches d'eau pluviale. Le sol forestier est bien une éponge, mais une éponge de capacité illimitée.

L'emploi du reboisement contre les inondations. — Personne n'a jamais prétendu que le reboisement suffirait à prévenir toutes les inondations, qu'il rendrait inutiles les endiguements et inoffensives les obstructions des fleuves.

L'arbre agit dans les bassins supérieurs pour régulariser le régime des eaux, ralentir le ruissellement et prévenir l'encombrement des rivières qui relève leur niveau; il agit de loin comme de près pour réduire les pluies anormales (7ᵉ section); son action ne peut se manifester qu'au bout de plusieurs années, et, d'après cette particularité qui a toujours fait perdre de vue l'utilité de son concours, il convient d'examiner dans quelles conditions il y a lieu d'y recourir.

Les causes des inondations sont extrêmement multiples, et les progrès mêmes de la civilisation tendent constamment à en augmenter un certain nombre en même temps que l'art des ingénieurs en diminue d'autres.

---

(1) Duponchel, *Hydraulique et Géologie agricole*, Paris 1868, Lacroix, éditeur.
(2) Edmond Perrier, *Le monde vivant (Causerie scientifique du Temps*, 3 fé--vrier 1910).

Le drainage des terres, l'égouttage perfectionné du sol, la suppression des étangs, l'ouverture de nouveaux chemins dont les fossés accélèrent l'écoulement accroissent chaque jour la rapidité du ruissellement jusqu'aux rivières. D'autre part, les ponts à étroite ouverture et à piles massives, qui rétrécissaient considérablement le passage des eaux et étaient parfois complètement obstrués par l'enchevêtrement d'arbres déracinés, sont successivement remplacés par des viaducs à grandes portées et à piles évidées; les barrages fixes font place aux barrages amovibles; le télégraphe et le service d'annonce des crues permettent de prendre à l'avance des mesures temporaires autrefois inconnues; et l'on peut dire que les inondations proviennent aujourd'hui d'un ruissellement exagéré au lieu de provenir comme naguère d'une évacuation insuffisante.

Il y a certainement à travailler dans ces deux ordres d'idées, car il n'existe pas de panacée universelle, et c'est en agissant avec ensemble et avec soin sur tous les détails qu'on pourra obtenir une amélioration sérieuse du régime des eaux.

Quoi qu'il en soit, les crues augmentant comme fréquence et comme niveau, l'homme doit s'attacher à combattre chacune de leurs causes pour se mettre à l'abri de ce fléau.

Quand on aura relevé dans les grandes villes les parapets des quais au niveau des crues antérieures et muni de solides portes de flot les déversoirs des égouts, ainsi que Belgrand avait commencé à le faire, on n'aura rien fait contre l'augmentation constante du niveau des eaux; c'est le rôle réservé au reboisement.

Il n'est nul besoin d'attendre, pour faire contribuer l'arbre à la défense contre de néfastes inondations, les coefficients et les formules du ruissellement qu'on ne cherche plus depuis 48 ans; sachant que le reboisement diminue de façon certaine les causes d'inondation, qu'il est plus efficace encore quand on l'applique aux terrains en pente et aux sols imperméables, on peut tout de suite s'occuper de reboiser les coteaux qui ont précipité leurs eaux sur Paris et les montagnes qui menacent Toulouse, en donnant aux reboiseurs les encouragements nécessaires et supprimant les difficultés qui les entravent.

Il ne faudra pas longtemps pour déterminer les surfaces dont la reforestation rationnelle produira le maximum d'effet utile, le *Touring-Club* a, depuis plusieurs mois, ouvert une enquête à ce sujet [1] et la société météorologique de France a émis le 3 mai des vœux motivés dans ce sens. Pendant que les premiers reboisements s'accompliront sur le terrain, les études théoriques reprendront leur cours interrompu et pourront indiquer, dans quelques années, s'il est nécessaire de reboiser des surfaces plus étendues ou de faire sacrifier par l'agriculture et la navi-

---

[1] *Revue mensuelle du Touring-Club*, février 1910, avril 1910.

gation des eaux pluviales pour les abandonner à la pénétration profonde (¹) malgré les dangers qu'elle présente. Il faut au plus vite regagner le temps perdu depuis que Surell nous a révélé l'action salutaire des forêts et que Belgrand nous a fait connaître que « les arrangements de crues bien ordinaires qui produisent les débordements de la Seine sont possibles tous les ans »; on ne peut laisser Paris exposé chaque année à un désastre de 1500 millions (²).

Toute hésitation à s'engager dans la voie de reboisement compromettrait, en outre, la grandiose expérience de physique du globe que les États-Unis ont entreprise et dont nous devons être les premiers à profiter. Les deux séries de pluies diluviennes, dont la seconde a inondé Paris après que la première avait imbibé le sous-sol, peuvent être attribuées au déboisement de l'Amérique. Les États-Unis se sont ressaisis depuis onze ans à l'appel et à l'exemple des *Colbert*, des *Brémontier*, des *Chambrelent*, des *Surell*, des *Demontzey*, des *Lespiault*, et, avec la science forestière française puisée par M. *Gifford Pinchot* à notre École de Nancy, ils ont augmenté leurs forêts domaniales d'une surface plus grande que la France entière. On est en droit d'espérer que la persistance de cet énorme effort protégera, dans quelques années, la partie septentrionale des États-Unis contre les cyclones, et nous protégera nous aussi contre les ravages qu'ils font en Europe, depuis un demi-siècle. Mais si, après l'immense désastre des inondations, Paris et la France ne travaillent pas activement au reboisement dont ils sont les premiers instigateurs, ils sembleront en proclamer l'inutilité; on y verra une véritable faillite de la Science française, et leur désertion sera le signal d'autres défections. L'Amérique travaille pour nous en même temps que pour elle-même; ne la décourageons pas en nous abandonnant nous-mêmes.

La Commission chargée d'étudier les causes des inondations et les moyens d'en prévenir le retour a mentionné dans son rapport l'utilité du reboisement, et l'importance des dépenses qu'il y aurait à engager

---

(¹) L'influence de la pénétration profonde sur les tremblements de terre a été depuis longtemps signalée par M. *Marchand* au IIIᵉ Congrès du S. O. N. dans son Mémoire sur le *Déboisement et les tremblements de terre*, et ces conceptions viennent d'être confirmées en Italie, à la suite de récents désastres par le professeur *Sabatini* :

« Le professeur Sabatini, interviewé, dit que, très probablement, la secousse d'hier *n'est pas d'origine volcanique*, mais plutôt d'origine tectonique.

« Voici ce qui est certain : Calitré et les pays voisins sont construits sur des sables et argiles pliocènes ou sont en contact avec ces terrains et par suite, exposés aux *éboulements*. Il s'en suit que la secousse sismique trouve déjà là un terrain instable et facile à bouleverser. Aussi suffit-il de la moindre vibration souterraine pour provoquer des désastres énormes;

« Les rapports entre les éboulements et les tremblements de terre sont connus.

« Comme remède à cette *instabilité* des terrains sujets aux éboulements, le professeur Sabatini conseille le *reboisement* ». (*Il messagero*, 8 juin 1910.)

(²) *Bulletin trimestriel de la Société des Amis des Arbres et du Reboisement des Alpes Maritimes*, mai 1910; p. 1483.

de ce chef l'a empêchée de les comprendre dans ses propositions. Mais si la France doit provisoirement renoncer à être protégée par voie budgétaire contre le péril du déboisement, les Pouvoirs publics ne peuvent lui dénier le droit et lui ôter les moyens de se protéger elle-même : ils doivent donner libre jeu aux initiatives et aux capitaux en supprimant les obstacles au reboisement et les primes au déboisement. Il leur faut adopter sans retard la loi votée le 12 mars 1909 par la Chambre et dont le Sénat a déclaré l'urgence le 4 mars 1910

« tendant à favoriser le reboisement et la conservation des forêts privées ».

réformer les tarifs fiscaux contraires au reboisement ; il leur faut aborder résolument la politique forestière libérale (1) développée depuis cinq ans dans les Congrès de l'aménagement des montagnes et dans les vœux de toutes les sociétés scientifiques ou agricoles, vœux confirmés par un grand nombre de Conseils généraux.

Discussion. — M. LARUE. — Il n'y a pas lieu de généraliser outre mesure les expériences de Belgrand qui ont été faites sur des vallées ne différant pas seulement par le taux de boisement mais aussi :

a. Par la nature du sol : calcaire à entroques et lias d'une part (Bouchet), granulite d'autre part.

b. Par l'exposition : Sud d'une part, Nord d'autre part.

c. Par l'absence de pluviomètres ou plutôt la présence d'un seul à Avallon.

M. Larue présente son ouvrage d'hydrologie appliquée où il montre que, pour la crue de 1852, le ru du Bouchet, non boisé, s'est comporté comme le ru de Beaulche à 22 °/₀ de boisement. L'influence de la perméabilité du sol est infiniment supérieure à celle du taux de boisement.

Si l'on considère les affluents du versant droit et boisé, ceux de gauche du ru de Beaulche, on remarque que le rapport des grandes eaux aux eaux moyennes est plus fort pour les premiers. M. Larue n'attache d'ailleurs que peu d'importance aux chiffres de débits crues estimé très souvent au hasard; il ne veut pas poser la conclusion inverse du préopinant mais déclare que le reboisement n'a qu'une influence secondaire dans les inondations du bassin de Paris.

Si l'on compare les Cartes d'État-Major actuelles et celles de 1836 dans l'Yonne, on constate d'ailleurs que les bois sont de plus en plus étendus. Entre le bassin de la Seine et ceux des fleuves qui descendent des montagnes, existe une différence énorme.

Dans le bassin de la Seine, un terrain non boisé est extraordinairement enherbé ou labouré, ou emblavé, *il n'y a pas d'érosion.*

Tout ce qui a été écrit sur les Alpes et les Pyrénées est parfaitement juste, mais on est dans l'erreur en y prenant à chaque instant des exemples pour les appliquer à la Seine.

---

(1) Cette politique forestière est exposée par l'auteur dans *La Défense forestière et pastorale,* Paris, 1911, Gauthier-Villars, éditeur.

M. J. VINCENS,

Directeur de la Station œnologique (Toulouse).

LES VINS BLANCS DE GAILLAC.

663.221 (44.85)

5 *Août.*

Dans la première partie de son cours tourmenté, semant sur son parcours des curiosités naturelles bien dignes de retenir l'attention du touriste, comme les Gorges de Florac, celles d'Ambialet, le saut du Sabo, le Tarn à une direction générale de l'Est à l'Ouest. Après avoir traversé la fertile plaine d'Albi, il vient se heurter près de Gaillac à une chaîne de collines qui l'oblige à obliquer vers le Sud-Ouest jusqu'à Saint-Sulpice, où il reprend sa marche à l'Ouest vers la Garonne.

Ces collines, qu'on voit très bien de la route charretière ou de la ligne du chemin de fer de Toulouse à Gaillac, limitent sur la rive droite la vallée du Tarn. Non loin de Gaillac, se trouvent les coteaux de Boissels, Laborie, Saurs, Sainte-Cécile et autres, couverts de vignes blanches dont les produits sont les plus réputés. Mais la vigne n'est pas seulement cantonnée sur ces hauteurs. Elle descend dans la plaine jusqu'au Tarn, qu'elle franchit pour former les vignobles de la rive gauche, plus propice aux vignes rouges qu'à la culture des cépages blancs. Avec des plantations de moins en moins nombreuses, la culture des cépages blancs se prolonge d'un côté, en suivant le Tarn, jusqu'au delà de l'Isle, Rabastens, Saint-Sulpice et, vers le nord, passe dans la vallée de la Vère où elle donne encore d'excellents produits à Cahuzac-sur-Vère, Castelnau du Montmiral, etc.

Au point de vue géologique la rive droite du Tarn aux environs de Gaillac où se trouvent les meilleurs vignobles blancs, convient admirablement à cette culture. La roche profonde appartient aux formations tertiaires, avec l'éocène supérieure dans la plaine, tandis que les calcaires miocènes forment les collines. D'après Collomb, cité par Eug. Risler dans sa Géologie agricole, la roche tertiaire est recouverte dans la plaine par une épaisse couche de graviers et de blocs non calcaires donnant naissance à une abondante nappe d'eau qui contribue beaucoup à augmenter la fertilité du sol.

Au-dessus de ce lit de gravier se trouve une épaisse couche de limon, plus ou moins argileux ou sableux, qui se prolonge jusqu'au sommet des coteaux où il est assez souvent mélangé de cailloux roulés paraissant provenir des roches primitives du plateau central. Surtout sur la pente parfois assez raide des coteaux, avec un sol pierreux, sous un climat très doux ne laissant pas tomber, en moyenne, plus de 75 ou 76 cm de pluies assez bien réparties dans le courant de l'année, la vigne ne peut que prospérer.

Depuis longtemps elle s'y est installée. Un ampélographe érudit et trop tôt disparu, M. Ch. Tallavignes, fait remonter les origines du vignoble de Gaillac à la plus haute antiquité Comme ancienneté, il n'a rien à envier à nos meilleurs crus nationaux.

Dans un Ouvrage très récent et tout à fait intéressant au point de vue historique et documentaire. M. Riol, sous-directeur de la Cave Coopérative Saint-Michel, à Gaillac, a établi que l'excellente réputation des vins de Gaillac, surtout les rouges, a depuis bien longtemps franchi les mers, et s'est conservée notamment en Hollande et en Angleterre. Par des citations puisées aux meilleures sources, le travail de M. Riol fait bien ressortir les raisons qui ont motivé l'établissement et le maintien pendant de longues années de cette réputation.

Des réglementations sévères, souvent appliquées avec rigueur, ont maintenu un bon encépagement malgré les destructions successives du vignoble par les intempéries. La fumure des vignes au fumier de ferme ou aux engrais de même nature était prohibée. Seul, le terrage et l'emploi de l'engrais de poulailler ou colombine était autorisé. Le ban des vendanges évitait les cueillettes prématurées ne donnant que des vins inférieurs. Une estampille officielle apposée sur les fûts authentiquait les vins destinés à l'exportation. C'était, plusieurs siècles avant, une application de nos délimitations actuelles. Seulement l'estampille du Gaillac n'était apposée que sur de vins reconnus dignes de la recevoir par une dégustation attentive. Aujourd'hui, il suffit que le vin ait été produit dans la région délimitée pour que, même mauvais, il ait droit à l'appellation recherchée. L'ancienne réglementation, lorsqu'elle était honnêtement appliquée était plus efficace et valait mieux que la nouvelle.

Après le phylloxéra, les propriétaires des bons terroirs ont eu l'heureuse idée de conserver, pour une bonne part, les anciens cépages blancs du Gallacois. Ce sont le Lenc de l'El, l'Oundenc, le Mauzac et ses variétés, avec un peu de Folle blanche. Ce sont ces cépages qui donnent aux vins blancs de Gaillac leurs caractères particuliers et leur originalité. Cependant, moins pourtant que dans d'autres régions, on a introduit aussi dans le Gaillacois, des cépages importés d'autres vignobles connus. On y trouve en effet, la Trinité du Sauternais, Semillon, Sauvignon, Muscadelle, le Chenin blanc de la Loire, le Meslier de Saint-François, Le Listan, puis d'autres cépages d'importance infime.

La reconstitution s'est tout d'abord effectuée par greffage sur Riparia et sur Solonis. Depuis quelques années, on utilise de préférence le 101-14; le 106-8; 3306; 3309 et plus rarement l'Aramon-Rupestris Ganzin.

Contrairement à une théorie récente, le greffage ne parait nullement avoir amoindri la qualité des raisins au moins en ce qui concerne leur richesse en sucre au moment de la maturité. En voici un exemple qu'il

serait facile mais oiseux de multiplier. Il est fourni par des essais musti-
métriques comparatifs faits le 4 octobre 1906 chez M. F., à Laborie.

Le sucre est exprimé en grammes par litre et l'acidité en grammes
d'acide tartrique, également par litre.

	Sucre.	Acidité.
Mauzac sur Riparia...............	226^g	4,8^g
» 101-14.................	226	4,1
» Solonis (16 ans)..........	235	4,0
» Aramon rupestris.........	225	4,5
» franc de pied (40 ans)....	223	4,5

Entre le Mauzac greffé et le Mauzac franc de pied, il n'y a pas de
différence appréciable, celle-ci étant d'ailleurs plutôt à l'avantage des
vignes greffées.

Avec l'Oundenc, la même observation peut être faite.

	Sucre.	Acidité.
Oundenc sur Solonis (16 ans)..........	250^g	5^g
» franc de pied (40 ans)...	231	3,5

Recommencés vingt jours plus tard, c'est-à-dire le 24 octobre 1906,
ces essais comparatifs ont donné les résultats suivants :

	Sucre.	Acidité.
Mauzac sur Solonis (16 ans)..........	226^g	3,3^g
» franc de pied (40 ans)....	230	3,4
Lenc de l'El sur Solonis..............	263	3,2
» franc de pied........	271	3,6

Pas plus que précédemment, il n'y a de différence importante entre
les vignes greffées et les vignes franches de pied (1).

L'influence du porte-greffe sur la composition sommaire des moûts est
très variable et fort difficile à mettre en évidence. Elle paraît s'atténuer
sensiblement lorsque les raisins entrent dans la période de surmaturation.

A. C., près Gaillac, le 5 septembre 1905, on trouvait avec le Lenc de
l'El les résultats suivants :

	Sucre.	Acidité.
Lenc de El sur 101-14...............	182^g	6,2^g
» Riparia..............	181	5,6

tandis que dans la même vigne et le même jour, l'Oundenc présentait
une différence beaucoup plus sensible :

	Sucre.	Acidité.
Oundenc sur 101-14.................	222^g	5,8^g
» Riparia	169	4,8

---

(1) Entre les essais du 4 et du 24 octobre, il y a eu lieu des pluies fréquentes qui
expliquent la constance de la proportion du sucre.

Le lendemain 6 septembre 1905, le Meslier de Saint-François ne marquait pas plus de différence que le Lenc de l'El.

	Sucre.	Acidité.
Mauzac sur 106-8	178^g,9	9^g
» 3309	162	12,2
v 101-14	162	11,3

Au même endroit dans une autre vigne :

	Sucre.	Acidité.
Mauzac sur 3309	188^g	9^g
» Riparia	178	9,5

Le même jour, une plantation voisine fournissait des chiffres semblables :

	Sucre.	Acidité.
Mauzac sur Rup. phén	175^g	9,25^g
» 3309	179	13,6

Le lendemain 8, à Puicelsy, le Mauzac donnait :

	Sucre.	Acidité.
Mauzac sur Riparia	159^g	9,4^g
» Rupestris	159	8,6
» Riparia (autre vigne)	158	11,9

Les observations faites en 1906, à Laborie, et mentionnées plus haut ne portent pas de différences plus fortes dans la teneur en sucre, mais les acidités sont presque uniformes, ce qui paraît se produire dans la période de surmaturation.

De nombreux essais comparatifs, faits sur les autres cépages déjà cités comme cultivés dans le Gaillacois, conduisent aux mêmes conclusions. C'est-à-dire, que laissant de côté la valeur culturale des porte greffes, ceux-ci n'ont guère d'influence sur la richesse en sucre et l'acidité des raisins considérés pendant la période de surmaturation qui, le plus souvent, est celle qui convient le mieux pour la cueillette des cépages blancs. Il est utile de remarquer ici que ces conclusions ne s'appliquent pas aux cépages rouges, dont la cueillette s'effectue avant la période de surmaturation.

Sauf pour la Chalosse, en coteaux assez bien exposés, dans les années moyennes alors que la vigne n'est pas poussée à la production par des fumures excessives, les cépages blancs peuvent donner des moûts renfermant plus de 170 g de sucre par litre (correspondant à plus de 10° d'alcool) dans la première quinzaine de septembre. Mais l'acidité est alors, le plus souvent, trop forte. Elle varie entre 8 et 12 g d'acide tartrique par litre. Ces vendanges donnent des vins trop verts.

Fin septembre et commencement octobre la proportion de sucre des moûts correspond à 12° au moins, s'élève souvent à 13° et 14° et, avec la pourriture noble, peut atteindre 16 et même 18°. L'acidité tombe entre 3 g et 5 g par litre. A cette époque tardive, les variétés de vigne marquent leur précocité relative par une plus grande richesse en sucre.

Le calendrier ne jouant qu'un rôle très secondaire dans la maturation des raisins qui est plus ou moins avancée suivant les années, on conçoit facilement que les viticulteurs auraient le plus grand intérêt à suivre au mustimètre et avec l'acidimètre cette maturation pour procéder à la cueillette au moment le plus convenable suivant l'usage auquel on destine la vendange.

Le vignoble blanc de Gaillac donne, en effet, des produits de diverses sortes.

1° Pendant longtemps on livrait au commerce de la ville, opérant le plus souvent pour des maisons de Bordeaux, les moûts obtenus avec les raisins blancs égrappés à la vigne, pressés, filtrés à l'air et entonnés dans des futailles fortement séchées. Au moment des vendanges, on voyait et on voit encore, faisant queue devant la maison des acheteurs, quantité de charrettes à bœufs portant trois ou quatre barriques ou des demi-muids remplis de moût et munis d'un trou d'évent, ou souffleur, formé par quelques brins de paille. Le moût est acheté à l'hectolitre ou d'après le degré mustimétrique ce qui, dans les années chaudes, est peu avantageux pour le vendeur. Ces moûts sont le plus souvent mélangés, mutés de nouveau, et expédiés sur Bordeaux pour ce qu'on appelle les *opérations*.

Avec ce mode d'utilisation de la vendange blanche le viticulteur qui a atteint le degré mustimétrique minimum, parfois exigé, n'a pas intérêt à laisser surmûrir ses raisins, sauf le cas assez rare où les prix de l'unité ou degré sont progressifs.

Voici la composition moyenne d'un certain nombre de ces moûts livrés au commerce aprés les vendanges de 1908. Les moûts provenaient des diverses régions viticoles de Gaillac. Ils offraient toutes les garanties de pureté qu'on peut exiger moralement, mais ils n'ont pas l'authencité rigoureuse qu'on peut obtenir scientifiquement.

Composition moyenne de quelques moûts de Gaillac de l'année, livrés au commerce en 1908: (vins en moûts)

Alcool pour 100 en vol.	0",9
Extrait à 100°, en grammes par litre	200,1
» dans le vide	237,41
Sucre	188,7
Extrait réduit	12,23
Cendres	2,82
Alcalinité des cendres	3,38
Acidité totale (en grammes SO^4H^2)	5,81
Acidité volatile	0,43
» fixe	5,38

Acide tartrique total en tartre 4,28
Potasse totale................... 3,84
Tartre................................ 2,51
Déviation polarimétrique................... −9°,22
Rapport $\dfrac{\text{alcool}}{\text{extrait réduit}}$ 7,8

L'examen de cette analyse moyenne, qui représente bien la composition générale des moûts considérés, fait ressortir tout de suite une pauvreté exagérée en extrait réduit et en cendres avec un excès d'acide tartrique libre. Pour une part seulement ces défauts paraissent devoir être attribués à un usage excessif des produits sulfureux dont l'abus est caractérisé par cette expression courante qui fait dire d'un moût ou d'un vin qu'il est brûlé par le soufre.

En interprétant l'analyse des moûts de commerce, comme on le fait toujours, à l'aide des mêmes considérations que pour l'analyse des vins, on arrive à cette conclusion que les moûts envisagés sont *chaptalisés*. En effet le rapport $\dfrac{\text{alcool}}{\text{extrait réduit}} = 7,8$, alors qu'il devrait être inférieur à 6,5. L'origine des moûts, bien que n'étant pas scientifiquement garantie, rend cette conclusion extrêmement douteuse. Elle doit aussi appeler l'attention des chimistes et des viticulteurs !

2° Dans certaines régions on apprécie et on paie assez cher le vin blanc encore sucré et en pleine fermentation qu'on appelle *macadam* ou *bernache*. Le macadam est naturellement un produit de consommation saisonnière. Les premières livrés se vendent plus cher. Leur production est toujours avantageuse.. Sous l'intelligente impulsion de la Cave Coopérative Saint-Michel, à Gaillac, la production des macadems s'est développée dons la région. Mais, si cette production est rémunératrice, elle est aussi aléatoire quoique très simple en apparence. Les raisins les plus hâtifs sont cueillis de bonne heure, égrappés, pressés et entonnés dans des futailles séchées. Grâce à leur acidité encore assez élevée, la fermentation alcoolique commence. En expédiant en grande vitesse, dans des fûts munis d'un évent pour laisser dégager l'acide carbonique, ces vins peuvent arriver à destination dans des conditions convenables. Mais l'insuffisance du sucre, l'excès d'acidité, la température élevée, l'agitation due au transport, provoquent bien souvent une fermentation trop active avec ses conséquences : coulage, assèchement des vins, etc.

Une cueillette des raisins moins hâtive, leur transport entiers et non froissés au chai pour un égrappage et un pressage rapides, ou encore le sulfitage des raisins sitôt après l'égrappage à la vigne, éviteraient les inconvénients signalés beaucoup mieux que l'emploi à doses non mesurées du bisulfite de potassium. Il est juste de reconnaître que si, sous l'influence d'une réclame intempestive, les viticulteurs ont pu abuser des solutions sulfureuses, ils en ont vite reconnu le danger et n'en font plus aujourd'hui qu'un usage modéré.

La stérilisation relative des moûts par aération et multiplication des levures paraît susceptible de donner des résultats plus sûrs, plus constants et de prolonger très utilement la période de consommation des macadams.

3° Le vignoble de Gaillac fournit aussi des vins blancs secs, qui lorsqu'ils sont réussis, sont excellents. C'est cependant le mode d'utilisation des vendanges blanches qui rapporte le moins de bénéfice. Aussi, rationnellement, dans les bonnes expositions du vignoble de Gaillac ne doit-on faire des vins blancs secs que lorsque, pour une raison quelconque, on se trouve obligé de vendanger des raisins avant complète maturation, c'est-à-dire lorsque le moût ne renferme guère plus de 170 g de sucre par litre, l'acidité étant encore supérieure à 8 ou 10 g. On les obtient facilement avec les moûts légèrement sulfités et aérés au sortir des pressoirs et qu'on laisse fermenter lentement dans des récipients vinaires, barriques, demi-muids, cuves ou foudres. On les traite ensuite par les procédés habituels qui ne sauraient être décrits ici.

Une précaution trop souvent négligée, et qui rend pourtant les plus grands services dans la clarification des vins blancs de toute nature, c'est la tamisation des moûts. Elle consiste tout simplement à mélanger au moût, au sortir du pressoir, 20 à 30 g de tanin à l'alcool, préalablement dissous, par hectolitre.

Voici à titre d'indication la composition moyenne d'un certain nombre de vins secs, préparés au Laboratoire, avec des raisins venus en coteaux, et où domine le Mauzac greffé sur Riparia depuis 10 ans au moins.

Composition moyenne des moûts (1908).

Densité....................................	1,086
Sucre correspondant, grammes par litre..	197,5
Alcool correspondant pour 100 en vol....	11°,6
Acidité tartrique, grammes par litre	5

Composition moyenne des vins.

Densité................................	0,993
Alcool pour 100 en vol.................	10,85
Extrait à 100° en grammes par litre.....	16,4
Sucre réducteur.......................	1,25
Extrait réduit........................	16,15
» dans le vide	21,20
Déviation polarimétrique...............	+20′ (dextrane)
Acidité totale, en grammes	4,71
» volatile	0,31
» fixe	4,4
Cendres..............................	2,2
Acide tartrique total (en tartre)........	3,83
Potasse totale (en tartre).............	4,24
Tartre...............................	3,25
Rapport $\dfrac{\text{alcool}}{\text{extrait réduit}}$	5,3

Somme alcool + acide.................... 15,56
Rapport Halphen....................... 0,43
Rapport Roos 2,8

Quoique les vins qui ont servi à établir la moyenne ci-dessus aient été faits en petite quantité au Laboratoire, leur composition est tout à fait comparable à celle des vins vinifiés suivant l'usage, en barriques ou en fûts.

Il est curieux de remarquer que ces vins blancs qui se sont séchés, bien que préparés avec des raisins cueillis tardivement à la fin de la première quinzaine d'octobre, bien que venus sur des coteaux mais en sols assez riches ou assez fumés, renferment beaucoup moins d'alcool total que d'autres vins blancs préparés en même temps avec des raisins d'une origine différente mais voisine. Ces derniers contiennent comme alcool total (alcool formé et sucre) 15, 16 et jusqu'à 18°,3.

La composition chimique moyenne de ces vins secs est tout à fait normale et ne présente pas d'anomalie digne d'être mentionnée. Cependant, il n'est pas rare d'en rencontrer quoique plus rarement que dans les vins blancs doux. Ainsi un vin sec provenant des coteaux de St-Florentin a donné la même année, alcool 13 pour 100, extrait réduit 13,9, ce qui indique d'après le rapport $\frac{alcool}{extrait\ réduit} = 7,4$ une forte présomption de sucrage que l'origine du vin ne permet pas d'admettre comme fondée.

Les anomalies de composition se rencontrent plus souvent sur les vins secs provenant de la fermentation de vins doux que le soufre n'a pu tenir (vins brûlés par le soufre). Ces derniers étant généralement assez pauvres en sucre, on peut en tirer cette déduction que lorsqu'un moût est trop acide et pas assez sucré, il est préférable d'en faire tout de suite des vins secs plutôt que d'essayer d'en préparer des doux dont la réussite est aléatoire.

4° C'est surtout avec les vins blancs incomplètement fermentés, renfermant encore plus ou moins de sucre que les vins blancs de Gaillac manifestent leur supériorité très réelle. Ces vins peuvent être utilisés, soit comme vins de table supérieurs à la manière des Graves ou des Sauternes, soit comme vins mousseux ou gazéifiés. Mais les uns et les autres n'ont leur véritable originalité que lorsqu'ils ont été préparés avec les vendanges des cépages locaux, surtout le Mauzac. Les autres cépages fins peuvent donner autant d'alccol de sucre, mais ils n'ont ni l'arôme, ni le bouquet, du véritable vin de Gaillac. Il en résulte que si, ce qui ne parait guère désirable, on venait à délimiter le cru de Gaillac, il serait rationnel de n'accorder la qualification de vin blanc de Gaillac qu'aux vins faits avec le Mauzac, le Lenc de l'El, et l'Oundenc. C'est d'ailleurs, dans ces conditions qu'a été effectuée la délimitation pour la blanquette de Die.

Quel que soit la destination définitive du vin blanc doux naturel, il est presque indispensable que les moûts servant à les préparer renferment au moins 220 g de sucre par litre. Plus les moûts sont sucrés, plus il y a de chances de réussite. Pour que les vins soient parfumés, il convient d'attendre la période de surmaturation et même l'envahissement du botrytis. Les quelques insuccès des viticulteurs de Gaillac proviennent surtout de ce qu'ils ont voulu faire en doux des moûts trop acides et pas assez sucrés. Les composés sulfureux avec lesquels ils pensent les réussir donnent trop souvent des mécomptes.

Pas plus que pour les produits précédemment décrits, il n'y a lieu d'indiquer ici le détail et la préparation de ces vins. Cependant il n'est pas inutile de remarquer que, suivant que le viticulteur voudra préparer des mousseux ou des vins non mousseux, il pourra employer ou non les produits sulfureux.

La vendange bien mûre, peu acide, égrappée est pressée. Le moût tanisé, légèrement sulfité et aéré est débourdé ou filtré, puis mis à fermenter dans des futailles maintenues pleines. On a abandonné, à tort, la pratique du guillage, qu'on remplace par des filtrages fréquents à l'air avec la manche pendante. Suivant l'origine et la composition des moûts, suivant les conditions dans lesquelles se sont effectuées les vendanges, la température extérieure, la fermentation alcoolique s'effectue plus ou moins rapidement. Noter en passant que pour ces vins doux il est préférable de ne vendanger que lorsque la rosée aura été séchée par le soleil. Quand la fermentation est trop active, on la modère par des sulfitations successives avec ou sans filtrage. L'alcool produit finit par la ralentir et même l'arrêter ce qui permet de clarifier le vin.

Généralement, le producteur vend ses vins doux dans l'année. Mais si ils sont conservés en fût un an de plus, clarifiés par soutirages et collage, mis en bouteilles à 15 ou 18 mois au moins, ils deviennent alors des vins d'une belle couleur jaune d'or, ayant un montant discret bien qu'alcooliques, avec un arôme et un bouquet accentués et agréables et pouvant acquérir de la sève par le séjour en bouteilles.

Voici la composition chimique de quelques-uns de ces vins non finis. Ici, aussi, pour éviter les Tableaux compliqués et coûteux à reproduire, on a inscrit seulement les moyennes en y joignant les maxima et les minima pour chaque dosage. Ces vins ont été faits au Laboratoire avec des raisins cueillis le 15 octobre 1908 sur les coteaux de Sénouillac, Tauzias, Cahuzac, Laborie, Sainte-Cécile et Saurs. Les raisins étaient du Mauzac Blanc greffé sur Riparia, Rupestris et Solonis. Tous avaient au moins dix ans de greffe.

Composition des moûts.

	Moyenne.	Maximum.	Minimum.
Densité du moût à 15°............	1,107	1,128	1,096
Sucre correspondant par litre.....	256ᵍ,06	311ᵍ,1	226ᵍ,1
Alcool correspondant pour 100	15°,06	18°,3	13°,3
Acidité tartrique par litre.........	4ᵍ,48	5ᵍ,5	2ᵍ,5

L'acidité la plus faible 2,5 g correspond au moût le plus sucré 311,1 g provenant de souches admirablement exposées à Senouillat. Ce moût n'a pas été vinifié. L'acidité la plus forte correspond à un moût préparé avec une grappe des plus pourries de chacun des lots constituants. La richesse en sucre de ce dernier moût arrive au deuxième rang avec 272 g.

Composition des vins.

	Moyenne.	Maximum.	Minimum.
Alcool pour 100 en volumes........	9,95	11,85	8,8
Extrait réduit par litre..........	24^g,37	38^g	14,33
Acidité totale (en grammes SO^4H^2).	4,46	4,11	4,90
» volatile »	0,51	1,08	0,20
» fixe »	3,94	4,4	3,52
Sucre réducteur (grammes par litre).	73,12	102,2	34,9
Déviation polarimétrique..........	—8°,15	—12°,58	—4°
Cendres (grammes par litre).......	2,18	3,2	1,44
Acide tartrique total (en tartre)...	3,14	5,74	2,04
Potasse totale en tartre..........	3,45	4,73	2,08
Tartre.....................	2,83	3,43	2,03
Somme alcool + acide...........	18,46	20,41	17,26
Rapport $\dfrac{\text{alcool}}{\text{extrait réduit}}$	4,73	7,2	3,1
Rapport Roos................	4,11	5,8	2,36

Les vins qui ont servi à établir le Tableau ci-dessus ont subi les mêmes traitements. Ils n'ont été analysés qu'un an après leur préparation.

Ce qui frappe dans ces chiffres, c'est que des vins d'une même année, préparés en même temps, provenant d'un même cru ou plutôt, d'une même région viticole, présentent, pour un même élément, des différences allant souvent du simple au double.

Le titre alcoolique qui n'est pas excessif varie de 9° à 12° environ, mais il est instable et s'accroît peu à peu jusqu'à la mise en bouteilles.

Contrairement à ce qui se produit pour les vins de primeur, les vins tardifs ont, généralement assez d'extrait réduit, ce qui n'empêche pas qu'un vin du coteau de Laborie titrant 10°6 avec un extrait réduit de 14,33 g et 42,5 g de sucre donne un rapport $\dfrac{\text{alcool}}{\text{extrait}} = 7,2$ correspondant, d'après les règles officielles, à un sucrage de 1°3 environ qui, ici, n'a jamais été fait. De plus, le rapport Roos étant de 2,3 au lieu de 2,4 au minimum, il y a aussi suspicion de mouillage pour un vin qui est pourtant rigoureusement pur. Ainsi ressort une fois de plus l'impossibilité d'appliquer aux vins blancs de Gaillac les règles qui servent habituellement pour interpréter des analyses de vins ordinaires.

Si l'on peut constater dans les vins blancs tardifs un excès relatif d'extrait sec, il importe de remarquer qu'il est dû en partie à la dextrane et aux autres produits du bohytis qu'il serait tout aussi logique de retrancher de l'extrait total que le glucose.

Alors que les blancs vendus en moûts ou en bourres renferment quelquefois plus d'un gramme d'acide tartrique libre d'après les méthodes officielles) avec les vins tardifs les doses d'acide tartrique et de potasse exprimées en tartre sont presque identiques. Les raisins fortement botrytisés diminuent la proportion d'acide tartrique. Ainsi, tandis que la moyenne pour les vins doux est de 3,14 g avec un minimum de 2,50 g, le vin fait avec le mélange des grappes les plus pourries, dont le dosage de l'acide tartrique ne rentre pas dans la moyenne, est tombé à 1,50 g, le dosage de la potasse étant presque identique avec 1,45 g.

Toutes ces observations déjà faites sur des vins loyaux de commerce s'appliquent également aux vins Mousseux de Gaillac, dont la composition est tout à fait comparable à celle qui est indiquée ci-dessus.

Pour savoir quelle était l'influence que le voyage pouvait avoir sur la composition chimique des vins blancs, un petit fût de vin a été envoyé faire une tournée circulaire de plus de 2000 km. Ce voyage en chemin de fer P. V. a duré plus de 3 semaines. Au retour, l'analyse n'a donné aucune différence appréciable.

5° Les vendanges blanches sont très propres à faire des vins mousseux. Ceux-ci peuvent être rangés en trois catégories. Les vins mousseux naturels, le vins préparés par la méthode usitée en champagne et les vins gazéifiés. Il ne saurait rentrer dans le cadre de ce travail de décrire en détail la préparation de ces trois types. Quelques remarques à ce sujet suffisent.

Le vin blanc doux naturel de Gaillac est le plus apprécié et le plus connu des vins de ce cru faisant de la mousse : On l'a longtemps désigné sous le nom de *blanquette de Gaillac*.

Lorsqu'il est réussi, c'est un vin peu coloré, d'une jolie teinte parfois jaune verdâtre, un peu troublé par les levures qu'il renferme en suspension, produisant une mousse un peu fugace. Son arôme est très suave. Sa saveur agréable et c'est de lui qu'on pourrait dire qu'il a goût de fruit et de fruit délicieux.

Mais il n'est pas toujours réussi. Quelquefois, il arrive qu'il est trop trouble, qu'il ne mousse pas assez ou qu'il mousse trop.

Ces inconvénients se produiraient beaucoup moins si l'on n'employait que des moûts très riches en sucre, 230 g par litre au moins, tanisés, pas trop sulfités, fermentés doucement jusqu'à ce qu'ils soient mutés par l'alcool produit. Des soutirages assez fréquents, un collage pendant l'hiver et une mise en bouteilles en Mars terminent la préparation. Mais il importe de surveiller la prise de mousse. En introduisant dans une ou deux bouteilles de chaque lot un aphromètre ou petit manomètre spécial il est possible de surveiller l'augmentation de la pression intérieure. Si elle est trop forte, il n'y a qu'à relever les bouteilles pour qu'elle diminue. On les recouche si elle s'abaisse trop. Avec des vins dont la fermentation en tonneau a été bien conduite, les excès de pressions se produisent rarement, la fermentation s'arrêtant bien avant la disparition totale du sucre.

La méthode de vinification employée à Die convient très bien à la préparation de la blanquette de Gaillac.

Appliquée aux bons vins blancs de Gaillac, la vinification des champenois donne d'assez bons produits. Ce procédé constitue surtout une manipulation industrielle dont le prix de revient paraît trop élevé pour qu'elle soit rénumératrice.

La gazéification des vins blancs doux, plus économique, peut facilement donner satisfaction à ceux qui cherchent dans le vin qui mousse, le tapage et la limpidité, la satisfaction de l'oreille et de l'œil.

Les vrais gourmets trouveront infiniment plus de plaisir et de charme à vider une bonne bouteille de Gaillac mousseux naturel.

Conclusions. Le vignoble de Gaillac a une réputation bien fondée, très ancienne, très étendue, même à l'Étranger.

Bénéficiant de la même composition géologique et topographique de sol, des mêmes conditions climatériques : sa reconstitution ayant été effectuée avec un encépagement ne différant guère de l'ancien qui prédomine encore, et le greffage ne paraissant nullement avoir amoindri la qualité des raisins, le vignoble blanc de Gaillac fournit toujours des produits variés de qualité supérieure et de vente fructueuse pour le producteur qui sait les utiliser.

Parfois, la composition chimique de ces produits variés ne correspond pas très bien aux règles limites appliquées dans l'interprétation des analyses de vin. Pour les vins de Gaillac entre autres, on ne saurait donc accorder à ces règles sa valeur absolue que certains chimistes leur attribuent encore.

Dans les procédés de vinification, diverses améliorations, facilement réalisablés, sont susceptibles de mieux utiliser aux points de vue œnologique et chimique, les propriétés remarquables des vendanges blanches du vignoble de Gaillac.

Discussion. — M. LARUE présente quelques observations :

1º Si le commerce des moûts de vin s'étendait il serait peut-être nécessaire d'établir un mode de prise de densité par un règlement d'administration publique auquel ne sauraient déroger les conventions particulières.

On y a été amené pour le commerce des betteraves à sucre.

2º Les dérogations aux règles classiques pour déterminer les fraudes deviennent de plus en plus nombreuses, au point que l'ardeur des poursuites se trouve ralentie par les échecs causés par les mauvaises interprétations des analyses.

3º Si à Gaillac le vin doux prime le vin sec, il n'en est pas de même à Chablis.

4º Mais partout les vins *bourrus* sont recherchés.

M. J.-B. GÈZE,

Ingénieur-Agronome (Villefranche-de-Rouergue).

FIXATION DES VASES MOUVANTES PAR LA PLANTATION SUCCESSIVE DE SCIRPUS LACUSTRIS ET DE PHRAGMITES COMMUNIS.

627.411

2 *Août.*

La mobilité des dépôts vaseux qui se forment dans le lit des fleuves à pente très faible, la Loire par exemple, est un gros obstacle et un danger permanent pour la navigation. Les moyens employés généralement par les ingénieurs pour fixer ces dépôts sont très coûteux et pas toujours efficaces (épis, etc.).

Dans certains cas, on peut recourir à des procédés beaucoup plus économiques, susceptibles même de procurer de beaux revenus à ceux qui les mettent en pratique. Ils consistent à planter successivement, dans la vase, des *Scirpus lacustris* L. (Gros Jonc), puis des *Phragmites communis* Trin. (Roseau commun, Roseau à balais). Cette méthode est employée depuis longtemps avec succès sur de grandes surfaces, dans les environs de Rotterdam, pour fixer les alluvions de la Meuse et du Rhin, notamment à Biesbosch, à Willemsdorp et à Rozenburg, où j'ai constaté dernièrement ses résultats avantageux.

Dans ces localités, le *Scirpus lacustris* ne prospère pas sur sable pur, mais dès que le fleuve a déposé une couche suffisante de vase argileuse, riche en humus, on plante, avec une bêche à manche court, des rhizomes de *Scirpus lacustris* (*Bies* en hollandais) de 30 cm de long, espacés de 1 m en tous sens.

Dès la troisième année, la Scirpaie (*Biesland*) donne une récolte qu'on vend sur pied pour faire des paillassons; les prix ont varié, en 1909, à Rozenburg, de 38 f à 124 f l'hectare net. Les Scirpes les plus appréciés, appelés *zoute biesen*, viennent dans l'eau saumâtre, ils sont plus souples ques les *zoete biesen* qui croissent en eau douce. Le même fait est connu pour les *Typha*, à Amposta (delta de l'Èbre). La société agricole de Dordrecht, dont j'ai visité dernièrement la vaste exploitation (plus de 1000 ha), a gagné par cette méthode, depuis sa fondation (1847), plusieurs centaines d'hectares sur les vases du fleuve. Cette année encore, on a planté 15 hectares de *Scirpus lacustris*.

Quand le colmatage a suffisamment élevé le sol pour qu'il soit découvert d'eau quelques heures chaque jour, le *Scirpus* décline et le *Phragmites* (*Riet*), qui périclite dans cette région en terrain constamment submergé, peut prospérer. On le plante alors exactement comme le *Scirpus*, et j'ai admiré des roselières (*Rietland*) touffues, d'une régularité remarquable. Des fossés facilitent l'écoulement de l'eau à chaque marée et favorisent ainsi la croissance des Roseaux. Le *Phragmites* se vend pour faire des plafonds en les recouvrant de plâtre (qualité supérieure) (*Stukadoorsriet*); des paillassons (*Matriet*); des toitures (*Dekriet*), et le rebut (*Stookriet*) sert pour le feu, très rarement pour la litière.

Le colmatage continuant, le terrain peut supporter le bétail. On l'entoure de digues, on achève de le dessécher par des fossés, et on y sème des graminées fourragères à grand rendement, mais en partie peu durables (Ray gras anglais, Fromental, Fléole) avec Dactyle, Paturins, Fétuques, Avoine jaunâtre, Flouve, Houlque laineuse. On répand 200 à 300 kg de scories par hectare et autant de kaïnit chaque année. Les prairies ainsi obtenues sont très belles et contiennent beaucoup de *Trifolium pratense*, de *Trifolium repens* et de *Medicago lupulina*, qui n'ont pas été semés; mais les plantes dominantes sont *Lolium perenne*, *Festuca pratensis*, *Poa pratensis*.

On fait pâturer ces prairies pendant 3 ans, la quatrième année on les fauche et on y met après défrichement des betteraves sucrières : le polder est dès lors en état de culture normal.

La méthode précédente est intéressante au point de vue agricole, en ce qu'elle permet de gagner à la culture d'importantes surfaces de terres improductives; mais elle a aussi un intérêt plus général, comme moyen de fixer très économiquement, sur le cours inférieur de certains fleuves tels que la Loire, les atterrissements vaseux dont la mobilité constitue un si gros obstacle pour la navigation. On sait qu'il est question de creuser un canal latéral à la Loire, d'Angers à Briare, qui coûterait environ 180 millions, ou bien d'améliorer le lit du fleuve, en le rétrécissant au moyen d'épis, ce qui coûterait encore 8 à 10 millions, d'Angers à Chinon, alors que le canal latéral, sur le même parcours en coûterait 30 à 40.

On pourrait, sans doute, réaliser de sérieuses économies, en autorisant, ou même en encourageant les riverains à cultiver les vases mouvantes par le procédé que je viens de décrire; l'opération serait lucrative, car les roselières des environs de Nantes s'afferment couramment, pour la production de la litière, de 160 à 180 francs par hectare.

M. G. HÉRON,

Président du Syndicat agricole de la Haute-Garonne.

CONSIDÉRATIONS SUR LES DIVERSES TAILLES DE LA VIGNE.

(Observations résultant d'expériences faites depuis 20 ans.)

63.46-196.21

5 *Août.*

La taille de la vigne a fait, depuis l'origine même de la culture de ce précieux arbuste, l'objet d'études nombreuses; mais les viticulteurs ne sont pas d'accord pour déterminer une taille unique qui serait par la même universellement adoptée et appréciée.

La taille varie, en effet, suivant les régions et conséquemment (que ce soit volontairement ou fortuitement) suivant la nature du cépage, puisque dans chaque région on cultive des cépages distincts. Cette division des cépages existait, du moins d'une façon très nette, avant la période phylloxérique; depuis, on a un peu partout modifié l'encépagement; dans la Haute-Garonne, en particulier, on a introduit à la fois des cépages du Centre, et des cépages du Midi; les viticulteurs en général n'ont pas, avec ces cépages, importé la taille qui leur était appliquée dans leur pays d'origine, ils ont plutôt soumis ces nouveaux venus aux usages adoptés dans la région où ils les introduisaient, disons plus exactement dans leur propre vignoble.

Je me suis proposé de rechercher si les divers modes de taille de la vigne, dans un milieu déterminé, pouvait modifier la nature du raisin produit; je chercherai, en même temps l'influence des productions plus ou moins abondantes sur la qualité des vins.

Ces études ont pour but de nous amener à savoir si les divers systèmes de tailles adoptés sont justifiés ou, si, au contraire, il ne serait pas plus rationnel d'adopter une taille unique qui resterait, dans les détails de son application, proportionnée à la vigueur du sujet; nous verrons en même temps s'il est possible de déterminer les productions que le viticulteur est en droit d'exiger de sa vigne.

Toutes les tailles peuvent se ramener à deux types : 1º Celles qui consistent à chercher le raisin sur les deux premiers bourgeons de la coursonne de taille;

2º Celles qui produisent le fruit sur, ou au-delà, du troisième bourgeon. C'est à tort qu'on dénomme ces différents systèmes, tailles courtes et tailles longues, voulant par là distinguer les tailles à deux yeux pris sur les bois de remplacement et les tailles à un nombre de yeux plus considérable.

Ces expressions sont, à mon sens, absolument défectueuses car une taille à bois renouvelé tous les ans à trois ou quatre bourgeons est essentiellement plus courte, si l'on ne conserve que deux branches à fruit, qu'une taille sur cordon permanent qui aura une longueur de 1,50 m, et sur laquelle chaque branche à fruits sera taillée à deux yeux seulement.

Mon intention est de chercher à démontrer que la taille renouvelée tous les ans est la plus rationnelle.

Tous les viticulteurs s'accordent pour reconnaître que les bourgeons d'un sarment n'ont pas indistinctement la même aptitude pour donner du fruit, il est certaines variétés de raisins dont les bourgeons de la base ne sont jamais fructifères, d'autres, au contraire produisent du fruit sur le premier bourgeon, celui qui vient immédiatement après l'œil dormant, comme aussi sur les bourgeons suivants, quelquefois même sur des gourmands; mais ce qui est certain, c'est que si l'on peut constater que quelques variétés ne sont pas fructifères ou le sont tout au moins très peu sur les premiers bourgeons, toutes au contraire donnent du fruit sur les troisièmes bourgeons et suivants; ce qui est surtout intéressant, c'est que d'une façon générale les bourgeons qui s'éloignent de la base d'un sarment ont plus d'activité et sont mieux constitués, et ce fait se peut observer sur toutes les variétés.

Non seulement cette différence d'activité est manifeste, mais encore on peut constater des différences de constitutions entre les bourgeons, phénomène que tout le monde admet et qui provoque des différences dans la forme et dans la qualité des fruits, bien que ceux-ci aient été portés sur le même sujet. Cette particularité est désignée sous le nom de variation par bourgeon.

J'ajouterai, pour donner plus de valeur à cette constatation, que la plupart des viticulteurs soigneux choisissent leurs greffons après le troisième bourgeon seulement et cela parce qu'ils ont constaté que ces bourgeons ont une plus grande aptitude à la fructification; il est d'ailleurs facile de se convaincre de ce fait en examinant soit un sarment, soit un branche de fruitier quelconque; partout il est reconnaissable.

Je n'insiste pas sur ce point, qui est admis par tous les arboriculteurs; mais les bois de l'extrémité d'un sarment sont généralement mal aoûtés, nous en concluerons que c'est dans la partie intermédiaire que se trouvent les bourgeons aptes à donner les meilleurs fruits et aussi les plus beaux.

Une partie des expériences que j'ai entreprises tend à rechercher si, dans la pratique, cette règle peut trouver sa confirmation.

Cette question m'a parue d'autant plus intéressante qu'il est un principe d'organographie végétale qui dit que c'est la tête qui fait le pied; m'appuyant sur ce principe, je peux en déduire qu'un greffon, et conséquemment sa taille raisonnée, peut sensiblement modifier la nature du porte-greffe, ce qui revient à dire, qu'il y a solidarité entre le porte-greffe et le greffon. Des appels de sève convenablement faits exciteront la végétation du porte-greffe; on obtiendra, en vertu du principe cité plus haut, des racines plus vigoureuses qui viendront à leur tour avec leur sève abondante augmenter la vigueur du sujet.

L'étude de la taille de la vigne m'a amené à comparer les productions entre elles au regard de la qualité des vins produits.

Tout d'abord, qu'il me soit permis de dire que je me rallie à l'opinion de la majorité des viticulteurs, à savoir qu'une surproduction doit amener un abaissement forcé du degré alcoolique et cela avec toutes les tailles. Cependant ce serait commettre une erreur d'en conclure qu'à l'inverse le degré alcoolique d'un vin sera d'autant plus élevé que la récolte sera plus faible, il y a au contraire une limite maxima du degré du vin produit avec un cépage déterminé qu'il sera utile de connaître pour chaque cépage en même temps qu'il conviendra de se rendre compte de la production la plus élevée qu'on pourra atteindre sans nuire à la qualité du vin produit.

Si donc je peux arriver, par la méthode expérimentale, à déterminer ce maximum de production, et si, par une taille raisonnée, je peux l'obtenir, j'aurai fixé les conditions les plus favorables pour rendre la culture de la vigne rémunératrice.

Pour atteindre ce but, nous serons amenés à installer les vignes sur fil de fer et, par suite, il faudra engager une plus forte dépense, mais nous ne devrons pas, à mon sens, nous en préoccuper.

Il s'agit, en effet, de savoir si en viticulture l'économie est chose avantageuse ou si, au contraire, ceux qui disent que l'économie qu'ils commencent à réaliser constitue leur premier et leur plus sûr bénéfice sont dans le vrai.

Pour ma part, je suis d'avis qu'il vaudrait mieux réunir les sommes éparpillées sur une grande surface, cultiver moins de vignes et n'y regretter aucune des dépenses que je considère comme essentielles.

Cette règle a bien plus sa raison d'être aujourd'hui qu'elle ne l'avait autrefois, et pourtant Olivier de Serres a écrit, et c'était vers le milieu du XVIᵉ siècle :

« C'est autant qu'on veut qu'une vigne porte......
« Qui désire avoir profit de son vignoble l'entretienne plutôt prodigalement que libéralement sans crainte d'excéder en culture le fruit procédant de la la précédente année ».

Olivier de Serres disait vrai. Quoi qu'il en soit, le but que nous poursuivons tous est de produire du vin qui, vendu sur le marché, nous donne, tout compte fait, un revenu. Si nous devons tenir compte, dans la création d'un vignoble, du choix des cépages et du choix des porte-greffes, nous ne devons pas perdre de vue que l'exposition du vignoble aura une grande importance; par exemple, les mêmes cépages, sur le sommet d'un coteau, sur un penchant exposé au midi, ou dans la partie basse, donneront des vins de qualités toute différente, de même qu'un fumure exagérée ou qu'une trop grande humidité nuiront à la qualité des vins; mais si toutes ces considérations que je viens d'énumérer ont leur valeur, elles ne sont pas toutes également indispensables, et bien souvent le rapport qu'elles auront entre elles modifiera le résultat définitif, autrement dit le revenu net; toutes choses égales, d'ailleurs, une bonne vinification change complètement la nature des vins produits avec une même vendange.

Cette supériorité, provoquée par une bonne vinification, se retrouve aussi bien dans les vins faits avec des cépages communs que dans ceux fait avec des cépages de choix. Or, les viticulteurs ne se pénètrent pas assez de cette idée, ils accusent la taille des accidents qui sont provoqués d'ordinaire par une mauvaise vinification. Olivier de Serres a dit encore, à propos de la cueillette, et je ne saurais m'appuyer sur une plus grande autorité :.

« Que si la vigne, au cours de son maniement, requiert beaucoup de science et d'intelligence, c'est en ce point de la vendange où les choses sont nécessaires pour, en perfection de bonté et d'abondance, tirer les fruits que Dieu par là nous distribue. »

Je me suis attaché dans mes expériences à rechercher d'abord, sur quel bourgeon j'obtenais un degré plus élevé, soit en récoltant des raisins dans le voisinage de la souche, sur les deux premiers bourgeons de taille, soit à l'extrémité de la branche à fruit, soit enfin sur la partie intermédiaire.

De ces expériences, que j'ai consignées, il ressort que ces raisins ont presque tous donné un degré alcoolique sensiblement égal, que l'écart entre les uns et les autres ne saurait, dans aucun cas, outrepasser un degré, cependant que la différence de degré se remarque alternativement sur des tailles à deux yeux, et sur des tailles à bourgeons éloignés de la base se montrant généralement dépendante de la quantité produite, celle-ci se trouvant souvent plus abondante à l'extrémité de la branche à fruit, quoique produite sur un nombre égal de bourgeons de taille, ce qui revient à dire que c'est avec une taille à longs bois que j'ai toujours obtenu la somme de degré la plus élevée; par conséquent on ne saurait accuser la taille de nuire à la qualité du fruit et conséquemment du vin, on doit plus exactement accuser la surproduction.

Mais, en dehors de toute question de taille, il ressort des expériences que j'ai entreprises et souvent renouvelées que certains cépages pouvaient voir augmenter assez sérieusement leur production sans que le degré alcoolique du vin produit en soit modifié, mais que cependant cette proportion ne se pouvait appliquer indistinctement à tous les cépages, j'ai pu arriver ainsi à un classement assez intéressant et qui démontre qu'il existe des cépages qui peuvent donner à la fois degré alcoolique et production.

De toutes ces observations découlent des faits qui peuvent avoir à différents points de vue un très grand intérêt pour les viticulteurs :

1º On peut connaître le rapport qui existe entre différents cépages en tenant compte à la fois de leur production et de la qualité du vin;

2º On peut suivre la relation qui existe entre la production et le degré alcoolique et par suite augmenter ou diminuer son rendement suivant les besoins du commerce.

C'est ainsi que j'ai pu observer que la petite Syrha par exemple, dans mon vignoble tout au moins, était supérieure à la Négrette, car on pouvait obtenir une plus grosse production avec un degré alcoolique plus élevé; le Fert ou Béquignol s'est montré supérieur au Bouchalés que je considère aussi comme supérieur à la Négrette qui, pour un degré de plus d'alcool, a donné moitié moins de récolte.

Le Canari, avec 9 k 444 gr par souche, est plus avantageux que la Mondeuse, que le Durif, que l'Aramon lui-même qui n'atteignent pas là même production sans que le degré alcoolique de leur vin ne s'abaisse.

Ces observations m'ont paru d'un haut intérêt parce qu'elles m'ont donné pour chacune de ces variétés le maximum de degré que je pouvais obtenir dans le milieu où elle est cultivée, mais en même temps j'ai pu constater que je n'avais aucun avantage à ne pas atteindre le maximum de production indiqué.

Il ressort de ces expériences que le viticulteur peut notablement augmenter la production de certains cépages en leur conservant une grande partie de leurs qualités, disons toutes ses qualités; d'autres, au contraire, peuvent perdre une partie de leur sucre, et conséquemment l'alcool produit, sans compensations suffisantes.

Il importe donc de connaître les cépages et de les traiter d'une façon particulière.

Me plaçant à un autre point de vue, si je considère que les raisins récoltés sur des tailles à longs bois et pris sur les troisième et quatrième bourgeons sont de qualité supérieure, nous arriverons à conclure que les viticulteurs devraient toujours donner la préférence à la taille à longs bois avec laquelle on peut régler la production de la vigne, c'est ce que j'ai appelé :

« Taille proportionnelle et utilitaire ».

La disposition de cette taille est extrêmement simple; supposons un pied de vigne taillé sur quatre bras, deux sarments seront conservés longs et deux seront taillés à deux yeux seulement.

Les deux sarments conservés longs seront raccourcis de toute la partie incomplètement aoûtée, ceux-ci courbés en forme d'arc seront croisés au-dessus de la souche à hauteur du fil de fer et enroulés sur ce dernier.

Point besoin d'attaches, économie fort appréciable; le sarment plié en forme d'arcure et enroulé, empêchera la sève de circuler trop vite et malgré tout il se fera un appel de sève suffisant pour exciter la végétation de la vigne, il se produira en outre un renforcement des bourgeons à fruit.

Tous les bourgeons vont pousser, on laisse passer autant que faire se peut la période dangereuse pour les gelées, on enlève seulement alors les bourgeons qui poussent sur et sous l'arcure, il n'est presque pas besoin d'ajouter que si les gelées avaient trop diminué la récolte espérée sur le fil de fer, on aurait la ressource de conserver les bourgeons non atteints en les prenant sur une partie quelconque de la souche (¹).

Ce travail opéré on laisse sortir les raisins, on attend qu'ils fleurissent même, on opère un premier traitement cuprique et un soufrage, alors seulement on s'occupera de la taille en vert.

En temps normal, on éclaircira les bourgeons; dans la pratique, on choisit les plus beaux en même temps que les mieux placés à des intervalles à peu près égaux si possible, on a surtout soin de tenir compte de la vigueur du sujet, de sa nature ou plus exactement de la grosseur de ses grappes.

On conservera, par exemple, un plus grand nombre de grappes sur un Pinot que sur un Aramon.

La description de la taille que je préconise suffit à démontrer que, dans la pratique, elle est plus facile à exécuter, si j'admets que dans notre région, tout au moins, les pluies fréquentes du printemps empêchent souvent le vigneron d'exécuter les labours en temps opportun et que, par conséquent, l'installation des fils de fer s'impose, on sera amené à donner la préférence à cette taille à longs bois qui permet de modifier la production tous les ans. Avec elle, on peut proportionner la production à la vigueur du sujet; on peut aussi augmenter ou diminuer la qualité au profit de la quantité, suivant qu'on atteindra la limite de la production d'une variété ou qu'on la dépassera, s'inspirant dans ce cas des préférences du commerce.

Les limites que j'ai indiquées ne s'appliquent peut-être pas d'une façon absolument exacte aux mêmes cépages, dans tous les terrains et à toutes les expositions, mais je suis fondé à penser que cette même échelle de proportion se retrouve partout et que, par suite, chaque viticulteur aurait grand intérêt à faire des observations méthodiques, afin de pouvoir tirer le meilleur profit possible de la vigueur de sa vigne.

Les meilleurs années, quant à la qualité des vins, coïncident, en général, en Gironde, avec les années d'abondance, cela provient de ce que ces années-là, toutes les variétés ayant donné le maximum de leur production, le mélange à la cuve représente bien la proportion de chaque variété telle que le viticulteur la souhaite; c'est cette proportion favo-

---

(¹) Cette année, une très forte invasion de mildew de la grappe au moment critique de la floraison enleva une partie de la récolte; tous ceux qui n'avaient pas ébourgeonné encore furent heureux de pouvoir sauver ainsi un assez grand nombre de grappes; ils ébourgeonnèrent les pampres qui avaient perdu leurs fruits, et je peux ajouter que seuls les viticulteurs qui ont adopté ce mode de taille ont pu conserver des raisins.

rable à la bonne qualité du vin que je voudrais voir obtenir tous les ans
et partout, parce que je la considère comme très importante, même dans
les vignobles qui produisent des vins de consommation courante. On peut,
enfin, en sachant user de cette taille, obtenir, avec leur maximum de qualité, des productions de 15 à 20 hectos à l'hectare, comme dans les grands
crus de la Gironde, aussi bien que des productions de 150 hectos à
l'hectare avec des cépages communs dans nos terres fertiles.

Combien de viticulteurs ne voit-on pas qui, adoptant la taille à bois
renouvelé tous les ans pour certains cépages qui seraient infertiles avec
toute autre mode de taille, n'osent pas soumettre à ce régime les plants
fertiles sur les premiers bourgeons, ils invoquent pour justifier leur
manière de faire que cette taille serait épuisante; avec eux, nous parta-
gerions cette manière de voir si l'on n'ébourgeonnait pas; mais en pra-
tiquant la taille en vert avec soin, on doit ne jamais dépasser la production recherchée.

Je serais heureux, si je pouvais convaincre les viticulteurs qu'avec
ce mode de taille et un ébourgeonnement bien compris, on peut arriver
à une régularité de production qui, seule, peut assurer des revenus aux
viticulteurs.

———

MM. T. BOUGET,

(Bagnères-de-Bigorre),

ET

J. BOUGET,

Botaniste de l'Observatoire du Pic-du-Midi.

———

SUR QUELQUES PRÉJUGÉS RELATIFS AUX QUESTIONS D'AMÉNAGEMENT DES MONTAGNES.

———

63.49-19 (23)

5 Août.

Dans nombre d'Ouvrages, voire des plus justement estimés, on rencontre, en matière de déboisement surtout, certaines assertions, que
nous ne croyons pas conformes à la réalité des faits. Il n'est peut-être
pas sans intérêt de consacrer quelques lignes à la réfutation d'erreurs
qui n'ont pas jusqu'ici, à notre connaissance, soulevé grandes pro-
testations.

La forêt, *dans nos montagnes* (versant nord des Pyrénées centrales),
ne dépasse guère 1800 m. Nous ne voulons pas dire qu'on ne puisse

trouver quelques bouquets d'arbres à des altitudes supérieures, mais la masse compacte de la forêt s'arrête à la limite que nous venons d'indiquer. Or, se fondant sur la présence de ces groupes d'arbres clairsemés qui végètent sur les pentes au-dessus de la sombre fourrure des sapins, des auteurs prétendent qu'autrefois la forêt s'élevait jusqu'à cette altitude, et qu'elle a rétrocédé sous les coups de l'homme. Les arbres et les bouquets d'arbres subsistants seraient donc l'arrière-garde et les traînards de la forêt en retraite devant son terrible ennemi, l'homme dévastateur.

La déduction est simple. Ce que la main de l'homme a défait, la main de l'homme peut le refaire. Et, l'on conclut au reboisement de toute la zone occupée par les derniers arbres, quand on ne va pas jusqu'à prétendre que le Myrtille et le Rhododendron marquent l'emplacement de l'ancienne armée des arbres, de la véritable zone forestière reculée par nos mains impies.....

Eh bien, dût notre vanité en souffrir, nous ne sommes pas capables d'aussi grandioses destructions. Que, dans les basses régions, l'homme soit le plus redoutable fléau de ses protecteurs méconnus, les arbres, nous n'y contredisons point. Mais aux grandes altitudes, sa puissance est en échec. Est-ce la main de l'homme qui a pu niveler, avec une précision quasi mathématique, l'arrêt de la masse compacte de la sapinière, cette épaisse bordure de la forêt pyrénéenne, à la limite de 1800 m, qui se poursuit, presque sans dérogations, sur des centaines et des centaines de kilomètres, aussi bien dans les endroits les plus inaccessibles que dans ceux dont l'abord est le plus aisé ? Non certes ; si l'immense forêt a rétrocédé, ce n'est point devant la cognée de quelques chasseurs errant dans ces vastes solitudes ou devant l'incendie allumé par des malheureux pâtres, c'est devant des modifications climatiques, sous l'influence de conditions météorologiques dont nous ne saurions, jusqu'à présent du moins, entraver les effets. Et les reboisements entrepris sans avoir déterminé ce facteur primordial nous paraissent voués, sinon à un échec total, du moins à une réussite seulement partielle, hors de proportion avec les sacrifices qu'ils auraient coûtés.

Soit, vont nous concéder quelques adversaires, mais l'argument n'est pas valable en ce qui concerne le reboisement de la plupart des hauts vallons. Ne voit-on pas, en effet, des arbres vivre sur les crêtes rocheuses qui les enserrent, dans les mêmes conditions de climat et d'exposition et avec l'infériorité d'un sol moins riche et plus aride ?.... Et nos docteurs en reboisement de conclure triomphalement à la nécessité de replanter au plus vite ces endroits privilégiés. Hélas non, préjugé encore.... Là aussi, ce n'est pas la main de l'homme qui a ruiné la végétation forestière. Si nos savants conseillers qui ne connaissent de la haute montagne que l'aspect si calme des jours d'été, y avaient vécu les terribles mois d'hiver, dans les affres de la tourmente, leur manière de voir serait sans doute bien différente. Ce paisible vallon qu'ils disent si facile à reboiser, c'est la route des avalanches, et toute plantation de végétaux élevés serait fatalement condamnée à périr. Ce n'est pas, là non plus, la main de l'homme qui a privé de son précieux revêtement d'arbres cette terre fertile; c'est le formidable choc des milliers de tonnes de neige, faux gigantesque rasant tout ce que ne sauvegarde pas l'abri tutélaire du rempart de rochers....

Au lieu de prodiguer des invitations aussi ..... théoriques, ne ferait-on pas mieux de déterminer, d'une façon précise, le chemin des avalanches, que connaissent les habitués de la région, du moins pour les avalanches coutumières, celles qui se produisent tous les ans et plusieurs fois par an? Quant aux avalanches *exceptionnelles*, celles qui ne reviennent qu'à des intervalles extrêmement éloignés, sous l'influence de conditions météorologiques toutes particulières, leur étude s'impose avec plus de force encore.

Un autre dogme classique est la ruine du pâturage des montagnes. Cette fois, ce n'est plus l'homme qu'on met en cause, c'est un sire de moindre envergure, c'est le mouton. Le dangereux animal ne tond-il pas l'herbe au ras du sol ? N'arrache-t-il pas même parfois les plantes, si bien qu'on voit les racines mises à nu ? Et voilà comment la prairie alpine doit mourir, comment les terres, privées du soutien des végétaux, seront peu à peu entraînées, mettant à nu la roche, soumise dès lors à l'usure rapide des causes habituelles de désagrégations..... Le péril est immense, il n'y a pas à hésiter, sus au mouton !

Qu'y a-t-il donc de fondé dans cet acte d'accusation? Rien, ou à peu près. D'abord, *dans nos hautes régions du moins* (et nous croyons qu'il en est de même dans bien d'autres pays), l'étendue des pâturages est telle, par rapport au nombre des animaux et au temps qu'ils passent sur la montagne, que les dégats, fussent-ils réels, seraient de maigre importance. Mais il y a plus. Ces dégâts, nous les nions. Comment, va-t-on nous dire, le mouton ne tond-il pas l'herbe au ras du sol? Eh bien, en quoi cela prouve-t-il la destruction du pâturage? La tondeuse qui coupe « à ras » le gazon des pelouses les mieux fournies doit-elle donc le détruire? La faux serait-elle la mort de la prairie? Et qu'on ne vienne pas nous objecter les plantes arrachées, les racines mises hors de terre. Regardez-les de plus près : vous constaterez aisément que, dans la plupart des cas, ces racines étaient malades ...

Qu'on nous permette donc d'introduire l'instance en réhabilitation de la pauvre bête calomniée. Nous ne connaissons pas, pour notre part, de pâturage des grandes altitudes dont le mouton ait seulement diminué la valeur ... C'est pour le botaniste seul que sa présence est redoutable : où a passé le troupeau la cueillette est des plus maigres, et les plantes présentent souvent des malformations et de brusques mutations dues aux traumatismes causés par la dent ou le pied de l'animal.

GÉOGRAPHIE.

M. É. BELLOC,

Chargé de Missions scientifiques (Paris).

DIALECTE ET TOPONYMIE DU VAL D'ARAN ET DES PAYS VOISINS.

4.087 : 449.021 (46.71)

2 Août.

EXPOSÉ SOMMAIRE.

GÉNÉRALITÉS. — Bien qu'étant situé sur le revers septentrional des Pyrénées centrales et déversant ses eaux dans l'Océan atlantique, le Pays d'Aran appartient politiquement à l'Espagne. Le val d'Aran, ou pour mieux dire l'Aran, forme donc une véritable enclave espagnole en plein territoire français.

Sans remonter aux origines qui sont obscures, on sait que pendant l'occupation romaine l'Aran faisait partie de la Gaule narbonnaise. Au commencement du xe siècle, il était inféodé aux rois de Navarre et compris dans le Comté de Comminges. Malgré la charte octroyée en 1119 et la donation faite par Alphonse Ier en faveur du Comte de Bigorre Centulle 11, de sa femme Matte et de leurs descendants ou successeurs, le val d'Aran passa aux mains d'Alphonse II, en 1192 : l'usurpation était flagrante.

Vers la fin du xiie siècle (1285), Philippe-le-Hardi ayant repris possession de l'Aran, l'annexa à la Judicature de Rivière; mais, en 1312, Philippe-le-Bel n'ayant point osé résister à la volonté du tout puissant cardinal romain de Tusculum, représentant du pape Boniface VIII, les Aranais devinrent les très humbles et très obéissants vassaux de Jacques II, roi d'Aragon et de la couronne d'Espagne.

De nouveau, les Français occupèrent le territoire Aranais vers 1470, puis il fut uni à l'Espagne par suite du mariage du roi d'Aragon, Ferdinand V, avec Isabelle la Catholique (1479). Depuis lors, à part quelques autres intermissions de plus ou moins longue durée que le cadre de la présente Notice ne permet pas d'énumérer, on peut dire que ce lambeau

de terre française, dont la superficie atteint près de 560 km², est sou
mis à la domination étrangère.

Pendant ce grand espace de temps qu'elle action décisive,, quelle
transformation caractéristique, l'exercice du pouvoir souverain de
l'Espagne a-t-il eu sur le langage originel des autochtones ? Telle est
la question que je me propose d'étudier. Mais, avant d'examiner quelle
influence la belle langue castillane peut avoir exercée sur l'idiome Aranais, il est bon de voir si les dispositions naturelles du sol ont été favorables à sa propagation.

Dans la partie des Pyrénées centrales qui nous occupe, lorsque l'habitant du versant atlantique veut communiquer directement avec la
Catalogne, il n'a d'autre ressource que de gravir des sentiers muletiers
raides, rocailleux, fort mal entretenus, aboutissant à des passages d'un
accès difficile et très élevés. En outre, les cols, du reste peu nombreux,
sont impraticables durant les deux tiers de l'année. Dès lors, on conçoit
aisément combien de telles conditions topographiques peuvent être défa-
vorables à la pénétration d'une langue étrangère, dans un pays montagneux isolé tel que le val d'Aran.

L'analyse succincte de quelques particularités concernant l'idiome
Aranais fixera les idées à ce sujet.

Brèves observations sur l'orthographie dialectique (¹).

LA VOYELLE *u*. — Avant d'aborder l'analyse succincte du langage
aranais et des pays voisins, quelques observations orthographiques ne
paraîtront pas superflues.

En Gascogne comme en Languedoc, chacun sait que « les lettres sont
faites pour être prononcées ». Mais la lettre *u* cause un embarras sérieux
aux personnes n'ayant pas le loisir d'approfondir les subtilités orthographiques de la notation usuelle. Tandis que dans les langues étrangères
issues du latin, la voyelle *u* se prononce toujours *ou*, lorsqu'elle n'est pas
surmontée d'un signe spécial, dans les idiomes pyrénéens, au contraire,
cette prononciation est variable selon les cas.

En effet, l'*u* a tantôt le son de *ou*, tantôt celui de *u* comme dans
les mots français « utilité, urgence, usage », etc. Cependant, sous prétexte d'étymologie l'on écrit simplement *u* dans la plupart des cas, quelle
que soit la valeur phonétique de cette voyelle, même lorsqu'un mot renferme deux *u* de son différent. Il est inutile de faire ressortir les mé-
prises bizarres causées par cette façon d'orthographier. Tel est, par
exemple, le cas des expressions suivantes, citées entre mille :

(¹) *Voir* Émile BELLOC, *Observations sur les noms de lieux de la France méridionale*
(Extrait du *Bulletin de Géographie historique et descriptive*, n° 3, 1906). Paris, Imprimerie Nationale, 1907.

ORTHOGRAPHIE		SIGNIFICATION.
CONVENTIONNELLE (selon la notation usuelle).	RATIONNELLE (¹) (conforme à la phonétique dialectale).	
Burrat.	*Bourrat.*	Bourré, rempli.
Burrat.	*Burrat.*	Beurré, enduit de beurre.
Busalu.	*Bousalou.*	Frelon.
Capulet.	*Capulét.*	Petit capüchon.
Capulet.	*Capoulét.*	Petit chapon.
Ceu.	*Céou.*	Suif.
Ceu.	*Céou.*	Ciel.
Cluque.	*Clóuque.*	Poule couveuse,
Cluquet.	*Cluquét.*	Jeu d'enfant.
Gahu.	*Gáhou.*	Croc, harpon.
Gahus.	*Gahus.*	Hibou.
Ludère.	*Ludère* (vallée d'Aspe).	Femme stérile.
Ludère.	*Loudère* (val du Louron).	Ardoise.
Punt.	*Punt.*	Point.
Punt.	*Pount.*	Pont.
Puntu.	*Pountou.*	Petit pont.
Puntu.	*Puntou.*	Petite pointe.
Ramunu.	*Ramounoulou.*	Lieu dit (Gavarni).
Tus.	*Tous.*	Toux.
Tus.	*Tus.*	Fourré, touffe d'herbe.
Tutu.	*Tutou.*	Tuteur.

Les citations comparatives ci-dessus, malgré leur nombre excessivement restreint, démontre le très grand avantage que présente la représentation phonétique de la voyelle *u*, lorsqu'elle doit avoir le son de *ou*, sans porter atteinte à sa valeur étymologique. C'est la méthode de notation rationnelle adoptée par l'illustre Frédéric Mistral, dans son *Trésor dóu Félibrige* (²), par MM. d'Hombres et G. Charvet, pour leur *Dictionnaire Languedocien* (³), par le R. P. Xavier de Fourvière (⁴) (à quelques exceptions près).

C'est aussi celle qu'ont suivie M. F. Arnaud (⁵), M. Daniel Mourral (⁶) et celle que j'emploie moi-même (⁷). M. Alphonse Meillon fait suivre

---

(¹) Les voyelles *u* figurant dans cette colonne ont toutes le son de l'*u* des mots français.

(²) *Lou Tresor dou Felibrige*, 2 vol.

(³) *Dictio. Languedocien-français*, Alais, 1884.

(⁴) *Lou Pichot, Tresor, Dictio.-provençal*, Avignon, 1902.

(⁵) *Appendice complémentaire et rectificatif de la carte d'État-major de l'Ubaye et du Haut-Verdon*; Mâcon, 1904.

(⁶) *Glossaire des Noms Topographiques, dans le sud-est de la France et les Alpes occidentales*, Grenoble, s. d.

(⁷) Émile BELLOC, *Rem. sur la signification et l'orthographe des noms de lieux* (*Comptes rendus, du Cong. inter. des soc. franç. de Géographie*, Paris, Masson, édit., 1901. — *Observ. sur les noms de lieux*, (loc. cit). — *Déformation des noms de lieux pyrénéens* (Extrait du *Bulletin de Géographie historique et descriptive*; nº 1, 1907) Paris, Imprimerie Nationale, 1907.

l'ancien nom de la forme orthographique moderne et de la prononciation figurée, dans sa remarquable *Esquisse toponymique sur la vallée de Cauterets* (Cauterets, 1908).

L'ACCENT TONIQUE. — En *français*, l'accent tonique tombe toujours sur la dernière syllabe, à moins que celle-ci soit muette; mais il est tellement faible qu'il existe à peine peut-on dire. Dans les langages méridionaux, au contraire, cet accent conservant toute sa vigueur, constitue une des principales caractéristiques de la langue.

Conséquemment, lorsque l'accent orthographique n'est pas figuré, graphiquement, au-dessus de la voyelle longue sur laquelle la voix doit appuyer plus fortement que sur les autres, on est exposé à placer l'inflexion vocale à contre-sens. Non seulement ceci peut dénaturer entièrement la valeur du mot, mais encore rendre le langage inintelligible au double point de vue significatif et euphonique. C'est pourquoi j'indique toujours la voyelle longue sur laquelle l'intensité d'émission de la voix doit s'exercer par un accent circonflexe, comme dans les mots français âcre, cône, bûche, dôme, extrême, gîte, pôle, rôle, etc.

Naturellement la figuration de l'accent tonique devient inutile si le vocable se compose d'une seule syllabe.

Il sera également supprimé lorsqu'il devra porter sur la dernière voyelle ou la dernière syllabe d'un mot, à moins que l'inflexion vocale soit de nature à modifier le sens du mot.

Quelques exemples feront mieux comprendre l'importance de ce qui précède.

Álba (avec l'accent tonique ainsi placé), signifie		Aube du jour	*Léngo* (avec l'accent tonique ainsi placé), signifie		Langue.
Albá	id.	Saule.	*Léngôt*	id.	Lingot.
Bési (¹)	id.	Je vois.	*Lîngé*	id.	Linge.
Bési	id.	Voisin.	*Lïngè*	id.	Blanchisseur
Crâbe	id.	Chèvre.	*Pâles*	id.	Prairie en pente raide.
Crabè	id.	Chevrier.			
Énclâba	id.	Enclave.	*Palés*	id.	Paloi.
Énclabá	id.	Enclaver.	*Pâna*	id.	Panne.
Esplïnga	id.	Épingle.	*Paná*	id.	Voler.
Esplïngá	id.	Épingler.	*Pâpa*	id.	Pape (Le)
Espâlla	id.	Épaule.	*Papá*	id.	Père.
Espallá	id.	Épauler.	*Poupá*	id.	Téter.
Harîe	id.	Farine.	*Pôupa*	id.	Mamelle.
Harïè	id.	Farinier.	*Salíba*	id.	Salive.
Hérbe	id.	Herbe.	*Salibá*	id.	Saliver.
Herbè	id.	Estomac d'herbivore.			

VOYELLES COMPOSÉES. — Les consonances *âou*, *êou*, *îou*, *ôou*, figurées

---

(¹) Pour ne pas supprimer le signe orthographique, un trait horizontal (—) placé sous l'accent, remplace dans ce cas l'accent circonflexe.

dans les textes anciens et modernes par *au, eu, iu, ou*, représentent un son unique et doivent être prononcées en une seule émission de voix. La manière ancienne d'orthographier ces voyelles composées est parfaite pour les linguistes et les érudits, mais elle forme un réseau inextricable de difficultés pour l'étranger peu familiarisé avec les idiomes méridionaux.

Se basant sur ce que la voyelle *u* doit toujours avoir le son de *ou* (ce qui est une erreur absolue dans beaucoup de cas), certains auteurs n'acceptent pas la représentation phonétique des voyelles composées *àou, éou, îou, ôou*, etc. Ils refusent également d'employer les accents orthographiques, sous prétexte que les scribes de langue romane n'en faisaient pas usage et que ces accents furent ignorés des vieux Français, jusqu'au jour où les grammairiens du XVIe siècle les introduisirent dans notre langue.

Mais, bien qu'étant demeurés fidèles au langage des ancêtres, les dialectes des pays méridionaux sont-ils restés figés dans leur moule archaïque? Les formes locales des mots n'ont-elles pas évolué? Malgré le charme pénétrant du « Roman de la Rose », de « La Chanson de Roland » des poésies amoureuses et des *sirventes* des troubadours de l'ancienne France, la plupart de nos contemporains prendraient-ils grand plaisir à lire ces chefs-d'œuvre dans les textes originaux? N'est-ce pas aux philologues érudits qui ont pris la peine d'expliquer et de *rajeunir* les formes orthographiques employées du temps de Bertrand de Born, de François Rabelais, du vieux Balzac, de François Malherbe, etc., que le plus grand nombre doit de pouvoir goûter avec fruit les ouvrages littéraires de ces glorieux Français ?

Rien n'est divertissant pour un méridional comme d'entendre un homme du Nord, *même des plus instruits*, lire un texte béarnais, languedocien ou provençal dépourvu de signes d'accentuation ou privé de certaines formes d'articulations dialectiques. La bizarrerie des intonations vocales le dispute aux inflexions phonétiques les plus inattendues. Mais, à qui la faute? Comment devinerait-il que le mot *alba*, non accentué, peut avoir deux acceptions opposées, selon que l'accent tonique porte sur la première ou sur la seconde voyelle? Exemple : *Alba* «aube du jour », *albâ* « saule ».

N'est-il pas tout naturel que les mots *Gaudence, Gaure, Geu, Grau, Hiuer, Judiciau, Tableu, Tumbeu, Turunculet, Sautadu*, etc., ainsi orthographiés, soient prononcés « à la française »; par des Français? Qu'est ce qui indique en effet, qu'il faut dire *Gâoudénce, Gâoure, Gèou, Grâou, Hiouèr, Judiciâou, Tabl'ou, Toumbèou, Turouncoulèt, Saoutadôu* ?

Escrivès coume parlas a dit fort à propos le félibre majoral M. J. Ronjat, dans son très intéressant *Pichot tratat* ... sur l'*Ourtougràfi Prouvençalo* (Avignon 1908).

Si les expressions ci-dessus étaient ainsi orthographiés, elles conserveraient toute la valeur significative, sans préjudice pour l'étymologie;

et, pour si mal qu'elles fussent prononcées, du moins leur physionomie originelle ne serait pas complètement altérée.

ACCENT AIGU ET ACCENT GRAVE. — En ce qui concerne l'accent aigu et l'accent grave, que certains auteurs se refusent à employer, je l'ai déjà dit, leur utilité est aussi incontestable que celle de l'accent tonique, témoins : *Céóu*, « suif », *Cëou* « ciel »; *Crâbe* « chèvre », *Crabè* « chevrier ». *Pèl* (Lang.) « peau », *Pél* « poil »; *Pèl* (Gasc.) « peau », *Pél* « pet », etc.

Il est inutile de multiplier ces citations, celles-ci suffisent amplement pour faire ressortir l'impérieuse nécessité d'une accentuation orthographique rationnelle, bien qu'elle soit réprouvée par la sacro-sainte routine.

Afin d'indiquer à la fois, l'accent grammatical et l'accent tonique (on l'a vu plus haut), l'accent circonflexe, représentant l'inflexion tonique, est remplacé par un petit trait horizontal, permettant leur superposition graphique ⌐, ⌐, tels que la montrent les exemples suivants :

Alabéts	Alors.	*Léngo*	Langue.
Caoudèro	Chaudière.	*Lingé*	Linge.
Caoulét	Choux.	*Lingè*	Blanchisseur.
Cégél	Seigle.	*Sabuquè*	Sureau.
Fèsto	Fête.	*Sisclét*	Loquet.
Faougèro	Fougère.	*Téoule*	Tuile.
Hénne	Femme.	*Téoulè*	Briquetier.

Différences dialectiques comparées.

DIALECTE ARANAIS. — Le parler aranais se rattache directement au dialecte gascon, un des plus intéressants de la langue d'Oc [1].

Sans prétendre assigner aux dialectes méridionaux des limites géographiques immuables, on peut considérer l'aranais comme appartenant au sous-dialecte gascon montagnard, par opposition au gascon béarnais, au gascon toulousain, — dont l'aire de dispersion s'étend jusqu'à la rive gauche de la Garonne, — au dialecte de l'Armagnac ou véritable gascon, à ceux de la Bigorre, des Landes, etc.

Pour bien apprécier les affinités dialectiques du langage aranais, il faut d'abord le comparer avec ceux des pays avoisinants, tels que le gascon et le languedocien sur le versant atlantique, le catalan et l'espagnol sur le revers méditerranéen.

Les traits principaux qui distinguent le gascon du languedocien sont les suivants :

1º Remplacement de *v* par *b*.

---

[1] Quelques auteurs, même parmi les plus autorisés, confondent souvent la langue romano-languedocienne avec la langue romano-provençale. Cependant les caractères dialectiques distinctifs de ces deux langues, issues du latin au même titre que le français, l'espagnol, l'italien, etc., sont tellement tranchés que ce genre de confusion ne devrait jamais avoir lieu.

2º F initiale des primitifs latins changée en *h* aspirée.

3º Transformation des consomnes *l, b,* en *ou.*

4º B entre deux *a,* entre *a, e,* ou entre *e, a,* changé en *ou.*

Remplacement de *v* par *b.*

Dans la plupart des cas, en languedocien comme en gascon, le *v* initial ou médian des primitifs latins et des noms français est remplacé par *b.* Exemples : Le Valentin, affluent du gave d'Ossau, désigné sous le nom de *Lo Balandrii,* en 1443. — *Lo Balentii,* 1538 (« Réformation de Béarn », Arch. des B.-Pyrénées). — *Le Balentin,* 1727 (« Dénombrement d'Espalunge »). ‖ Villenave figure sous la dénomination de *Bile-Nabe,* dans le « Cartel d'Ossau », en 1457. — Il est inscrit cependant avec un *v* = *Vilenabe,* en 1538 (« Réforme de Béarn »). Abidos, canton de Lagor, était orthographié *Avitos,* au XIIIe siècle, d'après Marca. — *Avidoos,* XIIIe siècle (fors de Béarn, p. 12). — *Sens Sadarnii d'Abidos,* 1344). — *Bidos, Bydos,* 1548 (réf. de Béarn, B. 759).

Dans le mot *Abitain,* canton de Sauveterre, le *v* persiste même jusqu'à la fin du XVIIIe siècle, puisqu'on trouve *Avittin,* en 1726, (reg. des Etats de Béarn).

Le langage usuel nous montre *báco, baquiè, ballèo, balént, bibént cabâl, câbo, débis, débisâ, débourâ, ébangèli, noubèl, óbro, pabilloun, pibôt, réboucâ, tabèrno, trabersâ,* etc. qui signifient « vache, vacher, vallée, » vaillant, vivant, cheval, cave, devis, dévisser, dévorer, évangile, » nouvel, œuvre, pavillon, pivot, révoquer, taverne, traverser ».

L'aranais proprement dit n'échappe pas à cette règle ; les lieux habités du val d'Aran, portant le nom de *Valarties, Vielle, Vila, Vilamós, Villâc,* sont prononcés par les indigènes *Balarties, Bièlle, Bilâ, Bilamós, Billâc.*

Cette absence de *v* se retrouve également en langue d'Oc : *Bos béni à Saberdû?* « veux-tu venir à Saverdun ? » Les languedociens disent *Bilo-frânco* pour « Villefranche » ; *Bénèrco* pour « Vénerque » ; *Abignounét* pour « Avignonet » ; *Berfèil* pour « Verfeil », etc.

Substitution de *h* aspirée à *f* initiale.

Une des principales caractéristiques du gascon, qui existe aussi en aranais, consiste dans la mutation de l'*f* initiale remplacée par *h* aspirée. Cette règle ne comporte presque pas d'exceptions confirme indubitablement la communauté d'origine des Gascons commingeois et des Aranais. Partout ici l'on entend dire la *Hènna,* la *Hont,* la *Hóurque,* tandis que sur la rive droite de la Garónne l'on prononce la *Fénno,* la *Fóunt,* la *Fóurco.*

Voltaire n'aimait pas le son guttural de l'*h* aspirée : « Cela fait mal à la poitrine, je suis pour l'euphonie » écrivait-il onze ans avant sa mort. Il eût été curieux de voir l'effet produit sur ce grand philosophe sceptique par un Gascon de pure race, disant avec l'accent du terroir : *Hariè! qué has heyt del herrât émplit dé harie. qué m'has panât? Hè-te-*

m-énlà, layrou! Hutg lèng.dé jou, gahôlle si nou té harèy passa per un camîn hourucât oun troubérâs dé hângo! Ce qui veut dire : « Farinier ! qu'as-tu fait du seau, rempli de farine que tu m'as volé ? Va-t-en larron, (mets-toi de côté). Fuis loin de moi, canaille ! si non je te ferai passer par un chemin raviné (*hourucâ* « crever, trouer ») où tu trouveras de la boue ».

Incontestablement l'*f* initiale est plus harmonieuse et plus conforme à l'étymologie, mais, si elle donne au parler languedocien une souplesse et une grâce toute particulière, l'*h* aspirée imprime au gascon une force et une rudesse d'accentuation qui contraste singulièrement avec la langue originelle d'où elles dérivent toutes les deux :

Dans la plupart des cas, pour ne pas dire toujours, la fonction de l'*h* aspirée est simplement dialectale, Et, sans vouloir préciser aucunement l'époque où cette consonne gutturale fut employée pour la première fois dans les anciens actes administratifs ou les documents d'archives, on peut dire néammoins que c'est une nouvelle venue en Gascogne et que son introduction dans la langue écrite ne semble guère remonter au delà du xvᵉ siècle.

Les citations suivantes feront mieux comprendre ce qui précède.

Les *Fors dé Béarn*, datant du xivᵉ siècle, dont le manuscrit est déposé aux « Archives des Basses-Pyrénées », ainsi que la plupart des documents du commencement du xvᵉ (¹), renferment l'*f* latine initiale. Il est vrai que le *Dénombrement général des maisons de la vicomté de Béarn*, de 1385, publié par P. Raymond en 1873, fournit des noms tels que *Lahitte, Laherrère, Lahergoee* (?), mais ceci paraît être une exception et peut être même une interprétation phonétique erronée de quelque scribe ignorant. En effet, dans la très grande majorité des cas, les divers *Censiers de Béarn*, dressés à la même époque, fournissent la preuve indubitable qu'on écrivait ces noms de lieux avec une *f* initiale.

Vers la fin du xivᵉ siècle, on peut lire dans les livres où s'enregistraient les cens, des noms de lieux tels que : *La Fiitè*, commune de Puyoo, 1385. — Lafitte, commune de Salespisse, 1385. — *La Ferrère*, 1450 (cartulaire d'Ossau, fº 247). — *Ferrere*, 1433 (Not. d'Oloron, nº 3, fº 13). — *Ferrera*, 1546 (Réf. de Béarn, B. 754). — *Saint Jean de Ferrere* 1656 (Insinuation du diocèse d'Oloron).

Ces faits ne sont point isolés, loin de là, le village actuellement appelé **La Hagède** (Basses-Pyrénées), figure dans la « Réforme de Béarn » sous le nom de *La Fagède*, en 1585 et sous celui de *La Fageda*, vers 1544. — Le plus ancien document connu, mentionnant *La Hagède*, avec *h* (1731), parait être le « Dénombrement de Higuères (1763) », dans lequel les scribes ont aussi orthographié *La Hajette*.

(¹) *Voir* « Cartulaires, censiers, dénombrements, fors, livres terriers, sentences, etc. déposés aux *Archives* des Basses-Pyrénées et Hautes-Pyrénées, du Gers, de la Haute-Garonne »; consulter également le *Dictionnaire topographique* de Paul Raymond Paris, 1863; le *Dictionnaire béarnais*, de V. Lespy et P. Raymond, Montpellier, 1887, etc.

Higuères, du canton de Morlàas (Basses-Pyrénées), est inscrit dans le « Cartulaire de l'abbaye de Saint Pé », sous la dénomination de *Figuères,* (1030). — *Figueres,* en 1154, d'après Marca. — Figueres, en 1421, selon le « Cartulaire de Béarn ». .

Hourgalabé, commune de Loubieng (Basses-Pyrénées), figure dans les vieux documents conservés aux Archives départementales, sous le nom de *Forgalabée,* 1540, et dans la « Réf, de Béarn », sous celui de *Forgualabée,* 1560.

Enfin, pour borner ces exemples, citons un quartier de la commune de Morlàas, **La Hourquie** actuelle, dénommée *Moneta Forcensis* ([1]), en 1072 (cart. de Lescar).

— L'historien Marca lui attribue le nom de *Furcas,* 1096 (Hist. de Béarn).
— Au XIIe siècle on trouve *Forcas* et *Furquina Morlanis.* — Sur une monnaie du XVe, à l'effigie de Catherine, reine de Navarre, on peut lire *Forcie Morlani.* — Ensuite on relève la *Forquie,* 1539; *La Forquia,* 1540; *la Forquie-Vielhe,* 1581 (Réf. du Béarn), et, en 1645 seulement, le « Censier de Morlàas » porte *Lo Vic de la Horquia.*

On retrouve l'*h* aspirée, mise à la place de l'*f* initial des mots latins, romans, languedociens, catalans, dans le Val d'Aran comme en Gascogne ([1]); témoins :

ARANAIS.	GASCON.	LANGUEDOCIEN.	CATALAN.	FRANÇAIS.	REMARQUES.
Hâme.	*Hami:*	*Fam.*	*Fam.*	Faim.	Lat. : *Fames.* / Roman : *Fam.*
Hàoue.	*Hàbe..*	*Fàbo.*	*Faba.*	Fève.	Lat. : *Faba.*
Haouguèra.	*Heouguère.*	*Faougèro.*	*Falguera.*	Fougère. / Fougeraie.	Lat. : *Filix.*
Hây.	*Hac* (Béarn). / *Hây* (Montagne).	*Fây t.*	*Falg.*	Hêtre.	Roman : *Fau.*
Hénna.	*Hénne.*	*Fénno.*	*Dona.*	Femme.	Lat. : *Femina.*
Her.	*Her.*	*Fer.*	*Ferro.*	Fer.	Lat. : *Ferrum.*
Hereiscùra.	*Frescùre.*	*Fréscùro.*	*Freixuro.*	Fraîcheur.	Lat. : *Frigus.*
Hièstra.	*Hièstre* (Montag.)	*Finèstro.*	*Finestra.*	Fenètre.	Lat. : *Fenestra.*
Hill.	*Hill.*	*Fill.*	*Fill.*	Fils.	Lat. : *Filius.* / Roman : *Filh.*
Hillo.	*Hille.*	*Fillo.*	*Filla.*	Fille.	Lat. : *Filia.*
Hillòl.	*Hillòl.*	*Fillôl.*	*Fillol.*	Filleul.	Lat. : *Filiolus* (dimi.). / Roman : *Filhol.*
Houèc.	*Hoèc.*	*Foc.*	*Foc.*	Feu.	Lat.: *Focus.* / Roman : *Foc.*
Hôurca.	*Hôurque.*	*Fôurco.*	*Forca.*	Fourche.	Lat. : *Furca.*
Hourmént.	*Formént.* / *Roumént.*	*Fourmént.*	*Forment.*	Froment.	Lat. : *Frumentùm.*
Hourmiga.	*Hourmigo.*	*Fourmig.*	*Formiga.*	Fourmi.	Lat. : *Formica.*

([1]) *La Hourquie,* dit P. Raymond, « tient son nom du château des vicomtes de Béarn, où l'on battait monnaie dès le Xe siècle ».
Vraisemblablement les fourches patibulaires devaient se trouver non loin de là.
Ce nom de *Hourquie,* d'après la tradition populaire, ne connait pas d'autre origine (?).

La transformation de *f* en *h* est particulièrement sensible aux confins des anciennes provinces de Languedoc et de Gascogne. On peut la suivre, sans perdre sa trace, à Toulouse même et en descendant du côté de Bordeaux aussi bien qu'en remontant vers Carcassonne et les Pyrénées orientales. Bien que le fleuve constitue un obstacle sérieux, pouvant entraver dans une certaine mesure la pénétration mutuelle des dialectes languedociens et gascons, cet obstacle matériel est plus aisément franchissable que lé puissant massif montagneux dressé entre la Catalogne et le Pays d'Aran. Néammoins, les différences phonétiques entre le Catalan et le parler aranais, sont aussi accentuées qu'entre le Gascon et le Languedocien.

La ville de Toulouse est mise en communication constante avec son important faubourg Saint-Cyprien, autrement dit, avec la Gascogne, par plusieurs ponts bâtis sur la Garonne. A l'aide de ces voies de communications directes les échanges commerciaux et les relations entre habitants des deux rives sont intenses. Cependant, le langage usuel a conservé des formes phonétiques très différentes et caractéristiques sur les rives opposées.

Tout le long de la rive droite l'*f* initial prédomine : *fil* (fils), *fillo* (fille), *fénno* (femme), *fum* (fumée), *foc* (feu), *famíno* (famine), *fèsto* (fête), *figo* (figue), etc.; au contraire l'*h* aspirée règne en maîtresse souveraine sur la rive droite de la Garonne jusqu'aux Pyrénées et aux rivages de l'Océan atlantique : *Híll, Híllo, Hénno, Hum, Hoc, Hamíno, Hèsto, Hîgo*, etc. remplacent les noms précédents.

Il en est de même au Val d'Aran où, malgré plusieurs siècles d'occupation étrangère, les indigènes ont su conserver leur dialecte originel, c'est-à-dire le parler gascon et, conséquemment, l'*h* aspirée. D'autre part, leurs voisins catalans, sous la dépendance administrative desquels est placé le pays d'Aran, sont restés fidèles à l'*f* initiale latine et romane, comme les Languedociens.

Quelques noms pris au hasard et groupés dans le tableau ci-dessous, montreront combien peu la langue catalane, et encore moins le castillan, a eu d'influence sur le dialecte aranais.

Tableau comparatif.

ARANAIS.	,GASCON.	LANGUEDOCIEN.	CATALAN.	ESPAGNOL.	FRANÇAIS.
Alabéts.	*Alabétz.*	*Alabéts.*	*Allavores.*	*Entonces.*	Alors.
Aquiêou.	*Aquiou.*	*Aquiou.*	*Alli.*	*Allá.*	Là.
Assi.	*Aqui, Assi.*	*Aqui, Ayssi.*	*Aqui.*	*Aqui, Aça*	Ici.
Atáou.	*Atáou.*	*Atál.*	*Aixis, Aci.*	*Asi.*	Ainsi.
Barrá.	*Barrár.*	*Barrá.*	*Tancar.*	*Cerrar.*	Fermer.
Béyré.	*Béyre.*	*Béyré.*	*Vidre.*	*Vidrio.*	Verre.
Bèrmi.	*Bèrmi.*	*Bèrmé.*	*Cuch.*	*Gusano.*	Ver.
Bési.	*Bésii, Besün.*	*Bési.*	*Vehi.*	*Vecino.*	Voisin.
Brén.	*Brén.*	*Brén.*	*Sagó.*	*Salvado.*	Son (de farine).
Bréspaillár.	*Bréspalhá.*	*Bréspaillá.*	*Barenar.*	*Merienda.*	Goûter (léger repas).

Tableau comparatif (suite).

ARANAIS.	GASCON.	LANGUEDOCIEN.	CATALAN.	ESPAGNOL.	FRANÇAIS.
Cabála.	Cabálo.	Cabálo.	Euga.	Yegua.	Jument.
Caoulĕt.	Caoulĕt.	Caoulĕt.	Col.	Berza.	Chou.
Cáout.	Cáout.	Cáout.	Calent.	Caliente.	Chaud.
Capèou.	Capèt.	Capèl.	Barret.	Sombrero.	Chapeau.
Carróta.	Bastanègre (Béarnais).	Carróto.	Pastanaga.	Zanahoria.	Carotte.
Casquĕta.	Casquĕte.	Casquĕto.	Gorra.	Gorro.	Casquette.
Cássé.	Cássou.	Cássé.	Roure.	Roble.	Chêne.
Clĕda.	Clĕde.	Clĕdo.	Tanca.	Encierro.	Clôture.
Clot d'éra má.	Clot.	Clot de la má.	Palmell.	Palmo.	Creux de la main.
Contrabĕnt.	Countrèbĕnt.	Countrobĕnt.	Portico forra.	Contravent[ana]	Contrevent.
Courbás.	Courbás.	Courbás.	Corb.	Cuervo.	Corbeau.
Crémáill.	Crimálh.	Cramáill.	Clamastechs.	Llares.	Crémaillère.
Crábe.	Crábe.	Crábo.	Cabra.	Cabra.	Chèvre.
Désbrémbá.	Desbrembá.	Désbrémbá.	Oblidar-se.	Olvidar.	Oublier.
Dièou-Dièou.	Diou, Dièou.	Diou.	Deu.	Dios.	Dieu.
Esplînga.	Esplîgue.	Espíllo, Espïnglo.	Agulla de cap.	Alfilel, Alfiler.	Épingle.
Gôrja.	Gôrje.	Gôrjo.	Gola.	Garganta.	Gorge.
Gouĕll, Ouĕll.	Goĕlh, Oèlh.	Èl.	Ull.	Ojo.	OEil.
Grec.	Sarrî.	Isárd.	Isart.	Sarrio.	Isard.
Goueitár.	Gaytá.	Gaytá.	Mirar.	Mirar.	Regarder.
Heróutja.	Heróuy.	Faróutj.	Fench.	Trebol.	Trèfle incarnat.
Hĕnna.	Hĕmne, Hĕnne	Fĕnno	Dona.	Doña.	Femme.
Háout.	Háout.	Aout.	Alt.	Altó.	Haut.
Lléouár.	Lhebá, Lebar.	Lébá.	Aixecar.	Alzar.	Lever.
Loueiré.	Lôuyre.	Lôuyro.	Nutria.	Nutria.	Loutre.
Loung.	Loung.	Loung.	Llarg. Extens.	Largo.	Long.
Maynáda.	Maynádo.	Maynádo.	Noya.	Niña.	Enfant (petite fille).
Maynágdé.	Maynat.	Maynádgé.	Noy.	Niño.	Enfant (p[t] garçon).
Mayrástra.	Mayrástre.	Mayrástro.	Madrastra.	Madrastra.	Marâtre.
Mayria.	Mayrie.	Mayrino.	Padrina.	Madrina. Padrina.	Marraine.
Mulĕt.	Mulĕt.	Mul. Mulĕt.	Matxo.	Macho. Mulo.	Mulet.
Padéna.	Padĕne.	Padĕno.	Paella.	Sarten.	Poêle.
Payrinc.	Payrî.	Payrî.	Padri.	Padrino.	Parrain.
Pèc.	Pèc.	Pèc.	Tonto.	Necio.	Simple d'esprit.
Peŷra.	Peŷre.	Peyro.	Pedra.	Piedra.	Pierre.
Popár.	Poupá.	Poupá.	Mamar.	Mamar.	Téter.
Pôupa.	Pôupe.	Pôupo.	Mamella.	Mama.	Téton.
Rèssĕc.	Rèssĕc.	Rèssĕc.	Serradura.	Asseraduras.	Sciure.
Résségár.	Résségá.	Résségá.	Serrar.	Aserrar.	Scier.
Rèy-pètit.	Rèy-pètit.	Rèy-pètit.	Reyeto.	Reyesuelo. Abadejo.	Roitelet ou Berge- ronnette.
Sansùga.	Sangnuse.	Sansùgo.	Sangouera.	Sanguijula.	Sangsue.
Saouclár.	Sarclá, Sarclár.	Saouclá.	Escardar.	Escardar.	Sarcler.
Sarnálla.	Sangaléte.	Sarnáillo.	Sargantana.	Sangonera. Lagartija.	Lézard de muraille.
Sus.	Dessùs.	Déssùs.	Dalt.	Alto.	Dessus.

La nomenclature très succincte ci-dessus, montre la liaison intime qui existe entre les dialectes aranais et gascons. L'on remarquera quelques différences phonétiques entre le languedocien et l'aranais, mais l'écart est infiniment plus grand entre l'Aranais et le Catalan. Quant à la langue castillane, la distance qui la sépare du gascon montagnard ou de l'aranais est encore bien plus accentuée.

A part quelques désinences caractéristiques telles que la labiale *b* mise à la place de *v*; l'*f* initiale muée en *h* aspirée, *b* entre deux *a*; *l* transformée en *ou* dans la syllabe *al*; la voyelle *o* remplacée par *a* ou par *e* muet, et quelques autres inflexions vocales sans grande importance, on reconnait parfaitement que le languedocien, le gascon et le catalan, sont, les branches maîtresses d'un arbre dont le tronc est roman et les racines latines. Il est donc tout naturel que ces divers dialectes renferment un certain nombre d'expressions semblables. Malgré sa brièveté relative, la liste ci-dessous suffira pour le démontrer.

ARANAIS.	GASCON.	LANGUEDOCIEN.	CATALAN.	ESPAGNOL.	FRANÇAIS.
Bâté.	*Bâte.*	*Bâtré.*	*Batre.*	*Trillar.*	Battre.
Cayssâou.	*Çaxâou.*	*Cayssâl.*	*Caixal.*	*Molar, Muela.*	Dent molaire.
Caoudĕra.	*Caoutĕre, Caoudĕre.*	*Caoudiĕro.*	*Caldera.*	*Caldera.*	Chaudière.
Didâou.	*Didâou. Ditdou.*	*Didâl.*	*Didal.*	*Dedal.*	Dé à coudre.
Espâlla.	*Espâlle.*	*Espâllo.*	*Espatlla.*	*Espalda.*	Épaule.
Hame.	*Fami, Hami.*	*Fam.*	*Fam.*	*Hambre.*	Faim.
Hèr.	*Hèr, Fèr, Feèr*	*Fer.*	*Ferro.*	*Hierro.*	Fer.
Hereiscôura.	*Frescûre.*	*Frescûro.*	*Freixura.*	*Frescura.*	Fratcheur.
Hiéns.	*Héms.*	*Féns.*	*Fems.*	*Estiércol.*	Fumier.
Hièstra.	*Hièstre* (montag.)	*Finĕstro.*	*Finesträ.*	*Ventana.*	Fenêtre.
Hill. a.	*Hill, Fill.*	*Fill.* o. Roman : *Filh.*	*Fill*, a.	*Hijo*, a.	Fils.
Hillôl. a.	*Hillôl,* c.	*Fillôl,* o.	*Fillol,* a.	*Ahijado,* a.	Filleul, c.
Hôurca.	*Hourque, Fourque.*	*Fôurco.*	*Forca.*	*Horca.*	Fourche.
Jouĕnt.	*Joën.*	*Jouĕn.*	*Jove.*	*Joven.*	Jeune.
Joul.	*Génôll.*	*Génôul.*	*Génol.*	*Rodilla.*	Genou.
Laourâ.	*Laourâ.*	*Laourâ.*	*Llaurar.*	*Labrar.*	Labourer.
Loc.	*Loc.*	*Loc.*	*Lloch.*	*Lugar.*	Lieu.
Ôula.	*Ôule, Ôle.*	*Ôulo.*	*Olla.*	*Olla.*	Pot-au-feu.
Ôunclé.	*Ôuncle.*	*Ôunclé.*	*Oncle.*	*Tio.*	Oncle.
Pĕbé.	*Pĕbe, Pĕbre.*	*Pĕbré.*	*Pebre.*	*Pimienta.*	Poivre.
Pèt.	*Pèt, Peyt.*	*Pèl.*	*Pell.*	*Piel.*	Peau.
Pét.	*Pét.*	*Pét.*	*Pet.*	*Pedo.*	Pet.
Pïn.	*Pïn.*	*Pïn.*	*Pi.*	*Pino.*	Pin.
Saltoua.	*Salîbe.*	*Salîbo.*	*Saliva.*	*Saliva.*	Salive.
Sâou.	*Sâou.*	*Sal.*	*Sal.*	*Sal.*	Sel.
Tuménĕja.	*Tuménĕye.*	*Chiménĕyo.*	*Xemenéja.*	*Cheminea.*	Cheminée.

Mutation des consonnes *l* et *b* en *ou*.

Dans un très grand nombre de cas, pour ne pas dire « règle générale », les noms languedociens ([1]) dont la lettre initiale est suivie de la syllabe *al*, de même que ceux commençant ou finissant par *al*, voient disparaître la consonne linguale *l*, lorsque ces noms sont prononcés par des Gascons. Ceux-ci lui substituent le son *ou*, ce qui donne généralement la consonnance *âou* son *unique* qui doit être prononcée en une seule émission de voix, comme nous l'avons dit plus haut.

Quelques noms languedociens, catalans et gascons, accompagnés de leurs correspondants espagnols et français, mis en regard, feront mieux comprendre ce qui précède :

Exemples.

LANGUEDOCIEN.	GASCON.	CATALAN.	ESPAGNOL.	FRANÇAIS.
Albâdo.	*Aoubâdo.*	*Albada.*	*Alborada.*	Aubade.
Âlbo.	*Âoube.*	*Âlba.*	*Alba.*	Aube du jour.
Al-délâ.	*Aou-délâ.*	*Enllâ.*	*De la parte de Alla.*	Au-delà.
Calfâ, Escalfâ.	*Caouhâ.*	*Escalfar.*	*Calentar.*	Chauffer.
Chabâl.	*Chibâou.*	*Caball.*	*Caballo.*	Cheval.
Damantâl.	*Dabantâou.*	*Davantal.*	*Devantal.*	Tablier.
Didâl.	*Didâou.*	*Didal.*	*Dedal.*	Dé à coudre.
Mal.	*Mâou.*	*Mal.*	*Mal.*	Mal, mauvais.
Oustâl.	*Oustâou.*	*Caso.*	*Casa.*	Maison.
Nadâl.	*Nadâou.*	*Nadal.*	*Navidad.*	Noël.
Sal.	*Sâou.*	*Sal.*	*Sal.*	Sel.
Salbâtgé.	*Saoubâtgé.*	*Salvatge.*	*Salvage.*	Sauvage.
Salbétâl.	*Saoubétâl.*	*Salvaguarda.*	*Salvaguardia*	Sauvegarde.
Salcisso.	*Saoucisso.*	*Salstro.*	*Salchicha.*	Saucisse.
Salmôu.	*Saoumôu.*	*Salmó.*	*Salmon.*	Saumon.
Salpètro.	*Saoupètre.*	*Salnitre.*	*Salitre.*	Salpètre.
Sâlso.	*Sâouce.*	*Salsa.*	*Salsa.*	Sauce.
Palpâ.	*Paoupâ.*	*Palpar.*	*Palpar.*	Palper.
Pâlpos (A.).	*Pâoupés (A).*	*Palpos (A.).*	*Tientas (A.).*	A tâtons.
Tâlpo.	*Tâoupe.*	*Talp.*	*Topo.*	Taupe.

B, entre deux *a*, entre *a-e*, entre *a-u*, entre *e-a*, entre deux *i*, entre *io*, entre *i-r*, est généralement changé en *ou*.

([1]) La même observation est applicable à beaucoup de noms catalans et espagnols. Quant aux noms aranais, étant, à très peu des choses près, identiques aux dénominations gasconnes, nous ne les ferons point figurer dans le Tableau suivant afin d'éviter des répétitions inutiles.

Exemples.

LANGUEDOCIEN.	GASCON.	CATALAN.	ESPAGNOL.	FRANÇAIS.
Cibièro,	*Ciouèro.*	*Bayart.*	*Angarillas.*	Civière.
Bayart.	*Bayard.*			Bayart.
Dabânt.	*Daouânt.*	*Davant.*	*Delante.*	Devant.
Énclabâ.	*Énclaouèrâ.*	*Enclaustrar.*	*Encerrar.*	Enclaver.
Gribo.	*Griouo, Tourd*	*Griva.*	*Tordo.*	Grive.
Labâ, Nétéjâ.	*Laouâ.*	*Netéja.*	*Lavar.*	Laver.
Lébâ.	*Léouâ.*	*Llevar.*	*Levantar.*	Lever.
Libro.	*Liouro.*	*Lliura.*	*Libra.*	Livre (poids).
Pabâ.	*Paouâ.*	*Empedrar.*	*Empedrar.*	Paver.
Pabâlgé,	*Paouâlgé.*	*Empedrada.*	*Empedrado.*	Pavage.
Sabuquĕ.	*Saouquĕ.*	*Saúch.* *Saúquer.*	*Saúco.*	Sureau.
Sâlbâ.	*Saoubâ.*	*Salvar.*	*Salvar.*	Sauver.
Salibo.	*Salioua.*	*Saliva.*	*Saliva.*	Salive.
Sâlso.	*Sâouco.*	*Salsa.*	*Salsa.*	Sauce.

Observations finales.

Les limites de la présente notice ne permettant pas de multiplier les citations, je me bornerai simplement à dire, en terminant, que dans la prononciation usuelle les Gascons transforment très souvent l'*e* initial ou médian en *i*, de même que le *g*, l'*h* et le *j* en *y*.

Tels sont par exemple :

LANGUEDOCIEN.	GASCON.	FRANÇAIS.	LANGUEDOCIEN.	GASCON.	FRANÇAIS.
Béâr.	*Biâr.*	Béarn.	*Héâs.*	*Hiâs.*	Héâs (H.-Pyrénées)
Béât (San).	*Biâtch (sén.).*	St-Béat (ch.-l. de cant. (H²-Garonne).	*Hèrbo.*	*Yèrbo.*	Herbe.
Belloc.	*Bellocq-Billoc*	Beaulieu.	*Jélâ.*	*Yélâ.*	Jeter.
Échugâ.	*Ichugâ.*	Essuyer.	*Joc.*	*Yoc.*	Jeu.
Éfant.	*Infant.*	Enfant.	*Jouén.*	*Yoén.*	Jeune.
Égalomént.	*Igalemént.*	Également.	*Jounc.*	*Younc.*	Jonc.
Émilo.	*Imile.*	Émile.	*Jougâ.*	*Yougâ.*	Jouer.
Éncânt.	*Incânt.*	Encàn.	*Jougayré.*	*Yougâyré.*	Joueur.
Exami.	*Ixami.*	Examen.	*Jûdjé.*	*Yudjé.*	Juge.
Eydou.	*Idou.*	Eydou.	*Judjâ.*	*Yudjâ.*	Juger.
Gélâdo.	*Yélâde.*	Gelée.	*Jûsté.*	*Yûsté.*	Juste.
Géladûro.	*Yélodûre.*	Gélivure.	*Justisso.*	*Yustice.*	Justice.
Gĕme.	*Yĕme.*	Résine.	*Mandjâ.*	*Minyâ.*	Manger.
Géndré.	*Yéndré.*	Gendre.	*Mésso.*	*Misse.*	Messe.
Génts.	*Yénts.*	Gens.	*Môungé.*	*Mounye.*	Moine.
Ger.	*Yer.*	Hier.	*Nĕou.*	*Nĕou.*	Neige.
			Pourtrĕt.	*Pourtrĕyti.*	Portrait.

DÉFORMATIONS DE QUELQUES NOMS DE LIEUX ARANAIS.

Les exemples comparatifs donnés dans les tableaux précédents, montrent jusqu'à quel point a été restreinte l'action linguistique exercée par le catalan et par le castillan sur le langage du Val d'Aran. Une observation semblable peut être faite également à propos de la nomenclature géographique du même pays.

Quant aux déformations toponymiques, elles sont dues, en majeure partie, aux Français, qui, sans se rendre compte de leur erreur ont crû devoir « catalaniser » ou « espagnoliser » les noms géographiques de l'Aran, sous prétexte que cette région pyrénéenne est soumise à la domination politique de l'Espagne! C'est ainsi que *Arties*, *Vielle*, *Lés Bôrdés*, *Riou*, *Bounâygue*, *Sèrre*, etc., prononcés conformément à l'orthographie ci-dessus par les vrais aranais, ont été malencontreusement transformés en *Artias*, *Viella*, *Las Bordas*, *Rio*, *Bonaigua*, *Sierra*, etc.

Le mot *pic* est un nom importé. Les Aranais désignent le sommet des montagnes sous la dénomination de *Pôuy*, *Pôuyo*, et mieux encore sous celle de *Tûc*. En réalité, le « Pic de Hourcadie » (Ét. maj.) est le *Tuc Houradic*; la Carte au $\frac{1}{80000}$ et celle au $\frac{1}{100000}$ portent « Col de Tartéreau » pour *Col Tartèrâou*; « Pic de la May de Bulard » pour *Le Maill* ([1]) *de Bulârd*; « Pic de la Barlouguère » pour Tuc *de la Batlounguère* ([2]); « Pic de Rosario », pour *Tuc de Rosavi*; « Ayguamoch » ([3]) pour *Aygôuamoïx* ([1]); « Lacs de Rios » pour *lacs de Rîous*; « Cap des Canaous » pour *Cap Escanaouâs*; « Cap de Tonète » pour *Cap dés Touètés*, etc.

Sans entrer dans plus de détails, ceci suffira pour démontrer l'affinité absolue de l'idiome aranais, avec le dialecte gascon montagnard qui n'est lui-même qu'un sous dialecte du vrai gascon ou gascon de l'Armagnac.

Observons en terminant, que le langage du bas-Aran paraît s'être conservé dans sa pureté native, tandis que celui de la haute région semble, au contraire, avoir subi quelques transformations. Ces transformations sont, du reste, de règle générale, et l'on constate des différences analogues dans toute la chaîne pyrénéenne, entre les parlers locaux du bas pays et ceux en usage dans les hautes vallées.

En résumé, par leur communauté d'origine, leurs mœurs et leur langage, les Aranais sont de vrais Français du type gascon montagnard.

([1]) *Maill*, *malh* est du masculin et signifie « pic, rocher escarpé ».
([2]) Ce qui répond à « pic de la longue vallée ».
([3]) *Moch* appartient au catalan et non point à l'Aranais.

M. J. DE L'ESTOILE,

Lieutenant [Pamiers (Ariège)].

LES TRANSPYRÉNÉENS.

625.1 (234.1)

2 Août.

Loin de nous la pensée de renouveler cette assertion : « Il n'y a plus de Pyrénées ».

Nous les avons parcourues cette année, soit en skis, soit à pied, et nous avons trouvé des Pyrénées absolument inviolées; il est vrai qu'on est en train de comploter contre leur virginité.

Dans cette étude nous examinerons :

1° *L'historique de la question*;
2° *L'utilité des Transpyrénéens*;
3° *Principes qui ont guidé les ingénieurs*;
4° *Les projets et l'état actuel des travaux*;
5° *La conclusion.*

1° *Historique de la question.* — Voilà déjà longtemps que la question des Transpyrénéens hante l'esprit des diplomates, des économistes et des ingénieurs. 1856, 1864, 1880, 1885, 1896, sont des dates qui pour la France marquent les les efforts les plus énergiques. Mais l'Espagne a les regards tournés vers l'Occident.

En 1900 le peuple qui a « arrêté César et Napoléon », vaincu par les États-Unis, redevient un peuple européen. La race celtibérique qui depuis longtemps vivait de ses colonies, dans ses colonies pourrions-nous dire, doit faire un retour sur elle-même et comme l'a dit Victor Bérard :

« La guerre de Cuba et la perte des deux Indes espagnoles remet l'Espagne de 1900 au même point que l'Espagne de 1480 ».

Aussi notre sœur latine est-elle obligée de tourner son regard vers l'Est; son premier appel a été entendu par ce pays généreux, La France, dont le premier mouvement est de secourir l'infortune.

Aux luttes douanières d'antan succède une entente affectueuse entre les deux peuples, scellée par la convention du 18 août 1904, ratifiée par la Chambre au moment de la venue à Paris du jeune roi Alphonse (mars 1905) en voici le résumé :

« Il sera construit trois lignes internationales qui traverseront la frontière franco-espagnole :

La première partira d'Ax-les-Thermes (Ariège), traversera en tunnel le col de Puymorens, coupera la frontière aux environs de Puycerda, Bourg-Madame, franchira en tunnel le col de Tosas et s'embranchera à Ripoll sur le chemin de fer de Granollas à San-Juan de las Abadesas;

La seconde partira d'Oloron (Basses-Pyrénées), remontera la vallée d'Aspe, franchira en tunnel le Somport, pénétrera dans la vallée du Rio Aragon, puis passera dans celle du Gallego et s'embranchera sur la ligne de Saragosse à Barcelone;

La troisième partira de Saint-Girons (Ariège) remontant la vallée du Salat, franchira en tunnel le col de Salau, pénétrera en Espagne par la vallée de la Noguera-Pallaresa, et s'embranchera à Sort sur la ligne projetée de Lérida à la frontière ».

2° *De l'utilité des Transpyrénéens : a. Les Transpyrénéens.* — Si l'on va facilement de France dans la péninsule ibérique par Bayonne et Perpignan, entre ces deux points, il est presque impossible de communiquer à travers les Pyrénées, Sierra élevée, aux cols d'un passage très difficile pendant la belle saison, inaccessibles pendant le reste du temps. Or l'Espagne, réveillée par ses dernières défaites, s'est remise au travail. Les capitaux, les colons, les soldats revenus des colonies vont mettre en action toutes les ressources espagnoles ; les anciens soldats de Numance, se sont souvenus du temps passé où l'Angleterre venait s'approvisionner dans la péninsule ibérique et où la mode espagnole donnait le ton à Paris.

Agriculture, commerce, industrie ont pris un nouvel essor, et avec Victor Bérard ([1]) et M. Picot nous avons foi dans l'avenir de ce pays :

« Aussi bien et même mieux que les autres contrées de l'Europe, l'Espagne a tout ce qu'il faut pour assurer, la richesse et le bonheur d'un peuple moderne, pour lui donner un rôle de premier plan sur le théâtre du monde, et, si l'on pouvait risquer une prophétie, peut-être ne serait-il pas aventureux de prédire que demain ce pays sera l'un des mieux dotés de l'Europe pour satisfaire aux nécessités que créent à la politique des nations les exigences de l'industrie contemporaine ».

Si cette prophétie basée sur des données certaines se réalisait, quels avantages pour la France, la voisine, l'amie de la première heure. Mais il faut que notre voisinage soit plus intime, plus facile ([2]) et cela nous permet de conclure que les Transpyrénéens sont une œuvre essentiellement propice au développement de notre pays. D'ailleurs, l'augmentation des facilités de communication avec l'Espagne n'est pas notre seul but. Jetons, en effet, nos regards plus loin. L'évolution mondiale qui se prépare nous oblige à étendre notre influence dans un rayon de plus en plus considérable.

Tout d'abord nos intérêts au nord de l'Afrique seraient fort bien servis par des voies rapides, nous serions tout proches de la province d'Oran

---

([1]) Victor BÉRARD, *L'affaire marocaine.*

([2]) Depuis quelques années, les universités de France s'essayent à rayonner au delà des frontières de France : Montpellier, Toulouse, Bordeaux viennent de nouer des relations intellectuelles actives avec l'Espagne cependant que Grenoble fondait un centre d'études franco-italiennes à Florence.

M. Henri LORIN professeur à la Faculté des Lettres de Bordeaux, a écrit un charmant article à ce sujet dans *les Questions diplomatiques et coloniales* du 16 mars 1909.

Il convient ici de rappeler les efforts de M. le doyen Mérimée, de la Faculté de Toulouse, qui ont été couronnés de succès.

et du Maroc; mais, pour cela, il faut que l'Espagne crée des lignes directes, reliant les Transpyrénées avec les ports de l'Atlantique et de la Méditerranée.

La France provoquera l'initiative hispanique et tout en servant les intérêts de sa voisine, fera beaucoup pour elle-même:

b. Le circummondial. — Une simple constatation sur la carte nous montre la situation privilégiée de la France pour le commerce international. Trois grands courants se croisent chez nous et semblent avoir notre capitale comme point de jonction. L'Angleterre, les pays du Nord, l'Allemagne, ne peuvent communiquer avec la Méditerranée et tous les ports de l'Extrême-Orient, de l'Afrique, qu'en empruntant nos voies ferrées. Hélas ! Ici faisons une douloureuse réserve : Calais-Marseille est dédaigné, depuis le percement des Alpes; mais c'est à nous de réagir, d'établir effectivement la supériorité de Marseille sur Gênes et Brindisi. A nos capitalistes revient la tâche de faire creuser des bassins d'accès facile, de suivre les progrès journaliers pour nos dockes massiliens, de créer des compagnies de navigation puissantes et invincibles, de faire cesser tous ces mouvements grévistes fomentés par l'étranger. La nation qui ne veut pas périr à l'heure actuelle doit lutter sur le terrain économique, lutte toute pacifique mais nécessaire, et préparer une armée qui en impose à tous :

« Si vis pacem para bellum. »

Toute fortune qui n'augmente pas diminue, répète-t-on souvent; ce proverbe est vrai, aussi bien en économie domestique qu'en politique.

Deux autres grandes routes prennent forcément nos chemins de fer français. Entre l'Europe centrale et l'Amérique du Nord, la France est l'obligatoire intermédiaire. Quatre de nos grandes Compagnies (¹) ferrées doivent faire joindre leurs efforts pour relier les pays de l'Est à Brest, à Nantes, à La Palice et à Bordeaux. C'est la seconde voie à laquelle nous faisions allusion tout à l'heure. Enfin, vient la dernière. Pleins de riches promesses, deux mondes nouveaux s'ouvrent aux pays européens, l'Amérique du Sud, l'Afrique occidentale (²). En échange de leurs produits nous leur apporterons la civilisation. Heureux de recevoir nos enseignements, ils exigeront bientôt nos produits manufacturés, nos objets de luxe; cela amènera des échanges incessants à travers le vaste Atlantique, d'où nous nous rapprocherons encore par les voies ferrées transespagnoles. D'ailleurs, un jour prochain Panama sera creusé et alors

---

(¹) *État actuel des chemins de fer français* (*Revue politique et parlementaire*, 10 février 1909).

(²) Voir l'*Afrique aux Européens, les Colonies de l'Europe en Afrique : la conquête, le partage, l'avenir* du Dʳ ROUIRE. — L'*Afrique occidentale*. J. CHAILLEY dans la *Quinzaine coloniale* (10 février 1909). — *La découverte des grandes sources du centre de l'Afrique* par le commandant LENFANT. Hachette, Paris 1909.

tout autour du globe s'établira la ligne des détroits : Panama-Gibraltar-Suez-Aden-Singapour-Batavia-l'Australie-Nouvelle-Guinée.

« Cette grande voie maritime sera comme la ceinture commerciale la voie dorée de notre terre. Au bord de cette route circummondiale, Cadix, à l'entrée des bouches de Gilbraltar, deviendra l'escale forcée non seulement pour l'Espagne et la France, mais aussi pour l'Angleterre et toute l'Europe occidentale. C'est à Cadix que la malle du monde jettera ses passagers et ses lettres à destination de l'Occident (¹) Quelle est donc encore une fois notre conclusion au sujet des Transpyrénéens ? Les faits cités précédemment étant basés sur des certitudes, ne pouvons-nous pas féliciter le gouvernement français de son initiative, et voir, avec une véritable joie patriotique, les travaux dans nos Pyrénées marcher à pas de géants. »

3° *Étude succinte des principes qui ont guidé les ingénieurs :*
a. Traction électrique. — Brisant les vieux moules économiques, les progrès de la science électrique donnèrent la solution élégante des chemins de fer en montagnes. Avec cette énergie nouvelle, les pentes n'existent pour ainsi dire plus, et les tracés d'antan des Pyrénées ont pu être modifiés considérablement. Or la traction électrique en France a fait ses preuves; citons en passant le Métropolitain, les lignes de Paris à Versailles, de Paris à Juvisy, du Faget à Argentière, de Villefranche à Montlouis.

Mais l'énergie électrique si précieuse, nous la trouvons à chaque pas dans les Pyrénées. Ce sont nos lacs, nos neiges éternelles, la houille blanche qui nous la fournissent. Non seulement la houille blanche de nos montagnes est inépuisable, mais les forestiers s'occupent avec activité de sa sœur jumelle la houille verte. Par le reboisement de la Soulane, ils constituent des agents qui absorbant et retenant les eaux des pluies et de la fonte des neiges, les distillent ensuite goutte à goutte et les distribuent avec sagesse aux ruisseaux et aux lacs, d'où les ingénieurs les dirigent vers leurs générateurs électriques.

Voici les usines hydro-électriques qui serviront à la traction des convois franco-espagnols :

1° Usine de Lacassagne destinée à transmettre la force à la ligne de Villefranche à Bourg-Madame;

2° Usine de Lanoux pour la ligne d'Ax-les-Thermes à Bourg-Madame;

3° Usine d'Orlu dont une partie de l'énergie sera employée à convoyer les trains entre Toulouse et Ax-les-Thermes;

4° L'usine de Souloum pour la ligne d'Oloron à Canfranc;

5° L'usine de Salau (²) (en projet) pour la ligne de Saint-Girons à Salau.

b. Voie étroite. Voie large. — Les partisans des chemins à voie étroite

---

(¹) Victor BÉRARD.

(²) La Compagnie du Midi fait construire aussi une usine hydro-électrique à Eyet pour transformer en traction électrique certaines lignes de son réseau.

firent de nombreuses objections à l'établissement de voies larges pour les Transpyrénéens. Cette question se posait car les gabarits français et espagnols sont respectivement 1,44 m et 1,71 m. Il fallait donc de toute façon opérer un transbordement aux gares internationales. Après beaucoup d'hésitations les gouvernements franco-espagnols se mirent d'accord pour conserver jusqu'aux points terminus des réseaux nationaux la largeur normale de leurs voies. Les prix d'établissement sont calculés au prix de revient théorique de 600 000 fr le kilomètre pour la voie large, 200 000 fr seulement pour la voie étroite. On voit qu'il y avait lieu de réfléchir avant de prendre une détermination.

4° *Les projets et l'état actuel des travaux.* — Il y a quelques années un géographe dont les jugements en matière de relations économiques et commerciales entre les peuples, sont marqués au coin du bon sens, Élisée Reclus, a prédit dans sa géographie de la France que la question de la traversée des Pyrénées serait une mère gigogne des plus fécondes : « Tôt ou tard, disait-il, toutes les vallées de ce côté-ci des Pyrénées seront prolongées par-dessus ou par-dessous les cols dans, les vallées correspondantes du versant espagnol. »

Nous sommes encore bien loin de la réalisation de ce rêve qui cependant a reçu une partielle exécution (¹).

Quinze projets ont été étudiés. Trois seulement ont reçu l'approbation des deux nations transpyrénéennes; nous les avons énumérés au paragraphe 1 du présent travail.

Pendant longtemps, deux projets seulement semblaient acceptables. Une ligne droite allant de Paris à Valence effleure Toulouse et franchit les Pyrénées dans les montagnes ariégeoises vers Saint-Girons. La ligne droite Paris-Madrid-Cadix coupe les Pyrénées entre le Somport et les Aldules. Aussi bien les deux lignes Paris-Toulouse-Saint-Girons-Salau-Lérida-Carthagène et Paris-Pau-Jacca-Tuera-Saragosse-Madrid, furent-elles les premières projetées en principe. Mais l'état des voies ferrées espagnoles remettait à une date très éloignée l'achèvement des travaux au delà des Pyrénées.

Au contraire, les deux points terminus du côté du col de Puymorens sont fort rapprochés (²), aussi

« La ligne d'Ax est une ligne d'attente qui permettra de donner aux intérêts nationaux et régionaux un commencement de satisfaction jusqu'à ce que l'Espagne puisse exécuter dans la Noguera-Pallaresa les 160 kilom qui lui manquent pour arriver à la frontière ».

Les deux lignes Ax-Ripoll-Saint-Girons-Lérida réuniront non seule-

---

(¹) Une voie ferrée traverse déjà les Pyrénées, la ligne de Villefranche-de-Conflans, Vernet-les-Bains, Mont-Louis, Bourg-Madame, à voie étroite et à traction électrique. Elle passe près de l'enclave espagnole de Llivia.

(²) 74 km : 35 d'Ax à la frontière et 39 de Bourg-Madame à Ripoll sur la voie Ripoll-Barcelone.

ment Paris-Toulouse à Barcelone, mais encore : 1º L'Angleterre et les pays du Nord, Calais, Boulogne, le Havre à Barcelone-Carthagène-l'Algérie; 2º Bordeaux-Nantes avec les ports méditerranéens espagnols.

Le Transpyrénéen Oloron-Tuera mettra en communication la France, les Pays du Nord et les ports de l'Atlantique (Espagne et Portugal).

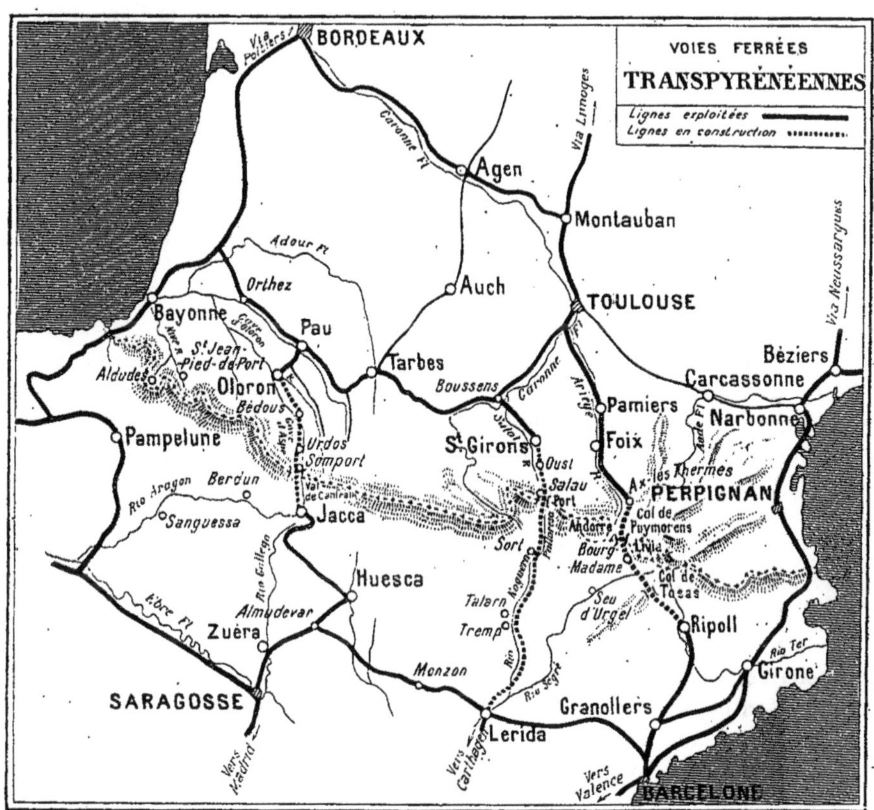

a. La ligne Ax-Ripoll. — Cette ligne raccourcit de 154 km la distance Paris-Toulouse-Barcelone. Elle suivra la vallée de l'Ariège, à Mérens franchira un tunnel hélicoïdal de 1500 m de long dont la sortie sera à 60 m d'altitude au-dessus de l'entrée. Ce sont MM. Escoffier [1], entrepreneurs à Saint-Girons, qui sont les adjudicataires des travaux de ce tunnel. La voie ferrée passera en souterrain de 5330 m de longueur sous le col de Puymorens. La tête nord se trouve à peu près à 100 m au sud du village de l'Hospitalet à la cote 1445 et la tête sud entre les villages de Porte-Porta à la cote 1567. La galerie est percée sur une longueur de 920 m du côté de l'Hospitalet et 490 m du côté de Porte. Les perfora-

---

[1] Les travaux ont commencé fin mai 1910.

trices sont mues à l'électricité produite par une usine hydro-électrique
créée dans les environs de l'Hospitalet par l'entrepreneur de ce tunnel
M. Bartissol, député des Pyrénées-Orientales. Elle ira ensuite sous le col
espagnol de Tosas dans un tunnel de 7000 m dont les travaux ne sont
pas encore commencés. C'est l'État qui s'est chargé de l'établissement
de la voie d'Ax à la frontière pour la concéder ensuite à la Compagnie
du Midi pour une durée de 90 ans. La gare internationale se trouve à
1500 m de Bourg-Madame. Cette ligne doit être livrée à l'exploitation
en 1918.

b. Ligne de Saint-Girons à Lérida. — L'Espagne a son point terminus
à 160 km de la frontière. C'est pour cela que cette ligne doit être cons-
truite 10 ans après les deux autres Transpyrénéens. Elle traversera
des régions fort riches et isolées et raccourcira la distance Paris Cartha-
gène de 102 km (1).

Saint-Girons se trouve à 36 km de la frontière de Salau (12 km sont
actuellement construits jusqu'à Kerkabanac).

c. Ligne d'Oloron-Tuera. — Le projet des Aldules a été sacrifié aux
exigences espagnoles; cela s'explique, la ligne actuelle traverse le fidèle
Aragon. Elle est ainsi définie : Paris-Oloron-Tuera-Madrid-Cadix. C'est
une voie historique, elle conservera son importance. Or sur le tronçon
déjà créé (Oloron-Bédous) le point terminus est seulement à 17 km de
la frontière.

Les travaux comprennent deux tunnels hélicoïdaux, l'un en France,
l'autre en Espagne et un tunnel sous la chaîne maîtresse de 6730 m.
L'entreprise est menée avec une grande activité, nous disait encore
dernièrement M. Delure, ingénieur des Ponts-et-Chaussées à Bayonne,
chargé des Transpyrénéens, que nous sommes heureux ici de remercier
de toutes ses complaisances. La gare internationale sera située aux
Arañônes, au débouché du grand tunnel sur le versant espagnol. Ainsi
donc dans les Pyrénées comme dans les Alpes on s'ingénie à percer les
montagnes. Un tunnel est-il achevé, vite il faut en creuser un autre.

Mais, chez nous, on ne procède point comme en Suisse. Et s'il est une
mode pour les chemins de fer, nous suivrons la mode américaine. Dans
les Pyrénées comme aux États-Unis, possesseurs d'un réseau de 400000 km,
les tunnels les plus longs ont 6 km. Nous sommes bien loin des 19730 m
du Simplon, des 15 km (2) et 13 km du Gothard et du Lœtschberg. C'est que
l'énergie électrique a transformé les conditions de la traction par rapport
aux fortes pentes. La traction à vapeur, en montagne, correspond à une
période déjà finissante de l'histoire et de la géographie de la circulation,
la période de l'exclusive traction à vapeur et le règne de la Houille noire.
La Houille blanche a pris son essor industriel, avec sa sœur la Houille

---

(1) Actuellement il faut passer via-Neussargues et Port-Bou.
(2) Exactement 14900 km.

verte, elles ont fait un traité d'alliance pour nous assurer l'énergie nécessaire aux usines hydro-électriques.

Si le Saint-Gothard est le « Chateau d'Eau » de l'Europe centrale, les Pyrénées sont pour nous un réservoir abondant où nous pourrons puiser pour ainsi dire à l'infini.

Le rôle des Transpyrénéens s'affirmera dans l'avenir. Marchands, soldats et pélerins ont de tout temps traversé les Pyrénées. Mais les conditions économiques ont bien changé depuis quelques années. Il faut que marchandises et voyageurs suivent la ligne droite, car la loi d'acheminement est entre les divers pays la « Recta sequens », la loi brutale de la plus courte distance. On économise ainsi ces deux richesses souveraines, l'énergie et le temps. Avec de tels procédés, la France attirera à elle une partie du commerce mondial; elle en profitera et sa richesse s'accroîtra en proportion de ses efforts économiques.

L'effort économique de toute nation doit tendre vers le progrès industriel et commercial. L'intelligence française saura développer l'industrie et lutter contre la concurrence de l'Europe et des fils de Monroë, mais le commerce a besoin d'un instrument puissant, les voies de communication internationales; les Transpyrénéens sont une précieuse partie, de cette régénération commerciale. D'ailleurs certains pays sont plus favorisés les uns que les autres. Grâce à sa situation géographique, la vieille Gaule deviendra la plaque tournante du monde, tout en restant le foyer de toutes les lumières et de toutes les sciences.

M. J. DE L'ESTOILE.

NOMENCLATURE DES GROTTES DE L'ARIÈGE.

551.44 (44.88)

? *Août.*

Dans le département de l'Ariège, où les grottes sont nombreuses, beaucoup de recherches ont été faites par les préhistoriens.

Aussi bien n'avons-nous pas la prétention, dans ce travail, de faire un rapport complet, mais d'offrir au chercheur une classification où il pourra trouver des références utiles et des renseignements, les uns recueillis dans les Ouvrages les plus autorisés, d'autres au contraire inédits, qui mettront au point la question de l'étude des grottes dans l'Ariège. Il reste cependant encore beaucoup à faire, et nous ne pouvons nous vanter d'avoir, comme dans l'Yonne (¹), terminé l'exploration de toutes les grottes ariégeoises.

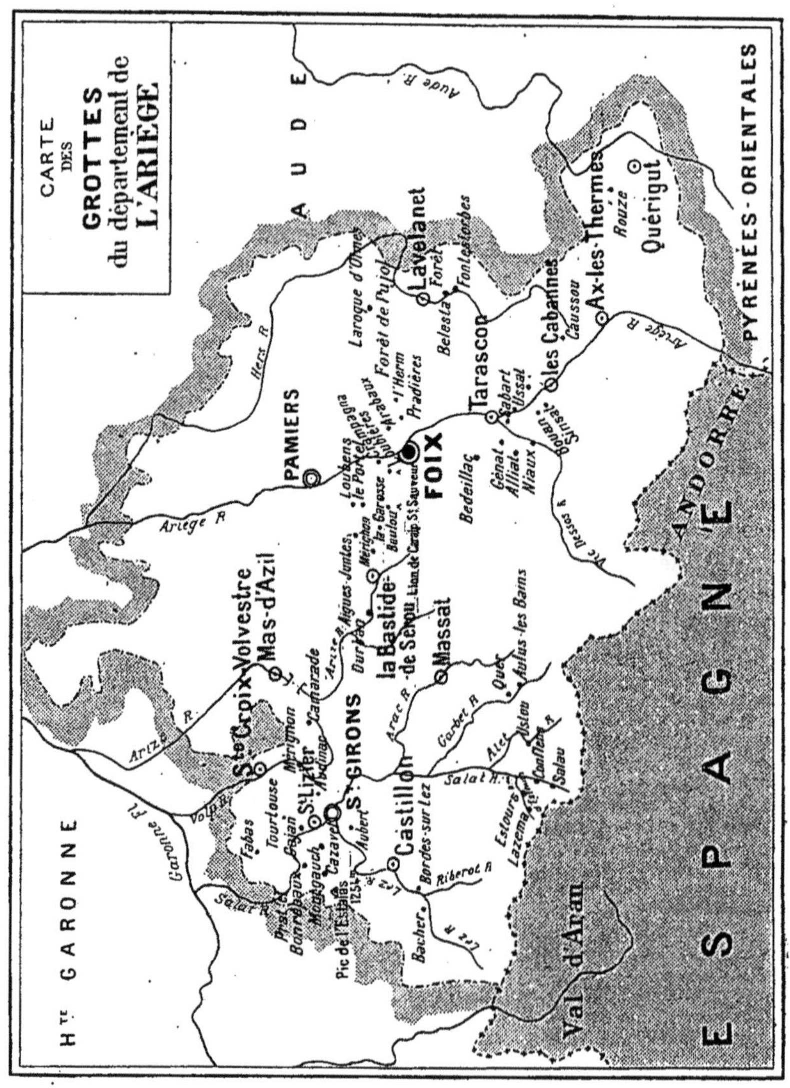

Ce qui frappe d'abord, c'est la diversité des dispositions des grottes; il serait très difficile d'en donner une description générale.

Au point de vue de leur situation, on peut remarquer qu'elles se trouvent dans deux chaînes montagneuses, d'origines géologiques

---

(¹) L'abbé PARAT (à Avallon), *Statistique des grottes de l'Yonne (Congrès de l'Avancement des Sciences. — Reims, 1907.)*

différentes : tout d'abord dans le Plantaurel, première avant-chaîne pyrénéenne; ensuite dans les premiers contreforts des petites Pyrénées, d'origine beaucoup plus ancienne.

Vallée du Salat. — 1° *Grotte d'Aubert*, près du hameau d'Aubert, 3 km de Saint-Girons; longueur 200 m, largeur de 4 à 25 m; on y trouve des ossements d'*Ursus spelœus*.

2° et 3° *Grottes d'Audinac* : 1° *Grotte de Laquère*, près d'Audinac-les-Bains, 5 km de Saint-Girons, très profonde, 800 m dans le calcaire, vastes salles, stalagmites. — 2° *Grotte d'Enlène*, près de Monstesquieu-Avantès, 200 m de profondeur; riches gisements paléontologiques reconnu par M. l'abbé Cabibel.

4° et 5° *Grottes d'Aulus*. Deux grottes du Quer, près de Massat, dans les calcaires de la montagne du Quer, l'une de 200 m de profondeur, l'autre de 300 m.

6° *Grotte de Bacher*, dans la vallée du Riverot, près de Bordes; gisement paléontologique exploré par M. l'abbé Cau-Durban. Nombreux spécimens au musée de Foix. Profondeur 280 m, largeur moyenne 20 m.

7° *Grottes du Lez*, près de Castillon, inexplorées, remplies d'eau, semblent avoir d'assez grandes dimensions.

8° *Grotte de Cazavet*. Grotte de l'Estelas, plus de 200 m de profondeur au fond, un lac exploré par MM. Filhol, Jeanbernart, Abeille, Dieck, Marquet, Agostino Dodero; ils y ont trouvé des échantillons d'*Anophtalmus*.

9° *Grotte de Dul*, près d'Aulus, 150 m de profondeur; riches spécimens paléontologiques.

10° *Grotte de la Fount-Santo*, près d'Ustou, 120 m de profondeur, traversée par un petit ruisseau prenant naissance dans le fonds de la grotte ; les eaux en sont très rouges, issues des masses ferrugineuses de la montagne; malgré cela faciles à explorer.

11° *Grotte de Las Roquos*, près du village de Gajan; 100 m de profondeur, 12 m de largeur; têtes d'ours.

12° *Grotte de Lazéma*, près du village d'Estours ; très belle grotte, 450 m de profondeur, riches gisements paléontologiques.

13° *Grotte de Massat ou Campagnole*, l'une des plus exploréee et des plus célèbres; a 29 m de longueur; à 15 m au-dessus de l'Arac. Au fond se trouve un gouffre de 20 m de profondeur. Lire les travaux de MM. Grégoire, Pasquier, Garrigou, Cau-Durban. Des médailles et poteries de l'époque gallo-romaine ont été trouvées dans cette grotte.

14° *Grotte de Montgauch*, près de Saint-Lizier, nombreuses grottes inexplorées.

15° *Grotte de La Mouline*, près du village de ce nom, peu connue; 80 m de profondeur environ.

16° *Olot*, près du hameau de ce nom. N'a pas été encore scientifiquement explorée.

17° *Grotte de Prat-et-Bonrepaux*. Plusieurs étages intérieurs communiquent par des galeries verticales. Exploration très difficile, nécessitant un coûteux matériel.

Vallée du Volp. — 18° *Grotte de Fabas*, explorée par MM. Robert Roget et Llobet en 1909; 40 m de profondeur.

19° *Grotte de Mérigou*, près La Bastide-de-Sérou, inexplorée (vallée de l'Arize).

20° *Grotte de Sainte-Croix-Volvestre*, peu intéressante, explorée par M. Siadoux.

21° *Grotte de Tourtouse*, inexplorée, près de Sainte-Croix-Volvestre.

Vallée de l'Arize. — 22° *Grotte de Aigues-Juntes*, près de La Bastide-de-Sérou; 285 m de profondeur avec de belles salles, stalactites superbes; explorée par M. Ladevèze.

21° *La Bastide-de-Sérou.* Plusieurs grottes inexplorées.

24° *Grotte de Camarade.* Explorée en 1910 par M. Dupac de Marsouly.

25°, 26° et 27° *Grottes de Durban.* Trois grottes : *Madarnaud, Giarné, Las Buffos.* Très intéressantes, nombreux gisements paléontologiques. Objet des recherches de MM. Bourret, Cartailhac, Filhol et Grégoire. Traces d'habitat préhistorique.

28° *Grotte du Mas-d'Azil*, très connue, objet de nombreux travaux scientifiques de MM. Trutat, Pasquier, Pouech, Garrigou, Cau-Durban, Piette. Nombreux spécimens paléontologiques du Musée de Foix.

Vallée de l'Ariège. — 29° et 30° *Grottes de Alliat* : 1° Grotte de la Vache; 2° Caougnès. Peu importantes comme superficie, ces grottes ont fourni de nombreux et curieux échantillons aux paléontologistes. Sont près du village d'Alliat.

31° *Grotte de Ayguo-Naychentao, Ayguo-Perdento.* Près de la tuilerie de Labouycho de 4 km de Foix, son double nom vient de ce qu'elle sert d'écoulement au ruisseau qui draine les eaux de la vallée de Garrapel. Ce ruisseau reçoit un affluent souterrain. Cette grotte a été l'objet en 1909 des recherches de MM. Martel, Trutat, Rochette, Dunac.

32° *Grotte d'Arabaux*, 2 km de Foix. Trou de Patriquetas, excavation verticale très profonde qui se prolongerait par une ramification allant à plusieurs kilomètres rejoindre l'Ariège à Berdoulet. Doit être étudiée très prochainement par MM. Martel, Dunac, Rochette.

33°, 34° et 35° *Grottes de Baulou*, près de la station de ce nom sur la ligne de Foix à Saint-Girons. Trois grottes: 1° *Grotte du Chien*, 50 m de profondeur sous la route, peu intéressante; 2° *Grotte du Guide*, 80 m de profondeur, échantillons d'*Ophtalmus* trouvés par MM. A. Doderos et de l'Estoile; 3° *Grotte de la Roche Tinlayre*, sur le sommet du Saint-Sauveur avant le lion de Caralp; excavation verticale connue dans le pays sous le nom de *Tinlayre*, arc si l'on jette une pierre elle tombe de rocher en rocher en produisant des bruits très harmonieux. Il est probable que cette grotte communique avec la grotte de l'Ayguo-Naychento, Ayguo Perdento.

36°, 37° et 38° *Grotte de Bedeilhac*, près de Tarascon; grotte très profonde, 1200 m environ, haute et spacieuse, d'où de nombreux échantillons ont été tirés. Ils font l'objet d'une collection très intéressante déposée à l'école communale de Bedeillac. Cette grotte a trois étages; deux étages supérieurs se creusent dans le calcaire de la montagne de Bedeillac et portent le nom de Bouycheto et du Berger. Dans cette dernière on a trouvé de nombreux échantillons de l'âge de la pierre polie. Trace de foyers.

39° *Grotte de Cassou*, près des Cabannes, 200 m de profondeur, explorée par MM. Filhol et Garrigou; fort riche en échantillons paléontologiques.

40° *Grotte de Crampagna*, près Foix, peu importante, 25 m de profondeur, eau incrustante dans l'intérieur.

41° et 42° *Grottes de Foix*: 1° *Grotte du Saint-Sauveur.* Nombreuses marmites; appelée « grotte de cristal », à cause des nombreux cristaux adhérents aux parois de la roche, d'un accès très difficile, explorée par MM. Dat et de l'Estoile.

— 2° *Grotte de Sainte-Hélène*, 200 m de profondeur. A l'intérieur les sources ont été captées et leurs eaux envoyées par une canalisation, pour alimenter la ville de Foix. A été l'objet des recherches paléontologiques de MM. Trutat, Galabert, Agostino Dodero et de l'Estoile.

43° *Grotte de l'Herm*, 7 km de Foix, profondeur 4 km; ossuaire des plus riches, difficile d'accès à cause des différences de niveau. Une des plus étudiées de l'Ariège; recherches auxquelles MM. Garrigou, Caussou, Trutat, Pouech ont pris une part active.

44° et 45° *Grottes de Loubens* : 1° *Grotte du Portel*. Deux galeries : profondeur, 300 m et 250 m. Grotte très intéressante par ses richesses paléontologiques où MM. Agostino Dodero et de l'Estoile ont trouvé de nombreux échantillons d'*Ophtalmus*. Malheureusement cette grotte a été saccagée par l'enlèvement de nombreuses stalactites et stalagmites. — 2° Une nouvelle grotte vient d'être découverte par les ouvriers creusant une tranchée pour améliorer la route. Aussitôt visitée, elle n'a semblé présenter aucun intérêt scientifique.

46° *Grotte de Loubières* ou *du Bourrut*, 80 m de profondeur; a donné une ample moisson de pièces paléontologiques que des Allemands ont prises pour un musée de Leipzig.

47° *Grotte de Niaux*, 1300 m environ de profondeur; a été l'objet de communications par MM. Cartailhac et Trutat au sujet de peintures préhistoriques trouvées dans cette grotte.

48° *Grotte de Pradière*. Devait autrefois communiquer avec celle de l'Herm.

49° *Grotte de Sacany* ou *Genat*, près du village de ce nom; profondeur 70 m. Nombreux spécimens de l'âge de bronze trouvés et décrits par M. Garrigou.

50° *Grotte de Sabart* ou *du Pounchut*. Très belle, plus de 1200 m de profondeur. On y a trouvé des objets nombreux de l'âge de la pierre polie et de l'âge du bronze. M. Garrigou?

51°, 52°, 53° et 54° *Grottes d'Ussat*: 1° *Grotte de Lombuves* ou *des Échelles*. S'étend sur une longueur de plusieurs kilomètres, se termine par un chaos exploré dernièrement par M. Martel. Objet de nombreux ouvrages ou monographies. Théâtre de plusieurs drames historiques pendant les guerres de religion et de la Révolution. — 2° *Grottes des Églises*. Curieuses surtout par les souvenirs historiques qui s'y rattachent, dernier refuge des protestants dans les guerres de religion. — 3° *Grotte de Bouan*. Peu connue, présente de nombreuses variétés d'*Ophtalmus*. — 4° *Grottes d'Ornolac*. Deux grottes toutes voisines, où MM. Dodero et de l'Estoile ont trouvé de nombreux spécimens de la famille des *Ophtalmus*.

55° *Grotte de Sensat*, peu profonde mais fort intéressante, appelée dans le pays *Camboseil*. Grotte sépulcrale qui renfermait de nombreux objets se rapportant à l'âge de bronze.

Vallée de l'Hers. — 56° *Grottes de Belesta*. Nombreuses grottes peu connues dans la forêt de Belesta.

57° *Grotte de Fontestorbe*, où surgit la fontaine intermittente de ce nom, très souvent décrite.

58° *Grotte de Laroque d'Olmes* ou *de Peyro-Traucado*, 400 m de profondeur, dans la forêt de Pujol, très profonde et peu connue.

59° *Grotte de Lavelanet*. On y trouve une série de grottes peu profondes, mais où l'on rencontre beaucoup d'objets pétrifiés.

Vallée de l'Aude. 60° *Grotte de Quérigut* ou *des Rouzos* Nombreuses grottes fort peu connues.

M. De CHOULOT.

DES DIFFICULTÉS QUE RENCONTRE LA COLONISATION EUROPÉENNE DANS L'AMALAT D'OUDJDA, ENTRE LE KIS ET LA BASSE MOULOUYA, LA PLUS GRANDE EST CELLE DE L'ACQUISITION DES TERRES.

325.3 (64)

5 *Août.*

Le premier obstacle provient de ce que l'article 60 de l'acte d'Algésiras, qui permet aux étrangers d'acquérir au Maroc et d'après lequel le Sultan doit donner des instructions pour que le droit s'exerce, n'est pas appliqué jusqu'ici dans une région qui est le prolongement naturel du département d'Oran.

Cependant, les acquisitions se poursuivent activement, mais au prix de quels soucis et de quels détours ! Les achats sont faits au nom d'intermédiaires indigènes qui seuls peuvent intervenir en cas de conflits et les conflits sont nombreux dans un pays sans cadastre où la propriété revêt plusieurs formes.

Le Cte de Choulot qui a commandé, pendant un an, une annexe du territoire de Berkane, montre quel développement a pris la colonisation malgré tout et conclut qu'elle en prendra un bien plus grand le jour où le gouvernement de la République française exigera l'application de l'article 60 de l'acte d'Algésiras à la région des Beni Snassen.

Il étaye sa communication sur des documents parmi lesquels il faut retenir la requête présentée par M. Félix, notaire à Bel Abbès, à M. Étienne, lors de sa visite du Kis à Martemprey, le 30 avril et un très intéressant travail d'un Toulousain, le lieutenant Lanusse, du 1er tirailleurs.

ÉCONOMIE POLITIQUE ET STATISTIQUE.

M. H. HENROT,

Ancien Maire de Reims, Correspondant de l'Académie de Médecine,
Membre du Conseil supérieur de l'Assistance publique.

DE LA NÉCESSITÉ DE CRÉER UNE LIGUE ANTICRIMINELLE NATIONALE ET DES CONGRÈS INTERNATIONAUX.

343.85 (44) : (o63)

.5 Août.

Dans ces dernières années, on a créé beaucoup d'œuvres pour lutter contre les vices sociaux ou les maladies contagieuses : les ligues anti-alcooliques, antituberculeuses, celles contre l'abus du tabac, contre la pornographie. etc., ont toutes leur raison d'être. A cette liste déjà longue, nous croyons qu'il y aurait lieu d'ajouter la ligue contre les crimes de l'adolescence.

Il y a toujours eu, et vraisemblablement, il y aura toujours des voleurs, des assassins, des crimes passionnels, mais le fait nouveau qui s'est produit, depuis quelques années, avec une intensité inquiétante, c'est l'extrême fréquence des assassinats commis par des adolescents. Depuis 75 ans, la criminalité a augmenté de 450 o/o; cette augmentation va toujours en croissant.

Dans son rapport du 5 janvier 1910, au Président de la République, le ministre de la Justice exposait que pendant l'année 1908, le jury avait eu à se prononcer sur 2.408 affaires criminelles (adultes et adolescents). 1.324 attentats contre les personnes, 1.084 crimes contre les propriétés; il ajoutait (en ce qui concerne les meurtres) :

« l'accroissement qui s'est produit dans ces derniers temps a appelé particulièrement mon attention, j'ai recherché en faisant porter mes observations sur vingt années, si tous les départements en France avaient contribué à cette augmentation, j'ai pu me convaincre que six départements seulement ont une situation grave; au premier rang là Seine; le chiffre des accusés pour meurtre y a triplé; dans les Bouches-du-Rhône, il est huit fois plus fort ».

M. le Ministre ajoute que 230 crimes ont été commis sous l'influence de l'ivresse.

L'aveu que les crimes d'enfant vont se multipliant, avec une rapidité qui effraie, n'est pas une misère particulière à la France; de 1889 à

1903, le nombre des mineurs traduits en justice passe chez nous de 23.000 à 31.000, mais, dit le *Matin* du 19 septembre 1909, en Italie dans un temps beaucoup plus court la marée de la criminalité infantile monte de 30.000 cas à 68.000 cas; en 1882, « l'Allemagne condamne 30 000 enfants, 51 000 en 1905. »

Seuls dans cette débâcle, l'Angleterre et les Etats-Unis apparaissent en bonne posture; l'Angleterre attribue ce fait au vote récent du *children act* qui constitue la charte de l'enfance coupable et malheureuse, — les Etats-Unis s'enorgueillissent d'avoir donné au vieux monde un exemple d'une initiative qui est et qui va être l'origine de toutes les réformes : les tribunaux d'enfants.

Les causes et les remèdes nous les avons sommairement énumérés aux Congrès de Clermont et de Lille; il nous a fallu constater que, malgré les sacrifices énormes que l'Etat et les communes ont fait pour l'instruction populaire, les résultats restent très insuffisants; il en sera vraisemblablement ainsi, tant que l'on n'aura pas prolongé l'obligation de la scolarité, et surtout tant que l'on n'aura pas ajouté au programme une éducation civique et morale sérieuse, donnée par les maîtres avec une sincère et profonde conviction.

Là liberté complète, absolue est de droit pour tout citoyen adulte qui jouit de toutes ses facultés, mais, pour l'enfant et l'adolescent jusqu'à sa majorité, la surveillance des parents est indispensable : quand celle-ci fait défaut, c'est à l'État ou aux sociétés philanthropiques que ce rôle appartient. Nous voudrions que l'on fit pour l'adolescent ce que la loi Roussel a si heureusement réalisé pour les nouveaux-nés, et que chaque adolescent privé effectivement ou moralement de sa famille, devint l'objet d'une surveillance personnelle et affectueuse.

Beaucoup de personnes, hommes ou femmes, libres de leur temps, et dont la notoriété et la moralité sont au-dessus de toute atteinte, accepteraient avec plaisir, comme cela existe pour le Bureau de Bienfaisance, de faire partie du Conseil de ces Caisses d'apprentissage que nous avons proposées au Congrès de Lille. Les hommes recherchant une occupation, dirigeant et surveillant le travail des jeunes gens; les dames donnant des notions d'économie ménagère et de travaux appropriés aux jeunes filles.

Il y a là un effort généreux à faire et un grand acte de solidarité sociale à accomplir.

Nous n'avons pas seulement à protéger la société civile, c'est un devoir patriotique de ne pas laisser dans notre armée (classes 1907 et 1908) 13.631 soldats ayant passé par la prison avant d'entrer à la caserne; c'est aussi avec une profonde tristesse, que si longtemps après le vote sur l'instruction obligatoire, nous voyons, en 1909, le Ministre de la Guerre avouer, dans un rapport officiel, qu'il y a 14.225 illettrés dans l'armée française; la présence des apaches dans l'armée a soulevé la protestation de tous les honnêtes gens.

La répression doit être l'objet d'une étude toute spéciale. Si, avec l'enfant, il faut être indulgent pour une première faute, et appliquer le plus possible la loi Bérenger, il faudrait, pour les récidivistes, appliquer la loi dans toute sa rudesse avec une inexorable fermeté. Il ne faut pas laisser gangrener notre armée par cette moisissure que l'on appelle la graine d'apaches.

Les tribunaux d'enfants qui fonctionnent avec grand succès aux Etats-Unis méritent de retenir un instant notre attention. On part de ce principe que l'enfant doit être connu, surveillé, puni comme un enfant; on évite la publicité à ces conversations entre le délinquant et le juge; ce juge lui-même, pour rendre sa sentence plus paternelle, est assisté par des citoyens honorables et dévoués de la ville, il peut ainsi exercer une surveillance affectueuse et ferme, et jouer le véritable rôle de juge de tutelle.

Les problèmes que nous soulevons sont difficiles à résoudre, il ne faut pas craindre de demander des lumières et des compétences à tous les citoyens qui ont à cœur le bon renom de leur pays; les médecins, les hygiénistes, les magistrats, les philanthropes peuvent fournir au Parlement des textes de lois qui seraient ainsi sérieusement préparés.

Il ne faut pas se contenter de chercher à améliorer ce qui existe en France, il faut aussi s'inspirer de tout ce qui se fait au dehors; l'Amérique, l'Angleterre, la Hongrie ont appliqué de très heureuses innovations qu'il faut connaître, et dont il faut profiter.

Il ne suffit pas de faire des lois pour qu'elles soient véritablement utiles; il faut qu'elles soient comprises par le public.

Nous avons, depuis trente ans, des lois d'hygiène qui ne sont pas encore complètement en usage, tandis que celles qui ont trait à la tuberculose sont d'une application facile; la désinfection qui cependant amène tant d'ennuis, a été acceptée par tous sans difficulté; c'est que la Ligue antituberculeuse et les congrès contre la tuberculose ont fait pénétrer dans tous les esprits l'importance de cette mesure.

Nous proposons, dans la lutte contre la criminalité, ce que l'on a fait avec tant de succès contre la tuberculose. Depuis deux ou trois ans, l'opinion publique commence à s'inquiéter de cette excessive criminalité juvénile. Tout le monde comprend qu'il y a nécessité absolue d'agir énergiquement et d'agir vite. Le moment semble donc venu de constituer une ligue anti-criminelle qui aurait à étudier :

1° L'application rigoureuse de toutes les lois existantes protectrices de l'intelligence, de la santé et de la moralité de l'enfant;

2° L'interdiction, sous les peines les plus sévères, du port des armes (revolver, couteau-poignard);

3° La révision des lois sociales, faites par des théoriciens mais d'une application dangereuse (loi de 1900 sur le travail des enfants);

4° La lutte énergique et persévérante contre l'alcoolisme, cause importante de la criminalité;

5° La compulsion et l'étude de toutes les législations étrangères qui ont trait à l'éducation des enfants;

6° L'étude approfondie et sans sensiblerie ridicule de l'application des peines dont l'efficacité a été reconnue dans d'autres pays; en s'efforçant de restreindre le plus possible le séjour malsain de la prison.

Nous n'avons pas à entrer dans le détail de l'organisation matérielle de ces ligues et de ces congrès; il n'y a qu'à imiter le congrès de la tuberculose, qui il y a quelques années, a tenu avec tant d'éclat ses assises à Paris, et où trente-quatre nations étaient officiellement représentées, et celui de l'Assistance publique et de la bienfaisance privée, qui se réunit dans quelques jours à Copenhague sous la présidence de M. Émile Loubet.

Ces congrès internationaux, prépareraient admirablement et scientifiquement l'œuvre législative si impatiemment attendue; en dehors des avantages particuliers qu'en retirerait notre pays, il n'est pas indifférent de fortifier les relations cordiales qui s'établissent entre les représentants des différents pays, en associant dans des pensées communes, l'élite de toutes les nations; c'est un moyen de préparer pour l'avenir la paix universelle, et d'assurer à bref délai une grande amélioration sociale pour l'humanité tout entière.

M. MOURRAL,

Conseiller à la Cour d'Appel (Rouen).

LA RÉFORME DE LA STATISTIQUE CRIMINELLE ET SES DESIDERATA.

---

31 : 343

3 Août.

La loi du 26 mars 1891, qui a introduit dans notre législation le sursis conditionnel, avait pour but de combattre la récidive dont les progrès jusqu'alors continus commençaient à devenir inquiétants. Elle compte aujourd'hui près de vingt ans d'existence; et il semble dès lors que son application présente une assez longue durée pour qu'on puisse en apprécier les résultats avec quelque certitude. Toutefois, à cet égard, nos statistiques ne nous fournissent que des renseignements insuffisants.

Elles se sont bornées, en effet, jusqu'à présent, à nous donner uniquement la proportion des révocations intervenues par rapport au nombre des sursis prononcés, proportion qui serait de 8 à 9 °/₀ seulement.

A ne considérer que ce chiffre brut, on pourrait conclure que la loi nouvelle a réalisé toutes les espérances qu'elle avait fait naître; cependant quand on veut aller au fond des choses, on ne tarde pas à reconnaître que ce n'est qu'une simple apparence. Ce serait, en effet, une grande erreur de croire que si 71 % des condamnés avec sursis ont passé sans rechute leur cinq années d'épreuve, c'est autant de gagné sur la récidivité; ceux-ci étant loin d'être tous des récivistes en puissance, 45 % en moyenne d'entre eux n'ont été condamnés en effet qu'à une simple amende et il est bien évident, étant donnée la peine qui leur a été appliquée, que le délit pour lequel ils étaient poursuivis ne présentait qu'une légère gravité et ne dénotait pas un tempérament criminel bien développé. Il importerait donc de faire des distinctions et de rechercher comment se comportent les révocations suivant la nature des condamnations auxquelles le sursis a été assorti, et suivant les délits à la suite desquels elles ont été prononcées, spécialement ceux qui forment le fond de notre criminalité et se retrouvent à l'origine de toutes les récidives. Or sur tous ces points, nos statistiques ne contiennent aucune indication; il est donc à l'heure actuelle, bien difficile sinon impossible, de porter un jugement raisonné sur les effets de la loi Bérenger.

Cette lacune pourrait cependant être facilement comblée en opérant dans diverses régions le dépouillement des casiers judiciaires; c'est ce que j'ai essayé de faire pour celui de l'arrondissement de Rouen dont la population dépassant 300 000 âmes était de nature à donner des moyennes appréciables.

En arrêtant mon travail au 31 décembre 1903, date à partir de laquelle court la dernière période écoulée, des cinq années d'épreuve fixée par la loi, j'ai relevé 3263 condamnés conditionnels sur lesquels 678 soit 20,77 % ont vu leur sursis révoqué.

Cette proportion s'écarte sensiblement, on le voit de celle de la statistique générale; cette différence peut toutefois s'expliquer facilement. Outre, en effet, les causes naturelles d'erreur résultant soit de l'emploi d'un faux état civil, soit de ce que la première condamnation avec sursis n'a pas encore été classée au casier judiciaire lorsque intervient une seconde poursuite, rien ne s'oppose, tant que le prévenu n'a pas subi de peine corporelle à ce qu'il puisse bénéficier de plusieurs sursis successifs. Il arrive ainsi que lorsque la révocation intervient, elle compte pour deux autres sursis accordés, alors qu'en réalité pour le calcul de la récidive elle s'applique à un seul et même individu. J'ai donc pris pour base de mes calculs non plus l'unité jugement qui est réelle de la statistique générale mais le nombre réel des individus appelés à bénéficier du sursis.

La première constatation que j'ai été amené à faire, est que la plus grande partie de ces révocations (71 %) se produisent pendant les deux premières années. Cela n'a en soi rien d'étonnant, et l'on peut en tirer cette conclusion que le délai de cinq ans imparti par la loi pour amener le bénéfice intégral du sursis est largement suffisant, j'ai recherché d'ailleurs ce qu'étaient devenus à l'expiration de cette période les divers bénéficiaires du sursis et j'en ai retrouvé un peu plus de 3 % qui avaient commis une nouvelle infraction; encore faut-il remarquer que ce sont pour la plupart des mineurs.

Si, sortant des généralités, on se place au point de vue du sexe des condamnés, on trouve que les révocations se produisent dans la proportion de 23 % pour les hommes et de 10 % seulement pour les femmes; cette proportion descend même à 8,50 % pour les femmes mariées; il m'a été malheureusement impossible de faire les mêmes recherches en ce qui concerne les hommes, la plupart des bulletins qui les concernaient ne contenant aucun renseignement sur leur situation de famille.

L'âge des condamnés conditionnels a également permis de faire quelques constatations intéressantes; c'est ainsi que j'ai trouvé que ce sont les mineurs de 18 ans qui donnent la proportion la plus considérable de révocations, 42 à 45 %; elle dépasse même 50 % si l'on tient compte des condamnations survenues après l'expiration au delà de 5 ans qui, il ne faut pas l'oublier pour les individus de cette catégorie, a été en grande partie occupée par le service militaire. Les révocations décroissent ensuite en raison inverse de l'âge, pour remonter vers la cinquantième année; on pourrait tirer de ces faits cette conclusion que la loi Bérenger ne produit véritablement son effet qu'à l'âge mûr, au moment où l'individu est dans la plénitude de ses forces intellectuelles et physiques. Ce résultat n'a d'ailleurs rien de surprenant : les enfants n'ont pas la force de caractère suffisante pour résister aux tentations et aux mauvais entraînements; les hommes âgés ont perdu la plus grande partie de leurs forces physiques et c'est alors la misère qui cause leur rechute.

Passant maintenant à la nature des condamnations qui ont été assorties du sursis, on trouve que les révocations se produisent dans la proportion de 6 à 9 % pour les peines d'amende et de 25 à 23 % pour celle d'emprisonnement; elles sont donc quatre fois plus nombreuses chez ces derniers, de même que parmi elles, ce sont les peines de courte durée qui donnent le plus de rechutes : 67 % en effet des révocations qui interviennent dans ces conditions sont relatives à des peines de 6 jours à 1 mois et 2 % seulement pour celles d'une durée supérieure à 6 mois de prison. Ainsi se trouve une fois de plus justifiée l'inefficacité des courtes peines corporelles contre lesquelles on s'élève depuis longtemps.

Si maintenant, nous entrons dans le détail des délits qui ont entraîné la condamnation conditionnelle, on constate que, si les révocations sont rares pour les délits peu importants (délits d'imprudence, délits contraventionnels), il n'en est plus de même lorsqu'il s'agit des infractions plus graves qui constituent la criminalité moyenne (vol, abus de confiance, escroquerie, vagabondage, mendicité) : les révocations se produisent alors dans une proportion qui varie de 22 % (abus de confiance) à 52 % (vagabondage) pour atteindre 100 % pour l'ivresse publique; que, d'autre part, dans une proportion variant de 78 à 80 % ces révocations

se produisent toutes pour des délits identiques à ceux qui ont motivé
la condamnation primitive. Il semblerait ainsi que certains délits sont
par eux-mêmes l'indice d'une nature pervertie sur laquelle l'indulgence
n'a aucune action.

Sans doute, tous les chiffres que je viens de donner ne peuvent pas être
retenus dans leur valeur absolue; ils ne représentent, en effet, qu'une fraction du total général des condamnations conditionnelles et, d'autre part,
ils concernent une région dans laquelle la criminalité est particulièrement intensive. Ils me paraissaient cependant suffisants pour montrer l'intérêt que présenterait un pareil travail entrepris avec une méthode identique sur d'autres points de la France. Les résultats que l'on
obtiendrait ainsi complèteraient heureusement les statistiques générales; et ils permettraient d'apprécier utilement non seulement les effets
de la loi Bérenger, mais encore l'influence qu'elle peut avoir sur la marche
de la criminalité et en particulier de celle de la récidive.

M. Paul RAZOUS,

Lauréat de l'Académie des Sciences,
Membre agrégé de l'Institut des Actuaires français.

MODE SPÉCIAL DE SCRUTIN PAR LA REPRÉSENTATION PROPORTIONNELLE.

342:827

2 Août.

Un système de représentation proportionnelle doit, pour être accepté
par la presque unanimité des Français épris de justice, remplir plusieurs
conditions :

1º Il doit être d'une simplicité telle que tout électeur ayant des connaissances primaires rudimentaires en saisisse le fonctionnement;

2º Il doit donner à chaque parti un nombre de représentants proportionnel à sa force numérique;

3º Il doit permettre, au moyen de calculs rapidement faits, aussitôt
qu'on a le total des voix obtenues par chaque candidat, de voir quels
sont ceux de ces candidats qui sont élus.

Dans la plupart des systèmes proposés jusqu'ici, on cherche un
quotient électoral ou un diviseur commun dépendant soit du chiffre
des inscrits, soit de la masse électorale de chaque liste. D'où une série
de calculs incompréhensibles, comme dans le système d'Hondt, pour
la plupart des électeurs.

Pourquoi ne pas partir de ce point très simple d'après lequel la loi déciderait que tout parti dont le nombre de voix atteint un chiffre déterminé, 15 000 par exemple, aurait droit à un représentant? S'il atteint 30 000, il aura droit à deux sièges; s'il atteint 45 000, à trois sièges, etc. Cette condition serait d'ailleurs la même pour n'importe quelle circonscription électorale de France, que ce soit le département de la Loire-Inférieure ou de la Haute-Vienne. D'où l'avantage que tout électeur, quel que soit son parti, ou qu'il habite le Nord ou le Midi, aura par son suffrage la même influence dans le gouvernement, dans les affaires du pays.

Examinons maintenant comment, en partant de ce quotient électoral fixe de 15 000, se feront les élections législatives. La loi attribuera à chaque département qui sera la base électorale, sauf pour les grands départements (Seine, Nord et Rhône, où il y aura plusieurs circonscriptions) et pour les petits départements (Basses-Alpes, Hautes-Alpes) qui seront réunis à un autre département, un nombre minimum de représentants, qui pourrait être de 1 pour 100 000 habitants.

Considérons un département de 360 000 habitants; il aura droit au moins à 4 députés; les listes de candidats qui devront être déclarés cinq jours à l'avance à la préfecture, avec obligation pour chaque candidat de ne donner son adhésion qu'à une liste, porteront quatre noms. L'électeur pourra évidemment remplacer le nom d'un ou de plusieurs candidats d'une liste par un ou plusieurs des candidats d'une autre liste.

Pour obtenir le nombre de voix d'une liste, il suffira de totaliser le nombre des voix obtenues par les candidats de cette liste et de prendre la moyenne arithmétique.

Si, par exemple, la liste socialiste obtient les chiffres suivants :

> Jean.. 26 000 voix
> Albert...................................... 25 000   »
> Jules....................................... 23 000   »
> Adolphe..................................... 22 000   »

la liste socialiste aura comme nombre de voix :

$$\frac{26\,000 + 25\,000 + 23\,000 + 22\,000}{4} = 24\,000.$$

Supposons qu'avec diverses listes en présence, on ait les diverses combinaisons possibles. A titre de simple observation, il y a lieu de remarquer que, pour 360 000 habitants, le nombre d'électeurs est d'environ 110 000 et le nombre des votants 90 000. Le total des voix des diverses listes sera toujours en raison des bulletins blancs, nuls ou incomplets, inférieur à 90 000.

Première combinaison :

> Liste radicale...................... 36 000 voix
> Liste libérale...................... 25 000   »
> Liste socialiste.................... 24 000   »

La liste radicale aura deux sièges et ses élus seront les deux candidats arrivant en tête. Les listes libérale et socialiste auront chacune un siège et l'élu sera pour chacune le candidat ayant le plus grand nombre de voix.

Deuxième combinaison :

        Liste radicale...................... 16000 voix
        Liste libérale...................... 17000 »
        Liste socialiste .... 17000 »

La liste radicale aura trois sièges, la liste libérale un siège et la liste socialiste un siège. Le département aurait donc un député de plus. Ceci ne présenterait aucun inconvénient et la légère variation du nombre des députés ci-dessus établi ne doit pas effrayer puisque, par le mode actuel, après chaque recensement, le nombre des représentants varie.

Il pourrait même se faire que, si le nombre des votants était plus élevé et qu'il y ait très peu de bulletins blancs ou nuls, six sièges soient attribués.

Troisième combinaison. — En raison d'un grand nombre d'abstentions, la répartition des voix entre les listes est la suivante :

        Liste radicale...................... 29000 voix
        Liste libérale...................... 18000 »
        Liste socialiste .... 13000 »

La liste radicale aura droit à un siège ainsi que la liste libérale; il restera deux sièges à pourvoir. Ces deux sièges devront être attribués aux plus forts restes. Comme ces restes sont :

        Pour la liste radicale. .... 14000 voix
        Pour la liste libérale.............. 3000 »
        Pour la liste socialiste............ 13000 »

ce sont la liste radicale et la liste socialiste qui bénéficieront chacune d'un siège de plus.

Quatrième combinaison. — Supposons que deux listes seulement soient en présence et que, très exceptionnellement, l'une d'elles obtienne presque toutes les voix :

        Liste radicale .... 76000 »
        Liste libérale...................... 11000 »

Comme le chiffre de 76 000 voix contient 5 fois 15 000, il y aurait 5 représentants à attribuer à la liste radicale. Or, il n'y a eu que 4 candidats. Les quatre candidats seront évidemment élus. Pour le cinquième, il y aura lieu à un scrutin de ballotage, dans lequel sera élu le candidat ayant obtenu le plus de voix. Si la liste ayant obtenu presque toutes les voix avait un nombre de suffrages contenant 6 fois le quotient 15 000, il y aurait lieu, pour désigner les deux représentants, de procéder à un ballotage. Les deux élus seraient nommés au scrutin de liste majoritaire.

Cinquième combinaison. — Si par suite d'abstentions nombreuses et de listes multiples aucune liste n'atteignait comme suffrages le nombre 15 000, ce seraient les quatre listes ayant le plus de voix qui auraient chacune un représentant. Supposons le nombre de voix suivant :

Liste radicale	14 000 voix
Liste radicale-socialiste	12 000 »
Liste progressiste	11 000 »
Liste socialiste	9 000 »
Liste libérale	5 000 »

Le candidat le plus favorisé de chacune des listes radicale, radicale-socialiste, progressiste et socialiste sera déclaré élu.

Ainsi qu'on le voit, tous les cas ont été considérés et c'est la première et la deuxième combinaison qui se produiront habituellement.

Le lecteur pourra se demander comment j'ai choisi pour quotient électoral fixe 15 000?

Je suis parti du principe majoritaire, en vertu duquel le quotient dans le scrutin d'arrondissement actuel est au premier tour la moitié plus un des votants. Or, comme il y a au moins un député à élire pour pour 10 000 habitants, et que 100 000 habitants donnent lieu à un nombre d'électeurs oscillant en général entre 28 000 et 32 000, moyenne 30 000, on peut donc dire que si 15 000 manifestent une opinion déterminée, cette opinion doit être représentée par un élu.

Si l'on décidait que le nombre des députés serait au moins de 1 pour 70 000 habitants, comme dans le projet du gouvernement, le quotient fixe pourrait être fixé à 10 000, car le nombre d'électeurs pour 70 000 habitants est d'environ 20 000; mais, en ce cas, il est évident que le nombre des députés serait plus élevé qu'avec le quotient de 15 000.

M. Paul RAZOUS.

LA PARTICIPATION AUX BÉNÉFICES ET LES ACTIONS DE TRAVAIL.

331.24

1er Août.

Il devient de plus en plus nécessaire de rendre légalement possible à l'ouvrier l'accession du capital et de la propriété. Dans ce but, plusieurs économistes, et notamment M. *Paul Deschanel*, demandent le fonctionnement du crédit ouvrier, mais ce crédit ne peut être accordé qu'aux travailleurs ayant l'initiative et les qualités indispensables pour la création et la direction d'une entreprise. Pour les autres travailleurs, on s'est borné pendant longtemps et l'on se borne encore à préconiser la réalisation de la participation aux bénéfices. Or, cette mesure, que je considère inapplicable dans le plus grand nombre d'entreprises, est notoirement insuffisante. En effet, la participation aux bénéfices exige d'abord de la part de l'ouvrier la connaissance exacte des bénéfices, élément que les patrons, et l'on ne saurait leur en faire un reproche, se décideront bien difficilement à divulguer; ensuite, comment fixera-t-on le taux de cette participation? Quelle part attribuera-t-on aux travailleurs manuels et quelle part donnera-t-on à l'élément dirigeant et à l'industriel lui-même? Ce sont autant de points extrêmement difficiles à résoudre dans la majorité des cas.

Toutefois, pour les entreprises qui appartiennent à l'État, aux départements, aux communes et aux établissements de bienfaisance, pour celles qui reçoivent des subventions des budgets publics ou qui font appel à la garantie de l'État, pour les sociétés anonymes ou autres prévues par la loi du 24 juillet 1867 et le décret du 22 janvier 1868, il serait dès maintenant possible d'accorder aux ouvriers et employés une participation aux bénéfices sous forme de dividendes et une part de propriété de l'entreprise sous forme d'actions de travail.

Les entreprises dont il s'agit sont obligées chaque année ou tous les six mois, en ce qui concerne les sociétés privées soumises à la loi de 1867, d'établir leur situation financière. Il est donc facile, et cela sans inquisition, de connaître les bénéfices réalisés. Pour les exploitations de l'État, le bénéfice industriel serait facilement connu, si le Parlement prenait en considération les remarquables idées, émises par M. Pierre Baudin, dans son livre *Le budget et le déficit*, sur la nécessité de rompre avec le dogme suranné de l'unité budgétaire et d'accorder l'autonomie financière aux entreprises nationales (Postes, Télégraphes et Téléphones, Manufactures de tabacs et d'allumettes, Chemins de fer de l'État).

Les actions de travail, dont M. Aristide Briand, Président du Conseil, est, avec sa haute autorité et son remarquable talent, l'éminent protagoniste, ont donné lieu à plusieurs propositions intéressantes. Je passerai en revue celles dont j'ai eu connaissance et je décrirai ensuite le mode spécial de participation aux bénéfices avec création d'actions de travail qui me semble assez facilement applicable à la catégorie d'entreprises énumérées ci-dessus.

Proposition de M. Naquet. — Il y a 18 ans, dès 1892, M. Alfred Naquet, député de Vaucluse, avait envisagé la possibilité

« d'attribuer au travail une juste participation aux bénéfices des entreprises qu'il contribue à faire prospérer, tout en laissant au capital une marge de gain assez considérable pour ne pas décourager cet esprit d'initiative qui est la base de tout développement industriel et commercial ».

M. Naquet ajoutait que

« en abandonnant une partie des profits qui lui reviennent, le capital retrouverait dans la paix sociale, par la sécurité du lendemain, un surcroît de profits qui le dédommagerait largement ».

M. A. Naquet voyait aussi une garantie contre les excès de la spéculation, de celle qui, à la faveur de dividendes fictifs, peut édifier des fortunes scandaleuses sur des ruines.

Cette proposition fit simplement l'objet d'un rapport favorable. L'idée de M. Naquet resta enfermée dans les cartons; elle ne connut pas les honneurs de la tribune parlementaire.

M. Naquet se proposait de tirer les conséquences de l'art. 36 de la loi de 1867, qui a inscrit l'immixtion de l'État dans la vie des sociétés, en rendant obligatoire une réserve de 5 % à toutes les sociétés anonymes ou en commandite par actions.

La proposition Naquet contenait quatre articles. L'article premier était ainsi conçu : 1º Un prélèvement de $\frac{1}{20}$ sera réservé ainsi qu'il est dit dans l'art. 36 de la loi du 21 juillet 1867;

2º Il sera prélevé ensuite sur ce qui reste une somme à fixer par les statuts de chaque société, mais qui ne pourra excéder 10 %. Cette somme sera destinée à être distribuée au Conseil d'administration ou de surveillance;

3º Jusqu'à concurrence de 6 % du capital nominal, l'excédent appartiendra exclusivement aux actionnaires dont l'assemblée générale pourra décider qu'il y a lieu de le distribuer en tout ou en partie;

4º Au-dessus de 6 % du capital nominal, l'excédent sera partagé entre le capital et le travail.

D'après l'article 2, la part réservée au travail serait en fin d'exercice répartie entre tous les membres du personnel ouvrier au prorata du nombre des heures de travail fournies par chacun d'eux, sans qu'il y ait lieu de tenir compte des différences suivant lesquelles, dans la répartition des salaires, les heures de travail sont rétribuées.

Aux termes de l'article 3, la Société pourrait toutefois, au lieu de distribuer des bénéfices, les employer à diminuer les heures de travail de son personnel par l'augmentation de ce dernier dans une proportion correspondante à la part des bénéfices qui lui reviendrait si elle lui était distribuée.

L'article 4 réglait la situation des sociétés anonymes actuelles, qui étaient obligées de ramener au pair, si elles étaient parvenues à le dépasser, par une augmentation du capital social obtenue par la voie de dédoublement des dites actions.

Idées de M. Briand. — MM. Parsons et Antonelli ont publié récemment dans *la Revue* une étude sur la formation des Sociétés à participation ouvrière qui reflète, disent les auteurs, les idées de M. Briand.

Leur proposition part de ce fait que l'organisation juridique des sociétés anonymes laisse fort à désirer et qu'une refonte de la législation est indispensable.

Aussi demandent-ils la création d'une nouvelle catégorie de sociétés appelées *sociétés à participation ouvrière.*

Cette sorte de société anonyme serait caractérisée par ceci : que l'apport travail est considéré aussi indispensable què l'apport capital, et que les actions se divisent, par conséquent, en deux catégories, les actions de capital et les actions de travail, lesquelles donnent à leurs possesseurs

« des droits identiques pendant toute la durée de la société »,

avec cette réserve cependant qu'à l'époque de la dissolution l'actif commence d'abord par rembourser les actions de capital.

Les actions de travail seraient la propriété collective

« de tous les salariés actifs de la société, la part des bénéfices annuels répartie entre tous les salariés proportionnellement à leur salaire annuel ». _

Le conseil d'administration de l'entreprise devrait comprendre

« dans la proportion d'un quart au moins »,

des représentants de la collectivité ouvrière intéressée.

MM. Parsons et Antonelli estiment que les capitalistes trouveraient dans les sociétés à participation ouvrière les avantages suivants :

D'abord il est certain que le rendement serait accru dans de fortes proportions. Le vice des sociétés anonymes, leur infériorité vis-à-vis des entreprises individuelles, c'est que, privées de la surveillance intelligente et directe d'un patron, [elles voient augmenter leurs frais généraux.

Or, le personnel salarié et actionnaire aura un intérêt évident à réaliser des économies, soit dans l'atelier, soit dans le choix des moyens propres à adapter les conditions de production aux conditions du marché.

Représentés au sein du Conseil d'administration, ils défendraient les actionnaires de capital contre les comptes si souvent fantastiques des administrateurs; ils proposeraient, en outre, des réformes heureuses en vue d'améliorer les frais de production. Ainsi, ils sauvegarderaient les intérêts du capital en sauvegardant les leurs.

Le capitaliste trouverait d'autres avantages à la création des sociétés à participation ouvrière. Il y aura fatalement une suppression des conflits, et même, si un conflit pouvait encore se produire, il est évident que l'idée fixe de l'ouvrier sera de ne pas tolérer ce qui pourrait nuire à l'outillage, d'où suppression du sabotage.

Ce n'est pas tout. Le capitaliste aurait ses chances de risque bien diminuées. A l'heure actuelle, combien de sociétés anonymes qui ne se fondent que pour exploiter le public !

Or, il est facile de comprendre que la participation des salariés au fonctionnement d'une entreprise donnerait au public des garanties sérieuses contre l'escroquerie et le bluff.

Proposition de M. Godard. — M. Godard, député du Rhône, a proposé qu'à l'avenir toute société par actions ait l'obligation légale de constituer une réserve prélevée sur les bénéfices et d'amortir les actions avec cette réserve.

« Tant que les actions ne sont pas amorties, dit M. Godard, elles touchent leur intérêt, la majeure partie du bénéfice qui est leur rémunération et en même temps représente le courtage auquel le capital a droit, puisqu'il fait au travail l'avance de son salaire, puisqu'il le lui escompte.

» Mais une fois ces actions remboursées, il y a une situation qu'il faut bien mettre en relief. On est en présence d'un capital libéré, d'une richesse créée, d'un bien nouveau issu de l'œuvre commune du travail et du capital.

Il doit équitablement appartenir pour égale part à l'un et à l'autre. Pour cela on le leur répartira sous forme d'actions de jouissance ».

Par le procédé préconisé par M. Godard, chaque fois qu'une action est amortie, deux actions de jouissance sont créées : l'une, action de jouissance du capital, est remise au porteur de l'action amortie, l'autre, action de jouissance du travail, est délivrée à la Caisse nationale du Crédit au travail.

Les porteurs d'actions de jouissance travail sont admis au même titre que les porteurs d'actions de jouissance capital aux assemblées générales. Quant à la Caisse nationale de Crédit au travail, elle n'intervient qu'à cause de l'instabilité des travailleurs et son rôle est de collaborer avec les sociétés ouvrières de production et de crédit pour l'utilisation de ses revenus en opérations de banque, de prêt, d'escompte, d'avance aux ouvriers pour achats d'outillages, de subventions de cours syndicaux, d'enseignements techniques, etc.

Proposition de M. Paul-Boncour. — M. Paul-Boncour, député de Blois et actuellement Ministre du Travail et de la Prévoyance sociale, désirerait, par les actions de travail, assurer aux ouvriers une représentation dans les Conseils d'administration des Sociétés.

Mais, à la différence de M. Godard, il ne répartit les actions de travail pas plus entre les ouvriers pris individuellement que collectivement. Il les affecte à la constitution d'un fonds de chômage, parce que, à ses yeux, les dividendes servis seraient insignifiants et ne représenteraient pas grand intérêt pour la classe ouvrière. Le système de répartition porte également en soi le grave inconvénient de séparer les ouvriers et d'en faire une catégorie privilégiée.

M. Paul-Boncour préfère que les actions de travail profitent à l'ensemble de la corporation et soient ainsi destinées à amorcer la Caisse nationale de chômage.

Système de M. Gustave Le Bon. — Dans son ouvrage *La Psychologie du socialisme*, M. Gustave Le Bon indique un système particulier de sociétés par actions patronales et ouvrières qui implique à la fois la participation aux pertes comme aux bénéfices, seule combinaison équitable et par conséquent acceptable. L'action émise à 25 fr, comme certaines actions anglaises, est à la portée de toutes les bourses, et le jour où les travilleurs seraient transformés en capitalistes, intéressés au succès des entreprises, leurs réclamations actuelles n'auraient plus de raison d'être, puisqu'ils travailleraient uniquement pour eux-mêmes. L'ouvrier, qui, pour un motif quelconque, voudrait changer d'usine, n'aurait, comme un actionnaire ordinaire, qu'à vendre ses actions pour reprendre sa liberté. La seule difficulté serait de trouver des gens capables de diriger l'usine, mais l'expérience enseignerait vite aux ouvriers la valeur de ces hommes capables et la nécessité de se les attacher en les rétribuant convenablement.

La grosse difficulté consiste évidemment dans la souscription, qu'on ne peut demander à des ouvriers ne possédant rien, du capital nécessaire pour monter une affaire quelconque, une usine par exemple. M. Le Bon ne voit guère, du moins pour le début, d'autre moyen d'exécution possible que de vendre en totalité ou en partie la propriété d'une usine déjà existante aux ouvriers qui y travaillent, non comme on la vend à des actionnaires, mais en employant des combinaisons qui leur permettent de s'en rendre progressivement acquéreurs. Supposons, par exemple, un propriétaire d'usine voulant mettre son usine en actions pour la vendre à ses ouvriers. Supposons encore qu'il ait toujours payé ces derniers 5 fr par jour. Admettons qu'il ne les paie plus désormais que 4,75 fr ou 4,50 fr et que la somme payée en moins soit versée au compte de chaque travailleur jusqu'au jour où le total des petites sommes journellement retenues forme une action de 25 fr. Cette action productive de dividendes serait déposée dans une caisse publique au nom de son possesseur, avec la stipulation qu'il pourra en toucher les coupons à sa guise, mais non la vendre avant un certain nombre d'années, de façon à lui ôter la tentation de s'en défaire. En continuant ainsi la même opération, l'ouvrier possèderait bientôt un nombre d'actions plus ou moins considérable, dont les revenus finiraient par compenser la réduction de son salaire, et il constituerait une rente pour sa vieillesse. Il serait alors devenu un rentier sans aucune intervention de l'État. L'effet moral ainsi obtenu serait supérieur encore pour l'ouvrier aux avantages matériels. Il considérerait avec raison l'usine comme sa propriété personnelle et s'intéresserait à son succès. Assistant aux assemblées d'actionnaires, il apprendrait d'abord à comprendre, puis à discuter les affaires. Il saisirait bientôt le rôle du capital et l'engrenage des nécessités économiques. Devenu lui aussi un capitaliste, il cesserait d'être un simple manœuvre. Finalement il serait sorti de sa sphère étroite, de son horizon borné. L'alliance entre le capital et le travail se serait graduellement substituée à l'antagonisme qui règne aujourd'hui entre eux. Des intérêts actuellement en lutte seraient fusionnés.

On peut signaler comme se rattachant aux idées de M. Gustave Le Bon le système essayé par un grand constructeur de navires d'Angleterre, Sir Christopher Furness. Ce chef d'entreprise a constitué, par une retenue de 5 % sur les salaires, des actions de travail qui rapportent 4 % par an, qu'il y ait ou non des bénéfices à la fin de l'année. Et, dans le cas de distribution de dividendes, ces actions de travail participent à la répartition dans les mêmes conditions que les actions de capital.

Mode spécial proposé. — Afin de faciliter la compréhension du système que je propose, je vais l'exposer en prenant l'exemple d'une entreprise créée au capital entièrement versé de 500 000 fr. Je supposerai que cette entreprise a distribué, dans l'année qui suit la création, un total d'appointements et salaires s'élevant à la somme de 300 000 fr.

Un prélèvement de 20 % (minimum exigé par le décret du 22 janvier 1868) pour le fonds de réserve réduit à 80 000 heures le bénéfice à partager.

Soit 100 000 fr le total de bénéfices, réalisés dans la première année d'exploitation.

Un intérêt de 5 % serait d'abord versé aux actionnaires, soit :

$$\frac{500\,000 \times 5}{100} = 25\,000^{\text{fr}}.$$

Les ouvriers ont apporté dans l'entreprise leur capital travail, qui doit également être rémunéré au même taux que le capital argent, et qui, par conséquent, doit recevoir un intérêt de 2,5 % ; c'est bien 2,5 % et non 5 % qui doit être donné, puisque le salaire annuel, se répartissant sur toute l'année, peut être considéré comme condensé au milieu de l'année.

Cet intérêt de 2,5 % aux ouvriers prendra donc sur les bénéfices :

$$\frac{300\,000 \times 2,5}{100} = 7\,500^{\text{fr}}.$$

Il reste, après cette première distribution :

$$80\,000 - (25\,000 + 7\,500) = 47\,500^{\text{fr}}.$$

Ces 47 500 fr seraient distribués aux ouvriers et aux actionnaires proportionnellement au capital argent versé et aux salaires reçus. Les sommes attribuées aux ouvriers pourraient être laissées totalement ou partiellement dans l'entreprise et constitueraient des actions de travail.

Dans l'exemple choisi, la répartition des 47 500 fr conduirait à un versement aux actionnaires d'un dividende de :

$$\frac{47\,500 \times 100}{800\,000} = 5,9375 \text{ pour } 100,$$

dividende qu'ils pourraient laisser où non dans l'entreprise.

Les ouvriers recevraient des actions dont le montant correspondrait aux $5,9375\ \%$ du salaire qu'ils ont reçu. Un ouvrier, qui aurait reçu comme salaire 1600 fr, aurait une part d'action de $\dfrac{1600 \times 5,9375}{100} = 95$ fr.

Ce serait le conseil d'administration qui déciderait si les 95 fr dont il s'agit seraient laissés dans l'entreprise comme action de travail ou remis immédiatement aux ouvriers.

Tel est le schéma d'un système de participation aux bénéfices avec création d'actions de travail qui me paraît à même de réunir les éléments capital et travail, dont l'union est indispensable pour le succès des entreprises et pour la paix sociale.

PÉDAGOGIE ET ENSEIGNEMENT.

MLLE EXTRAIT,

Sous-Directrice de l'École des Aveugles du Rhône,
Rapporteur au Congrès des Typhlophiles (mai 1910) (Paris).

ET

M. V. LAFONTAINE,

Directeur de l'Institution des Sourds-Muets et des Aveugles du Rhône,
Membre du Comité permanent d'études pour l'Assistance aux Aveugles,
Rapporteur au Congrès des Typhlophiles (mai 1910) (Paris).

L'ENSEIGNEMENT DES ANORMAUX SENSORIELS
(SOURDS-MUETS ET AVEUGLES).

371-91-92

6 Août.

Dans le dernier paragraphe de son article 4, la loi du 28 mars 1882, sur l'obligation scolaire stipulait qu'un règlement interviendrait pour déterminer les moyens d'assurer l'instruction primaire aux enfants sourds-muets et aux aveugles.

Ce règlement n'a jamais été fait et des statistiques nombreuses ont prouvé que beaucoup de sourds-muets et d'aveugles échappent à l'obligation. D'ailleurs, pour beaucoup de petits Français, les pouvoirs publics constatent avec peine le peu d'efficacité des mesures prises pour les astreindre à l'observation de la loi. Faut-il toujours admettre l'indifférence ou le mauvais vouloir des familles? A côté des causes nombreuses qui nuisent à la fréquentation des écoles ordinaires, n'en faut-il pas reconnaître une plus grave puisqu'elle peut être imputée à l'État lui-même : nous voulons parler de l'absence des écoles publiques spéciales.

Nul, en effet, n'admet plus pour tous les enfants la possibilité de suivre indistinctement les programmes de l'enseignement primaire. Alors qu'à l'étranger, depuis longtemps, cette vérité pédagogique était, non seulement admise, mais encore appliquée, en France, seules des tentatives isolées ont essayé de créer *l'école sur mesure* comme le disait encore récemment M. le Pr Chabot. Ce n'est qu'en 1904 qu'une Commission présidée par M. Léon Bourgeois, fut instituée au Ministère de l'Instruction publique, afin d'étudier les moyens propres à assurer l'instruction primaire à tous les enfants anormaux y compris les sourds-muets et les aveugles. Dès le 13 juin 1907, le Gouvernement déposa à la Chambre des Députés un projet de loi qui aboutit, pour la partie intéressant les anormaux et les arriérés éducables, à la loi du 15 avril 1909, dont nous constatons déjà le bon effet par la création de plusieurs classes de perfectionnement.

Encore une fois, la question des sourds-muets et des aveugles était réservée et l'oubli de la loi de 1882 n'était pas réparé. Les mesures, déjà prévues par la Convention, seraient-elles encore retardées et les anormaux sensoriels, les plus intéressants, resteraient-ils en dehors du progrès ?

Non, heureusement ! Le 22 mars 1910, le projet rapporté par M. Chautard a été adopté à l'unanimité par la Chambre des Députés.

Il semble donc que nous allons enfin entrer dans le domaine de la réalisation des améliorations rêvées par tous ceux qui, sans parti pris, veulent donner à tous les enfants l'éducation et l'instruction appropriées à leur état intellectuel ou physique. Nous l'espérons et cependant nous craignons un retour offensif des contempteurs du passé. qu'ils nous permettent de résumer en quelques lignes la situation actuelle; ce sera, nous le pensons, la meilleure manière de montrer ce qu'il faut faire, certains d'être compris et approuvés dans un Congrès qui recherche le mieux sous toutes ses formes.

Situation actuelle. — *a. Établissements publics.* — Les anormaux sensoriels reçoivent l'enseignement dans 6 établissements publics et 82 privés, 60 pour les sourds-muets et 22 pour les aveugles.

Les premiers sont admis à l'Institution nationale de Paris, rue Saint-Jacques (garçons), à celle de Bordeaux (filles), à Chambéry et Pont-de-Beauvoisin (garçons et filles). Les aveugles entrent à l'Institution nationale de Paris, boulevard des Invalides; le département de la Seine envoie ses sourds-muets à l'établissement départemental d'Asnières et ses aveugles à l'École Braille, à Saint-Mandé.

Ces écoles, bien installées et organisées, pourvues du confort scolaire, ayant un personnel enseignant de tout premier ordre, sont, à titres divers, des modèles. Les pensions y sont très élevées et varient de 1000 fr à 1500 fr par élève.

Malgré les résultats obtenus par chacune d'elles, malgré le glorieux passé de certaines déjà anciennes, nous nous demandons si tout est bien dans le meilleur des mondes.

Nous laisserons de côté pour aujourd'hui le développement de nos idées sur le rôle que nous voudrions réserver aux Institutions nationales et nous nous demanderons simplement si elles sont suffisantes.

Poser la question, n'est-ce pas la résoudre? Non seulement, les écoles nationales ont des places vacantes, mais encore, d'après les statistiques les plus récentes, sur les 4000 sourds-muets et les 2500 aveugles en âge de scolarité, environ 500 sourds-muets et 200 aveugles ne fréquentent aucun établissement. Pourquoi tous ces enfants ne sont-ils pas des écoliers? En premier lieu, des places sont vacantes dans les écoles nationales parce que celles-ci, trop peu nombreuses ont un recrutement trop étendu, les familles hésitent parfois à se séparer de leurs enfants en les envoyant à des centaines de kilomètres. Alors qu'on cherche à multiplier les asiles de vieillards pour laisser ces derniers le plus près possible du milieu dans lequel ils ont vécu ou de la famille qui souvent ne veut pas s'occuper d'eux, peut-on songer humainement à éloigner des enfants qui, tous, ont une famille où ils devront revenir plus tard?

D'autre part, nous nous demandons si les institutions nationales répondent bien aux besoins variés de leurs élèves. Sans insister, un exemple nous suffira pour expliquer notre pensée. Il est reconnu que l'Institution nationale des aveugles forme surtout des accordeurs et des musiciens, l'enseignement des professions dites *manuelles* y tient une place bien modeste. Or, tous les enténébrés doivent-ils et peuvent-ils être des musiciens et des accordeurs? Évidemment non, et dans toutes les écoles de province, nous avons eu des élèves, renvoyés de l'Institution nationale pour incapacité, qui ont fait de bonnes études primaires, ont appris les métiers accessibles aux aveugles et ont ensuite gagné fort honorablement leur vie.

Des écoles publiques plus nombreuses et accessibles à tous les sourds-muets et aveugles sont donc nécessaires. Nous disons écoles publiques, car pour être un peu complets dans cet exposé qui demanderait un développement très long, il nous faut jeter un coup d'œil sur les écoles privées actuelles.

b. Écoles privées. — Sauf quelques établissements plus ou moins subventionnés par les pouvoirs publics et auxquels un budget insuffisant, mais régulier, permet un fonctionnement presque normal, les autres écoles sont forcément des agglomérations d'aveugles ou de sourds-muets. Elles subsistent et s'organisent comme elles le peuvent suivant leurs modiques ressources, tenant à la fois de l'école et de l'asile-ouvroir. Dans beaucoup de ces établissements, l'effectif souvent restreint ne permet pas une véritable organisation scolaire avec les professeurs et le matériel nécessaires à un bon enseignement.

Depuis la disparition des congrégations, le recrutement du personnel enseignant est de plus en plus difficile et tend à devenir impossible, exception faite pour les maîtres aveugles sortis de l'Institution nationale ou des meilleures institutions privées. Pour les anciens religieux, l'enseignement des aveugles et des sourds-muets n'est qu'un moyen qui peut leur faciliter l'admission dans les écoles publiques ordinaires. Ce sont généralement de bons maîtres; mais ils deviennent de plus en plus rares, car ils s'empressent d'abandonner une situation aléatoire et précaire pour se placer sous l'égide de l'État.

Pour d'autres, maîtres occasionnels, instruire de malheureux anormaux est un pis aller; ils ne s'y résignent que poussés par la nécessité :

il faut vivre, leur instruction et leurs aptitudes médiocres ne leur permettent pas d'obtenir mieux. Ils entrent en fonctions ignorant le plus souvent les difficultés de la tâche qu'ils assument; ils ne se spécialisent qu'à la longue, au grand détriment des élèves.

Avons-nous là les maîtres et les éducateurs qu'il nous faut pour un enseignement que l'infirmité des enfants et leurs besoins spéciaux rend plus délicat et plus difficile, pour remplir une tâche qui demande, outre des connaissances pédagogiques approfondies, un dévouement à toute épreuve et vraiment inlassable?

Nous sommes convaincus du contraire si nous examinons les résultats obtenus dans ces écoles parfois si peu dignes du nom, dans lesquelles après avoir assuré d'abord et forcément la vie matérielle des élèves, on croit avoir beaucoup fait parce que le maigre budget ne permet guère davantage.

Là, où, plus que partout ailleurs, l'ordre et la méthode seraient si nécessaires, le personnel instable ou incapable dont nous venons de parler fait de l'instruction et de l'éducation à bâtons rompus. On vit au jour le jour, trop absorbé par le souci du lendemain pour songer sérieusement à l'avenir lointain des enfants; leurs aptitudes y sont développées à l'aventure sans préoccupation de l'utilité pratique de ce développement, des apprentissages s'ébauchent et ne s'achèvent pas. Tel aveugle prend un brevet parce qu'il est intelligent, qu'un maître s'en est aperçu et a bien voulu le pousser dans ses études; il est maladroit, affligé de tics qui le rendent implaçable, mais personne n'y a pris garde. Tel sourd-muet abandonne l'apprentissage de la menuiserie et commence celui de la cordonnerie parce que des raisons quelconques, souvent budgétaires, ne permettent pas de continuer dans l'école l'apprentissage du premier métier. Après 8 ou 10 ans, souvent moins, de prétendue scolarité, ces malheureux sortent de la maison qui les a élevés, et les voilà jetés dans la vie, sans appui et sans ressources. Quelques-uns, les plus habiles, les plus intelligents, les privilégiés arrivent à gagner péniblement leur vie; les autres essayent de lutter en exécutant à vil prix les travaux qu'on ne leur confie qu'avec méfiance; mais leur bonne volonté et leur énergie sont impuissantes; ils retombent à la charge de leur famille ou entrent à l'hospice.

Nous ne parlerons pas de ce qui se passe dans quelques établissements que nous voulons croire de plus en plus rares et dans lesquels végètent dans l'ignorance et l'inaction de pauvres enfants dont l'infirmité est même quelquefois, exploitée d'une façon honteuse : des aveugles mendient ou sont montrés pour stimuler la charité publique et récolter le pain quotidien; de pauvres sourdes-muettes, par un travail au-dessus de leurs forces, par de longues heures de couture, obtiennent une nourriture distribuée avec parcimonie. Ce sont des faits connus, trop tristes pour qu'il soit besoin d'y insister.

N'est-il pas regrettable de constater encore à notre époque et dans notre France généreuse de telles iniquités? La mère patrie ne serait-elle qu'une marâtre pour ses enfants infirmes? Nous ne voulons pas le croire; il ne faut plus de parias dans notre belle famille française. Les anormaux sensoriels sont-ils moins intéressants que leurs petits compatriotes entendants et clairvoyants? Il n'en est rien.

Les anormaux sensoriels sont éducables. — Beaucoup de sourds-muets et la plupart des aveugles n'ont d'autre tare que leur infirmité. L'esprit d'observation et l'adresse si développés chez les premiers, la force d'attention et de réflexion, l'heureuse mémoire des seconds, compensent en grande partie leur infirmité. Si les débuts de l'instruction sont lents, les résultats sont cependant certains. Si nous leur donnons l'éducation professionnelle parallèlement à l'instruction, nos aveugles deviennent des musiciens, parfois de véritables artistes, des accordeurs émérites; ils apprennent le massage, la brosserie, le cannage et l'empaillage des sièges, la fabrication des matelas et des objets en perles, la vannerie, la fileterie. Nos sourds-muets font d'excellents agriculteurs, des graveurs, des dessinateurs de talent, des cordonniers, des menuisiers, des ébénistes, des tailleurs, des typographes, des peintres émailleurs, etc.

Ils cessent d'être des non-valeurs et deviennent de bons citoyens, connaissant et remplissant leurs devoirs; ce ne sont ni des malades, ni des incapables. Ils ont droit à la vie normale et nous demandons leur relèvement social par une éducation convenable. Cessons de leur offrir des hôpitaux, des asiles ou des aumônes. Donnons-leur des écoles dans lesquelles les maîtres, les programmes, l'outillage seront adaptés à l'infirmité des élèves; l'enseignement y sera basé sur les programmes primaires, mais l'élasticité qui leur sera laissée permettra de tenir compte des dispositions personnelles et du profit que chaque enfant en tirera si on les développe et les complète : les qualités intellectuelles, morales, physiques même, la situation de la famille, les ressources industrielles ou commerciales de la région entreront en ligne de compte pour le choix de la profession.

Les écoles publiques nouvelles. — Ces établissements, publics et régionaux, seront établis dans de grands centres. L'approvisionnement des ateliers et l'écoulement de leurs produits, le perfectionnement des accordeurs et des musiciens par l'entrée chez un grand facteur et l'audition fréquente de concerts artistiques, la direction de docteurs expérimentés guidant les masseurs, ne se rencontreront que dans les grandes villes. Si nous ne voulons pas vouer, malgré eux, nos sourds-muets à l'agriculture ou les obliger, par nécessité, à l'apprentissage des quelques métiers enseignés à l'école, ne faudra-t-il pas leur donner la profession qui répond le mieux à leurs aptitudes ou qu'ils exerceront plus tard avec goût parce qu'ils l'auront choisie? et pour cela, l'apprentissage chez les commerçants et les industriels de la ville ne semble-t-il pas indiqué dans bien des cas?

Le recrutement régulier des élèves sera assuré par des bourses d'entretien considérées non plus comme une faveur obtenue à la suite de démarches difficiles et longues, mis comme un véritable droit. L'État, les départements, les communes, dans une proportion déterminée et selon leurs ressources respectives fourniront leur quote-part de ces bourses.

Quant aux professeurs, leur tâche devant être délicate et complexe, il va de soi qu'ils seront recrutés non au hasard, mais parmi l'élite et préparés avec soin et méthode à l'enseignement spécial auxquels ils se destinent.

Conclusion. — En résumé, l'organisation de l'enseignement des sourds-muets et des aveugles demande une réforme complète; tous ces Français seront soumis à l'obligation scolaire et à un développement qui fera d'eux des forces vives pour la nation.

Le Gouvernement se montre désireux de contribuer à la création d'écoles publiques puisqu'il a pris l'initiative du projet Chautard fixant la part de l'État dans les dépenses à engager. Ce dernier ne peut pas se désintéresser des programmes et des méthodes; il doit fournir un personnel enseignant spécialisé et bien préparé. Enfin, l'enseignement des anormaux sensoriels ne doit plus relever du domaine d'une charité plus ou moins déguisée; dans l'intérêt même de la collectivité, il constitue un devoir social au même titre que l'éducation des autres enfants.

Le projet Chautard, rappelant en plusieurs points la loi du 15 avril 1909 donne à l'enseignement des sourds-muets et des aveugles les moyens budgétaires et l'organisation pédagogique désirables.

Pour ces raisons, le Congrès de l'Association française pour l'avancement des sciences, section de Pédagogie, réuni à Toulouse du 1er au 7 août 1910, continuant la série des études commencées dans les Congrès précédents.

Émet le vœu

Que le Sénat ratifie le plus tôt possible le projet de loi, dit projet Chautard, présenté à la Chambre des Députés par le Gouvernement, et voté à l'unanimité dans la séance du 22 mars 1910.

M. DESNOYERS,

Professeur d'Écriture (Paris).

DE LA NÉCESSITÉ DE DONNER UNE BONNE ÉCRITURE AUX ENFANTS.

372.51

2 *Août.*

Je tiens à dire quelques mots seulement sur un sujet bien simple en apparence, mais qui a bien son importance. Vous savez la guerre qu'a livrée l'écriture droite à l'écriture penchée et les inquiétudes qu'elle a causées aux hygiénistes et au monde des affaires. Vous n'ignorez pas non plus que ces deux écritures ont été examinées avec le plus grand soin par les hommes les plus qualifiés pour cela, et qu'après les études expérimentales faites par les médecins composant la Commission d'études de la Ligue de l'écriture nationale, l'avantage au point de vue de l'hygiène est resté à l'écriture penchée. La presse a dû vous faire savoir également que des parlementaires appartenant au corps médical du Sénat et délégués par la Ligue de l'écriture nationale, se sont rendus à deux reprises différentes près du Ministre de l'Instruction publique, la première fois pour lui faire connaître les conclusions de la Commission d'études qui sont loin d'être favorables à l'écriture droite, la seconde fois pour lui communiquer un referendum adressé au professeur d'écriture de la Seine, et par lequel ils affirment que le commerce ne veut pas de l'écriture droite parce qu'elle n'est pas assez rapide.

L'introduction de l'écriture droite dans nos écoles publiques prouve donc surabondamment que si l'instituteur avait été suffisamment instruit sur cette branche de l'enseignement, il n'aurait jamais essayé l'écriture droite.

Vous voyez donc que lorsque les parlementaires, délégués par la Ligue, ont demandé au Ministre que l'écriture reçoive une direction officielle, ils avaient absolument raison.

Il ne faut pas que les enfants des écoles publiques soient sur ce point inférieurs à ceux de la concurrence, car vous savez aussi bien que moi que le jeune homme qui sollicite un emploi dans un bureau a peu de chance d'aboutir s'il écrit mal. C'est donc une chose utilisable dont il faut pourvoir tous les enfants puisqu'elle leur facilitera l'accès à une carrière qui exigera une bonne écriture.

On est étonné que l'écriture soit si négligée, elle est pourtant en tête des programmes de l'enseignement primaire. Tout le monde devrait bien écrire. Quel désarroi une écriture illisible jette dans les affaires, que de malentendus, que de fausses manœuvres, que de retards seraient évités si les écritures étaient bien lisibles. Quel est celui de nous qui n'a pas perdu un temps précieux à déchiffrer des hiéroglyphes énervants qu'on lui a adressés. Et les signatures donc ! Bismarck qui se rappelait du désastre de Waterloo causé par la mauvaise écriture de Napoléon 1er, exigeait que ses officiers aient une bonne écriture, il punissait même ceux qui ne signaient pas lisiblement. Il aurait bien dû faire un petit stage dans nos administrations, car il est impossible de lire les noms des signataires qui figurent sur les pièces émanant des ministères, des préfectures, etc.

Au lieu de s'appliquer à relever le niveau de l'écriture, on s'en désintéresse de plus en plus. Voilà plus de 25 ans que je demande aux 3 directeurs de l'enseignement primaire qui se sont succédé dans le département de la Seine, que l'on ajoute une ligne de chiffres sur l'épreuve d’écriture du brevet élémentaire, et vous voyez qu’elle n’y figure pas encore. Pourtant les chiffres ont une importance encore plus grande que les lettres. Dans un mot, ce qui précède et ce qui suit une lettre mal faite peut faire deviner le mot, mais rien ne peut faire deviner un chiffre. Une telle négligence n’est pas excusable.

Dans les écoles normales, le cours d’écriture est confié à n’importe qui, c’est à celui qui veut bien s’en charger. Aussi il est bien difficile à l’instituteur d’enseigner convenablement ce qu’on lui a appris très imparfaitement. Comment pourra-t-il choisir la méthode et le matériel qui mettront les enfants à l’abri des attitudes vicieuses? Saura-t-il leur enseigner le mécanisme qui réduit au minimum la fatigue musculaire et qui leur évite certaines infirmités?

Vous voyez bien que les leçons d’un spécialiste s’imposent, et que, dans l’intérêt de la conservation de la race et de notre écriture, l’on ne peut qu’approuver les démarches que les délégués de la Ligue ont faites près du Ministre.

Si, comme il faut l’espérer, on donne une direction officielle à l’enseignement de l’écriture, les membres du Congrès de la protection de l’enfance (Bordeaux 1895) verront leurs vœux réalisés.

On commencera par faire le tri des méthodes, et l’on ne verra plus d’enfants initiés à l’écriture par le tableau noir. Ce sera le retour du cahier modèle et en même temps celui de notre belle écriture. C’est, en effet, à l’abandon du cahier modèle que l’on doit la dégringolade de l’écriture; il n’est pas utile d’être grand expert pour prouver que la leçon d’écriture donnée exclusivement au tableau noir, c’est du temps perdu pour le maître et l’élève, et du papier gâché.

Si, vous le voulez bien, je vous proposerai de vous associer au vœu du Congrès de Bordeaux, qui est celui-ci :

Toute méthode pédagogique ayant quelque rapport avec l’hygiène, ne devra pénétrer dans les écoles qu’après autorisation du Conseil supérieur de l’hygiène publique.

A la suite de cette communication, le Président de la Section a mis aux voix le vœu suivant, qui a été adopté à l’unanimité.

Pour éviter les attitudes vicieuses qu’occasionnent les mauvaises méthodes d’écriture, la Section de pédagogie émet le vœu que le Ministre de l’Instruction publique donne à l’enseignement de l’écriture une direction officielle, afin que l’instituteur enseigne à ses élèves l’écriture penchée exigée par l’hygiène et les besoins de la vie.

M. J. JARRICOT,

Chef de Laboratoire à la Faculté de Médecine (Lyon).

CONSULTATIONS DE NOURRISSONS ET ÉCOLES NORMALES D'INSTITUTRICES.

373.1 : 613.951

5 *Août.*

Je ne viens point défendre des idées neuves à proprement parler, mais des idées auxquelles nous n'avons pas encore coutume de faire une part assez large dans nos spéculations et dans les réalisations de notre vie sociale.

La première a trait à la nécessité d'enseigner la manière d'élever les petits enfants.

Du fait que la génération dont nous faisons partie existe sans que les générations qui l'ont précédée se soient soucié beaucoup de l'hygiène infantile, on incline facilement à croire que la puériculture moderne n'apporte rien d'essentiel, qu'elle se borne à mettre un peu de méthode dans la fantaisie des pratiques millénaires.

Je n'ai pas à démontrer combien cette opinion est inexacte. Les règles les plus importantes de la puériculture scientifique reposent sur des acquisitions récentes et sur des lois très élevées de la biologie : telles les règles qui régissent l'estimation des rations alimentaires du nourrisson en fonction de sa surface corporelle. Ces règles vont d'ailleurs le plus souvent à l'encontre des pratiques courantes, preuve excellente qu'elles ne résument point l'opinion commune. Il est facile, d'autre part, de mettre en lumière la valeur des idées nouvelles en matière d'hygiène infantile.

Aucun des enfants apportés pour la première fois à une consultation de nourrissons n'est élevé avec méthode. Médecin depuis plusieurs années d'une Goutte de lait lyonnaise, jamais encore je n'ai rencontré une jeune femme du peuple ou de la petite bourgeoisie sachant pourquoi et comment il convient de réglementer les prises de lait d'un nouveau-né. Il ne s'agit pourtant pas là d'un défaut de connaissances générales auquel peuvent suppléer les connaissances pratiques des aïeules. L'analyse de toutes les statistiques mortuaires est concordante et démontre que plus de la moitié des petits enfants qui succombent chaque année pourraient ne pas mourir puisqu'ils succombent à des maladies théoriquement évitables et pratiquement évitées dans les familles où la mère est guidée par les conseils d'un médecin qu'intéresse l'hygiène infantile.

Je n'alourdirai pas cette note de calculs et de moyennes; je veux pourtant apporter quelques précisions à cette idée importante.

En chiffres ronds (¹), actuellement les naissances françaises annuelles oscillent autour de huit cent mille unités et les décès des enfants de moins d'un an autour de cent mille, trente à quarante mille de ces derniers étant dus à la gastro-entérite. Dans les œuvres de Consultations de nourrissons du type Budin (²), la mortalité globale tombe à 4,5 pour 100 et la mortalité par gastro-entérite à zéro. Comme ces résultats, identiques partout, sont obtenus dans des villes différentes, à Paris et à Lyon, par exemple, par des médecins différents par conséquent et parmi des populations dont les seuls points de ressemblance sont la misère et l'épaisse nuit intellectuelle où elles végètent, il apparaît que ce qui est en cause et fait ainsi merveille est, bien uniquement et sûrement, la valeur des principes de puériculture adoptés et appliqués.

De là à conclure qu'il est nécessaire d'aider à la diffusion de ces notions en éduquant les mères et les futures mères de familles, il n'y a qu'un pas et la logique, ce me semble, autorise à la franchir.

La seconde idée que je viens défendre est la nécessité de donner un enseignement de puériculture non point seulement théorique mais complet, c'est-à-dire un enseignement dans lequel une part très large soit faite à la pratique, aux manipulations.

Est-ce à dire, j'ai hâte de répondre à cette objection, qu'il faille recourir pour cela à une organisation complexe, coûteuse, toute à créer? En aucune manière. Comme je l'ai exposé dans une note au IIIᵉ Congrès d'Éducation familiale (³) et précédemment aussi dans un rapport à M. le Préfet du Rhône (⁴), il suffit de mettre à la base du nouvel enseignement la véridique leçon de choses que constituent les Consultations de nourrissons. Pour convaincre, il suffit, en effet, d'opposer une série d'enfants élevés de façon rationnelle à une série égale d'enfants élevés sans méthode, et c'est là chose permise à chaque séance de consultations. Or convaincre, c'est gagner la partie. Convaincre, par exemple, de la nécessité d'apprendre les règles générales de l'alimentation, c'est intéresser au plus haut point à l'enseignement de l'hygiène infantile et cet intérêt est le gage du succès.

(¹) Discours de M. Mirman à l'Assemblée générale de la Ligue contre la mortalité infantile. *(Revue de puériculture*, nº 5, 1910).

(²) J. JARRICOT. — Rôle social et pratique du fonctionnement des Consultations de nourrissons et des Gouttes de lait (Jeannin, Trévoux, 1909). Récompensé par l'Académie de Médecine d'une médaille de vermeil (Hygiène de l'enfance) et d'une mention honorable au prix Clarens. Je saisis cette occasion de remercier de sa souscription l'Association française. Je remercie également de sa généreuse subvention la Ligue contre la mortalité infantile qui m'a fait le grand honneur de distribuer ce livre aux Inspections départementales de l'Assistance publique.

(³) Sur l'enseignement appliqué de l'hygiène infantile dans les consultations de nourrissons. Rapport présenté à la VIIᵉ Section du IIIᵉ Congrès d'Éducation familiale (VII-65-6) (Groemaere à Bruxelles, 1910).

(⁴) Rapport à M. le Préfet du Rhône sur l'école limousine des mères et sur la création d'une œuvre analogue à Lyon (Jeannin, à Trévoux, 1909).

Inversement, d'ailleurs, les Consultations de nourrissons permettent de vérifier l'exactitude des données de l'enseignement théorique. Tout ne peut pas être dit à la Consultation. Une partie de l'enseignement doit être donné à l'école. Or il est important que cette partie de l'enseignement n'apparaisse en aucune manière comme discutable aux yeux de l'écolière ou de la jeune fille dont les parents de la génération actuelle ont de la tendance à railler les préoccupations nouvelles. A la Consultation, la future mère de famille est mise aux prises avec la réalité, et la réalité est toujours telle qu'elle justifie avec éclat les mille précautions de l'hygiène infantile et les lois qui les fondent. Là aussi, au surplus, la jeune fille apprend le relatif, c'est-à-dire comment il convient d'appliquer aux cas particuliers avec souplesse les règles absolues.

En somme, à mon avis, et c'est une opinion qui gagne chaque jour du terrain (¹), la consultation de nourrissons est un organisme nécessaire à l'enseignement de la puériculture.

J'arrive à une troisième idée et la prends encore dans mon rapport de 1909 de M. le Préfet du Rhône (²). Le besoin d'un enseignement complet théorique et pratique, se fait particulièrement sentir chez les personnes que leurs fonctions amènent à enseigner elles-mêmes l'hygiène infantile, c'est-à-dire chez les institutrices (³). Non seulement, en effet, les institutrices doivent pouvoir satisfaire aux exigences des nouveaux programmes, mais il est d'usage qu'elles soient, aussitôt investies de leurs fonctions et particulièrement à la campagne, questionnées sur des points de pratique par les mères de famille. Il est désirable qu'elles soient à même de donner

---

(¹) « La consultation de nourrissons est le plus merveilleux cours d'adulte qui puisse être institué » P. Strauss.

« ... Que l'enseignement de la puériculture soit fait à l'école primaire non seulement théoriquement mais pratiquement, soit que la consultation ait lieu à l'école en présence des fillettes de 10 à 14 ans, soit que ces fillettes soient convoquées aux consultations et y prennent une part active.» Vœu présenté au IIIᵉ Congrès de l'éducation familiale (Bruxelles, 1910) par Mᵐᵉ M. Th. Pierre Budin (VII-65-5). Les consultations de nourrissons, etc.

Il serait aisé de multiplier les exemples. Ainsi, M. le Dʳ Ausset, à qui la puériculture doit tant dans le Nord, et dont la compétence est connue, partage ces mêmes idées (Bilan des consultations de nourrissons. *Revue philanthropique*, 1909.) Déjà du reste, nombre d'esprits indépendants et clairvoyants ont passé à la pratique et font coopérer aux consultations les jeunes filles des ordres primaires et primaires supérieures (*voir* IIIᵉ Congrès d'Éducation familiale, VII-65-5).

(²) Déjà cité.

(³) Au moment même où le présent rapport était présenté au Congrès de l'Association française, à Toulouse, le IIIᵉ Congrès international d'Hygiène scolaire (Paris, 2-7 août, 1910) émettait le vœu suivant : « ... 6⁰ que la puériculture dans tous ses chapitres soit enseignée à toutes les maîtresses et élèves-maîtresses et que cet enseignement soit donné par des médecins; que dans les écoles de filles la puériculture du premier âge fasse partie intégrale de l'enseignement obligatoire dans toutes les écoles primaires et que cet enseignement soit sanctionné par des examens. »

un conseil judicieux et il faut pour cela qu'elles connaissent autrement qu'en théorie l'hygiène infantile et ses problèmes délicats. Il est nécessaire qu'elles aient manipulé déjà, qu'elles aient manié de jeunes enfants, qu'elles aient pris contact antérieurement avec les mères de famille et sachent leur inspirer confiance par des démonstrations immédiates de leur éducation technique (¹).

Peut-on obtenir ce résultat sans que les institutrices aient fréquenté les Consultations de nourrissons? L'expérience n'autorise qu'une seule réponse.

La question qui se pose alors est de savoir ce qu'il convient pratiquement de faire en ce qui concerne les Écoles normales d'institutrices.

Faut-il conduire les jeunes filles à une Consultation quelconque? Est-il préférable d'adjoindre une Consultation à chaque école normale?

Pour ma part, j'estime que c'est à ce dernier parti qu'il convient de s'arrêter, sauf dans le cas exceptionnel où un concours de circonstances permet d'utiliser une œuvre déjà existante, bien organisée et loyalement accueillante.

Il peut sembler singulier que je fasse ces réserves. L'expérience montre qu'elles sont justifiées.

Dans les villes, là par conséquent où vivent les écoles normales d'institutrices, les Consultations de nourrissons-Gouttes de lait appartiennent à des œuvres de bienfaisance. Généralement il existe un cercle, un comité de dames et de jeunes filles du monde qui a décidé d'ouvrir une Goutte de lait, a réuni les fonds nécessaires et s'est adjoint, pour la Consultation, un concours médical. Ce comité constitue l'Œuvre et participe pratiquement à son fonctionnement, c'est-à-dire que dames et jeunes filles pèsent les enfants, établissent les courbes de poids, tiennent les registres, assistent le médecin, bref font elles-mêmes, parce que cela leur plaît et les intéresse, toutes les manipulations que comporte le fonctionnement régulier d'une Consultation. Ces mêmes personnes qui composent les comités, accepteraient-elles de se retirer devant les nouvelles venues, les élèves maîtresses? J'ai des raisons d'en douter. Je crois que l'on ne peut guère espérer au delà du vœu que j'ai formulé au XIVe Congrès d'Éducation familiale (²) : permettre aux grandes jeunes filles des écoles d'*assister* aux séances de Consultations. La simple réalisation de ce vœu serait déjà un progrès sur l'état de chose actuel puisque, pour des raisons que je n'ai pas à examiner ici, la plupart des grandes œuvres urbaines de Consultations de nourrissons se trouvent être des œuvres fermées.

(¹) L'institutrice pourrait être d'ailleurs la plus précieuse des auxiliaires du médecin dans les consultations de nourrissons, de la campagne, si elle était préparée à ce rôle (J.-JARRICOT. *Pour protéger nos petits enfants.* (*Écho de la Médecine et de la Chirurgie,* août 1909.)

(²) *Loc. cit.,* VII-65-6 .

Il ne faudrait d'ailleurs pas croire que toute Consultation de nourrissons soit propre à jouer le rôle éducatif que l'on réclame d'elle.

D'abord, pour atteindre pleinement le but que l'on se propose, la « Consultation d'accoucheur » est insuffisante. On sait qu'on donne ce nom aux Consultations ouvertes dans les Hôpitaux aux clientes des Maternités. Certes les conseils distribués tombent de bouches très autorisées, mais les exemples que l'on trouve dans ces organisations sont trop peu variés et, en tout cas, imparfaitement choisis pour l'enseignement. Les consultations d'accoucheurs, en effet, sont des œuvres incomplètes puisqu'elles ne possèdent pas la « Goutte de lait » complément dont la nécessité n'est plus à démontrer (¹). Seules les œuvres du type Budin, c'est-à-dire les Consultations de nourrissons-Gouttes de lait peuvent être considérées comme des centres adaptés à l'enseignement de la puériculture. Là seulement en effet on peut avoir une sécurité suffisante en ce qui concerne l'alimentation des jeunes enfants recevant autre chose que le lait maternel, là seulement par conséquent on peut démontrer l'exactitude rigoureuse des lois biologiques et des principes que l'on enseigne.

Et puis on me permettra aussi de rappeler que toutes les Consultations existantes ne sont pas propres à jouer un rôle éducatif pour une raison délicate à exposer mais trop certaine malheureusement pour être négligée. « Tant vaut le médecin, tant vaut la consultation » disait Budin. Un bon enseignement ne peut être donné que dans une Consultation bien dirigée; les résultats publiés prouvent que toutes ne sont pas dirigées d'une manière irréprochable. La bonne volonté ne suffit pas. L'hygiène de l'alimentation du nourrisson est difficile à bien connaître; l'expérience prouve que les improvisations sur ce terrain sont extrêmement risquées et souvent malheureuses.

Pour toutes ces raisons très fortes que je viens d'esquisser, pour des raisons de commodité aussi, je crois préférable et nécessaire de créer des Consultations de nourrissons nouvelles, sur un type bien étudié, uniformes autant que possible et de les ouvrir dans une dépendance de chaque école normale d'institutrices.

Aussi bien quelle difficulté y a-t-il à réaliser ce projet? On m'a objecté que l'on pouvait craindre que ces Consultations ne soient une source de contaminations, de disséminations de maladies infectieuses chez les élèves des écoles. C'est une objection classique. On la répète chaque fois qu'il s'agit de fonder une Consultation de nourrissons. Habituellement on affecte de redouter des contaminations pour les enfants Les faits ont répondu à cette critique (Ausset). Ils répondraient de même en ce qui concerne les prétendus dangers courus par les jeunes

---

(¹) *Voir* AUSSET. *Bilan des consultations de nourrissons*, p. 158, et JARRICOT, *Rôle social et pratique du fonctionnement des consultations de nourrissons*, p. 144 et suiv.

élèves-maîtresses. On ne discute plus du reste la nécessité de conduire les élèves à des Consultations externes. En quoi le danger de contamination diminue-t-il parce que les élèves, au lieu de trouver le local de la Consultation dans les murs mêmes de l'école, traversent une rue pour s'y rendre?

Je ne m'arrête pas davantage à la difficulté relative aux perturbations que l'enseignement ainsi complété de la puériculture peut apporter à l'étude des programmes établis, si lourdement chargés déjà. Cet enseignement pourrait être réservé aux élèves de dernière année. Débarrassées des soucis d'examen, ces jeunes filles apporteraient, j'en suis convaincu, à l'étude de connaissances en si parfaite harmonie avec les préoccupations normales de la femme et leurs occupations futures, la même bonne volonté et la même bonne grâce souriante que les élèves d'une école primaire supérieure de Lyon auxquelles j'ai eu le plaisir de faire, l'hiver dernier, quelques expériences de puériculture dans les après-midi du dimanche.

Je sais par expérience (¹) et tous ceux qui ont fait quelque tentative d'enseignement de la puériculture savent comme moi combien le public féminin s'intéresse profondément aux causeries qui lui sont faites sur l'hygiène de l'enfant.

A mon avis, la seule difficulté réelle que rencontre mon projet réside dans la dépense entraînée par la création de ces organismes nouveaux d'enseignement.

Il convient, en effet, de faire tout à fait bien, d'ouvrir des consultations modèles et par conséquent, comme je viens de le rappeler, de compléter chaque Consultation par une Goutte de lait. Mais chaque Goutte de lait exige un local pour le lavage des flacons, des appareils pour la soxhlétisation, une adduction de lait de bonne qualité, un petit personnel salarié, etc., et tout cela coûte. En tablant sur ce que j'ai pu étudier à l'Œuvre lyonnaise des Consultations Budin, œuvre qui fonctionne actuellement sur quatre centres et dont la fondation remonte au début de 1905, il faut compter pour l'installation d'un centre 2000 à 2500 fr et pour le fonctionnement annuel 1500 à 2000 fr, suivant l'étendue de la clientèle. Ces dépenses irréductibles représentent des sacrifices nouveaux à demander à la collectivité, des dépenses nouvelles à inscrire au budget social. Puisse la nécessité de celles-là et leur rôle si élevé apparaître comme leur excuse et une justification suffisante!

(¹) Je fais allusion à un cours public et gratuit d'hygiène infantile (hygiène appliquée à l'éducation maternelle) que M. le maire de Lyon a bien voulu m'autoriser à professer à l'Enseignement supérieur municipal, pendant le semestre d'hiver 1909-1910. Le sommaire des leçons a été publié, chaque semaine, par le journal *Lyon Universitaire*.

MLLE L. BÉRILLON,

Professeur de Lettres au Lycée Molière (Paris).

L'ÉDUCATION PAR LA VUE. L'ATTENTION ET L'IMAGINATION VISUELLES.

371.3

6 Août.

L'éducation des sens et l'observation personnelle dont on proclame hautement la nécessité sont encore trop négligées chez nous. Cependant nos aptitudes intellectuelles sont en rapport direct avec nos aptitudes physiques et la qualité de nos sens. Les professeurs reconnaissent tout ce qui, en dépit des efforts faits pour solliciter l'attention, échappe aux élèves desservis par leurs organes.

Il importe dé cultiver tous les sens pour maintenir l'équilibre harmonieux que la nature a voulu entre eux. Malheureusement l'éducation actuelle s'adresse de préférence à l'oreille. Elle considère les enfants comme essentiellement auditifs, alors qu'ils sont surtout visuels. Nous en avons pour preuves le succès constant du cinématographe, des expériences et des leçons concrètes, de l'écriture, etc.

On oublie que l'œil est un organe infiniment plus délicat, plus intellectuel que l'oreille, et que, suivant le mot d'Horace,

« les choses qui nous sont transmises par les oreilles excitent plus faiblement nos esprits que celles qui sont placées sous notre regard immédiat ».

Or, dans l'état actuel, beaucoup d'élèves suivent mal les classes à cause de l'état défectueux de leur vue.

« Tel élève, dit le Dr Chevallereau, ne semble prendre aucun intérêt aux chiffres du tableau noir, simplement parce qu'il ne les voit pas; il passe pour indolent ou paresseux : en réalité, il ne mérite aucune réprimande c'est une bonne paire de lunettes qu'il lui faut ».

Le Dr Chevallereau a pu examiner tous les élèves d'une école du XIe arrondissement. Sur 202 il a trouvé 102 sujets avec vision défectueuse d'un œil ou des deux yeux !...

42 myopes et astigmates,
35 hypermétropes et astigmates,
3 atteints de strabisme.
2 de conjonctivite granuleuse,
11 ayant des taies,
3 chorio-rétinite.

Le Dr Millié, inspecteur oculiste des écoles du VIIIe arrondissement, a examiné 35 garçons de 8 à 11 ans : 24 avaient de bons yeux ou de légères anomalies, 11, c'est-à-dire 30 o/o, avaient une vision défectueuse : 3 astigmates, 2 myopes, 5 astigmates myopes, 1 astigmate hypermétrope.

(La presbytie n'existe pas chez les enfants; ce mot désigne la vision des personnes âgées).

Mais l'examen reste généralement sans effet. Presque aucun enfant n'en tient compte et ne porte lunettes. Cela tient à la négligence des parents, parfois au préjugé qui consiste à croire que les lunettes abîment la vue; (chez les petites filles, l'abstention est le résultat d'un souci de coquetterie), mais la principale cause est l'inertie, l'indifférence des parents. On connaît l'échec de la Ligue des Médecins et des Familles, qui dut modifier son titre devant l'abstention des parents, et qui continue ses efforts dévoués sous le nom de *Ligue d'hygiène scolaire.*

Les enfants dont nous avons parlé tout à l'heure (et l'on pourrait multiplier les statistiques) étaient des enfants normaux. Mais chez les anormaux, la proportion des défectuosités de l'œil est encore plus considérable, ce qui contribue encore à maintenir leur infériorité.

Dans une étude intéressante sur « l'Enseignement spécial à Bruxelles » (enseignement des arriérés et anormaux) M. Tobie Jonkheere signale sur 209 enfants, 91 sujets qui ont une vue anormale, ailleurs sur 91 enfants, 33 qui ont la vue mauvaise.

Supposons l'œil en bon état chez l'enfant normal . Son organe s'est développé régulièrement. Tout petit, il a perçu d'abord la lumière, puis la couleur, ensuite les formes à l'aide du toucher. Après, il a par l'intelligence, enregistré les images perçues et les a associées de façon à les fixer. Ainsi s'est développée la mémoire visuelle sans laquelle il lui serait impossible d'apprendre à lire ni de retenir quoi que ce soit.

Mais il ne peut non plus acquérir et développer cette mémoire sans l'attention et sans l'observation.

L'éducation du sens de la vue se fait soit inconsciemment soit par l'exercice voulu.

Dans une étude sur « La perfectibilité du sens des couleurs chez l'homme », le Dr Deneffe arrive aux conclusions suivantes :

Par le fait de l'éducation voulue ou inconsciente, personnelle ou héréditaire, au point de vue du sens chromatique, la femme l'emporte sur l'homme, l'adulte sur l'adolescent, l'adolescent sur l'enfant. L'homme qui a reçu une éducation générale et spéciale l'emporte sur celui qui ne l'a point reçue et il en est de même chez l'enfant.

Il s'appuie sur des études faites à propos du daltonisme et sur les observations de Kroll à Crefeld.

On sait que les daltoniens confondent les couleurs, surtout les couleurs complémentaires comme le rouge et le vert. Or, à Crefeld, il n'existe que 0,03 pour 100 de daltoniens (sur environ 200000 observations d'hommes et d'enfants). On attribue ce chiffre restreint à ce que plus

---

(1) Dr DENEFFE, *La Perfectibilité du sens des couleurs* (*Annales de la société médico-chirurgicale de Liège*).

de la moitié de la population est occupée au tissage des *soies colorées.*

La femme reconnaît mieux les couleurs que l'homme et l'homme que l'enfant:

Le sens chromatique est aussi plus développé dans les classes élevées, parce que la couleur y joue un plus grand rôle dans la vie.

On a discuté l'assertion qui attribue à la femme un sens plus précis des couleurs, en invoquant l'infériorité des femmes peintres, jusqu'ici, au point de vue du coloris, mais elles ont peut être manqué pour la plupart de cette éducation spéciale reconnue nécessaire.

Quoi qu'il en soit, l'éducation actuelle ne laisse pas assez de place à l'observation de l'enfant et à l'exercice des sens.

Il ne s'agit pas de forcer l'observation par le procédé que nous avons vu employer avec un petit garçon de 9 à 10 ans. Son père, disciple de J J. voulait l'instruire *par les choses et non par les mots.* L'idée était excellente, mais l'application désastreuse. Au cours d'un voyage que nous fîmes ensemble, je le vis appeler constamment l'attention de l'enfant sur des objets divers :

« Regarde la fumée de cette locomotive, regarde ce moissonneur, regarde le drapeau qu'agite le garde-barrière, regarde ce paysage qui a l'air de fuir alors que nous avançons, regarde cet arbre, etc...

et l'explication suivait. Je doute que l'enfant ait tiré un parti satisfaisant de cette leçon de choses perpétuelle, qui rappelle la méthode de Ponocrates dans Rabelais.

Il faut donner à l'enfant le temps d'observer, laisser un peu libre cours à son initiative, sauf à redresser son jugement s'il s'égare. L'enfant se corrige souvent de lui-même. Par exemple, s'il jette une pierre dans une direction donnée, il l'envoie d'abord trop près, et sa maladresse le rend penaud. Il recommence jusqu'à ce que par l'accommodation de l'œil, son bras fasse l'effort nécessaire pour que la pierre atteigne le but. Il acquiert ainsi le sens des distances.

Le petit enfant qui pleure pour avoir la Lune, ne se rend pas compte de l'éloignement. Quand il marche, il en prend peu à peu conscience, et on lui donne quelques notions relatives à la distance.

L'enfant élevé librement et qui n'est pas soumis trop tôt à l'éducation livresque, garde plus longtemps la faculté d'observer. Nous l'avons remarqué chez plusieurs enfants ou jeunes filles qui ont commencé tard leurs études.

On connaît l'extraordinaire mémoire visuelle de Victor Hugo, Il a échappé longtemps à l'internat et a décrit sans indulgence le collège morose.

« Et sans eau, sans gazon, sans arbres, sans fruits mûrs. La grande cour pavée entre quatre grands murs ».

Il eut pour premier maître la nature dans le grand jardin des Feuillantines où il put s'épanouir

« Ivre de liberté, d'air, de joie et de roses »,

Aussi apprit-il de bonne heure à observer et il garda toujours cette faculté précieuse qu'on retrouve dans ses œuvres (et chez tous les grands écrivains descriptifs comme Chateaubriand, Flaubert, Pierre Loti, etc.

On a cité un exemple curieux de l'imagination et de la mémoire visuelle de Victor Hugo. Un jour qu'il dinait chez Alexandre Dumas, on vint à parler des costumes militaires du Premier Empire.

« Les hussards de mon père étaient à peu près comme vous, dit Victor Hugo à un officier qui se trouvait là. Exactement même, répliqua l'officier, — Non. Vous avec douze brandebourgs et ils en avaient quinze »

dit le poète en fermant les yeux et avec un geste du doigt qui semblait descendre le long d'un costume imaginaire. On put vérifier séance tenante sur un album d'uniformes impériaux l'exactitude du chiffre.

Mme Judith, à qui nous empruntons ce trait intéressant ajoute (¹) : « Victor « Hugo expliqua qu'il était doué d'une incroyable mémoire visuelle et qu'il lui suffisait de clore les paupières pour revoir devant lui, avec une vivacité aussi intense que la réalité même, tout ce qu'il lui plaisait de se rappeler. A mon avis, cette étrange faculté explique le principal caractère de son inspiration poétique ».

On sait aussi que les peintres ont une grande mémoire visuelle acquise par l'exercice, et que certains d'entre eux pourraient faire un tableau sans modèle.

Sans croire que l'éducation de l'œil produira à elle seule des hommes de génie, il faut développer le sens de la vision au point de vue pratique et aussi pour amener les élèves à mieux jouir des productions artistiques.

« Les Français de l'époque contemporaine, dit le Dr Bérillon(²) appartiennent surtout au type visuel. Pour s'en rendre compte, il suffit de constater le succès habituel des enseignements dans lesquels une large part est faite à l'attention visuelle. Le développement considérable de la peinture et de la sculpture qui caractérise les tendances artistiques de notre époque, en constitue également une démonstration frappante ».

C'est par les yeux que le cerveau reçoit les images concrètes qu'il transforme en idées. Ne négligeons donc point l'éducation de la vision au point de vue intellectuel, et développons chez l'enfant l'imagination et la mémoire visuelle. D'autre part, considération qui n'est pas à dédaigner, l'exercice des sens les

armera mieux pour la vie, car avoir bon pied, bon œil,

est une condition de succès.

(¹) *Mémoires de Mme Judith,* sociétaire de la Comédie française.
(²) Dr BÉRILLON, *La psychothérapie graphique.*

HYGIÈNE ET MÉDECINE PUBLIQUE.

M. É. MAUREL,

Professeur à la Faculté de Médecine (Toulouse).

ORGANISATION DE L'ENQUÊTE SUR LA MORBIDITÉ DE LA TUBERCULOSE DANS LA POPULATION RURALE DE LA FRANCE.

614-19-542 : 331.74 (44)

2 Août.

En 1905, en vue du Congrès international de la tuberculose, sur ma demande, la Société de Médecine de Toulouse créa un Comité dans le but de faire une enquête sur la morbidité de la tuberculose dans la *région toulousaine*. Cette région fut limitée au département de la Haute-Garonne, et à ses départements limitrophes, l'Ariège, l'Aude, le Tarn, le Tarn-et-Garonne, le Gers et les Hautes-Pyrénées.

Le Comité fut présidé par M. Tachard, médecin principal de 1re classe de l'armée; j'en fus le secrétaire général et M. Arnaud, le secrétaire-adjoint. Quand aux fonds, ils nous furent accordés, sur la demande de M. Viguier, préfet de la Haute-Garonne, par le Conseil général de notre département.

Dès le début, nous en vinmes à ne nous adresser qu'aux centres de population n'ayant qu'un médcin. Nous adresser à ceux qui en avaient plusieurs nous exposaient forcément à voir le même malade figurer sur la liste de chacun d'eux.

Dans nos questionnaires, nous demandions le nombre de tuberculoses bien confirmés; et nous les divisions, d'après la localisation de leur affection, en deux groupes : le premier constitué par les localisations pulmonaires et le second par toutes les autres. Enfin nous priions nos confrères de nous signaler les cas de contagion de maison ou de famille.

Notre première tentative n'eut que peu de succès : les questionnaires ne revenaient pas. Ce fut alors que j'eus la pensée de m'adresser au Préfet et de lui demander de faire bénéficier le Comité de la voie administrative, ainsi que de son influence auprès de ses collègues des autres départements. Je trouvais le meilleur accueil dès ma première demande. Il fut convenu que les questionnaires, groupés par arrondissements et par départements, seraient remis à la préfecture, et que ce serait le service de la statistique qui les expédierait aux départements respectifs. En même temps, les préfets de ces derniers étaient priés de bien vouloir les retourner par la même voie à leur point de départ, quand ils auraient été remplis.

Dès lors, cette enquête fut faite dans les meilleures conditions ; et les résultats en furent communiqués, au nom du Comité, au Congrès international de la tuberculose, en vue duquel ils avaient été recueillis (¹).

Cette enquête m'avait montré les facilités que peut donner la voie administrative, surtout quand il s'y ajoute l'influence personnelle de l'administrateur du département. Aussi me suis-je assuré ces deux concours, quand je me suis décidé à la refaire en vue du Congrès pour l'Avancement des sciences qui devait se tenir à Toulouse en 1910.

Je pensais tout d'abord à ne refaire que la même enquête en ne la faisant porter que sur la région toulousaine ; et le Comité resta le même qu'en 1905. Mais ensuite, en voyant ses succès, je crus devoir l'étendre à toute la région pyrénéenne; et des imprimés furent faits avec cette mention. Enfin, les premiers résultats m'ayant montré le gros intérêt qu'il y aurait à étendre cette enquête à la totalité de la France, je fis part de ce projet à M. le Préfet en lui demandant de bien vouloir accepter la présidence d'un comité qui serait constitué pour cette nouvelle entreprise. Or, M. Viguier, comprenant toute l'importance d'une semblable enquête, voulut bien faciliter la tâche du nouveau comité non seulement en lui accordant son influence, mais aussi en demandant les fonds nécessaires au Conseil général, comme il l'avait fait en 1905.

Ce comité fut constitué ainsi qu'il suit :

Président, M. Viguier, préfet de la Haute-Garonne; *Vice-Présidents*; M. Tachard; médecin principal de 1ʳᵉ classe de l'armée et président de l'ancien comité; le Dʳ Labat, directeur de l'École nationale vétérinaire de Toulouse ; *Trésorier*, le Dʳ Lautré, inspecteur départemental de l'Assistance publique; *Secrétaire général*, le Dʳ Maurel, professeur à la Faculté de Médecine; *Secrétaires adjoints*; M. Arnaud, chimiste expert; M. le Dʳ Carcanague; M. Chatellier, étudiant en médecine; M. le Dʳ Joffres, préparateur à la Faculté de médecine et M. Tourneux, également préparateur à la même Faculté.

Depuis la constitution de ce comité, c'est bien! entendu le secrétaire général qui a dû diriger l'enquête; et, pour en répartir les charges, la France a été divisée en cinq régions dont chacune a été confiée à un des secrétaires adjoints. M. *Arnaud*, qui avait contribué en 1905 à l'enquête de la région toulousaine a conservé cette partie de manière à pouvoir comparer les résultats des deux enquêtes faites à cinq ans d'intervalle; M. *Chatellier* a eu la région du midi, sauf les sept départements confiés à M. Arnaud. Le Dʳ *Carcanague* a été chargé de la région au-dessus, et s'étendant transversalement des embouchures de la

---

(¹) Morbidité de la tuberculose dans la population rurale de la région toulousaine par le Comité régional de Toulouse. Rapporteurs MM. Maurel et Arnaud (*Comptes rendus* du Congrès international de la tuberculose, Paris 1905. Deuxième volume, IVᵉ section, p. 527).

Gironde et de la Loire, à la Savoie. M. *Tourneux* a eu la région s'étendant du Finistère aux Vosges; et enfin le Dr *Joffres* s'est occupé de la région située au nord d'une ligne passant transversalement au-dessous des départements de la Seine-et-Oise et de la Seine-et-Marne. Les départements sont énumérés dans le travail présenté séparément par chaque secrétaire adjoint.

La répartition de la France ayant été ainsi faite, chacun des secrétaires adjoints à dressé les questionnaires des communes n'ayant qu'un médecin; ces questionnaires ont été réunis par arrondissements et par départements; et c'est ainsi groupés qu'ils ont été envoyés par les soins de M. le Préfet, aux préfets des autres départements, en les accompagnant d'une lettre leur expliquant le but poursuivi. Grâce à la bonne volonté de ces derniers, une bonne partie des questionnaires sont revenus remplis; et, après les avoir lui-même groupés par départements, le secrétaire général les a distribués aux secrétaires-adjoints. Ceux-ci les ont dépouillés, et ils vont eux-mêmes résumer les résultats de leur région devant la section d'hygiène.

Je dois ajouter que malgré ce concours empressé de l'Administration de tous les départements, le comité a dû faire deux envois complémentaires des questionnaires, en s'adressant chaque fois aux communes qui n'avaient pas encore répondu. Si bien que quoique les premiers envois eussent été faits dès le mois de novembre 1909, la statistique n'a pu être commencée qu'en septembre, un mois avant le Congrès. Un certain nombre de questionnaires sont même arrivés depuis, et nous avons pu en tenir compte dans ce travail, ce qui expliquera que quelques chiffres aient été changés. Mais cependant, les résultats généraux sont restés les mêmes.

Le nombre total des communes auxquelles le questionnaire a été envoyé s'élève à près de 3000 (¹). Sur ce nombre environ 2000 ont répondu. Mais, vu l'insuffisance ou le défaut de précision des renseignements, 1700 seulement ont pu être utilisés; et c'est sur ces derniers qu'est basée notre enquête.

J'ai dit qu'une bonne partie seulement des questionnaires sont revenus remplis, c'est qu'en effet, d'une part les annuaires médicaux n'étant pas suffisamment tenus à jour, un certain nombre des confrères auxquels les questionnaires étaient adressés ou bien avaient quitté la localité ou bien étaient morts; et d'autre part que certains confrères pour une cause quelconque n'ont pas cru devoir répondre. Enfin, quelques rares questionnaires nous sont revenus en indiquant un nombre de tuberculeux tel que nous avons cru devoir attendre la confirmation de ces chiffres avant de les faire entrer dans notre statistique. Quelques-uns de ces question-

---

(¹) Le nombre des questionnaires envoyés a été de 269 pour M. Arnaud; de 746 pour M. Chatellier, de 478 pour M. Carcanague; de 631 pour M. Tourneux et 954 pour le Dr Goffres.

naires portent le nombre des tuberculeux à la moitié de la population, et un d'eux arrive aux neuf dixièmes. Il nous a donc paru prudent d'éliminer ces questionnaires, au moins pour le moment, et d'attendre leur confirmation avant de les faire entrer dans le résultat global.

Mais si nous étions sans hésitation pour éliminer certains questionnaires nous indiquant, sans autres détails, que la moitié ou les trois quarts de la population était tuberculeux, nous avons été moins à l'aise quand il ne s'agissait que des proportions de 20 ou 15 $^{00}/_{00}$. Forcés cependant de nous fixer une limite, en nous inspirant de l'ensemble des questionnaires, nous avons accepté pour notre statistique toutes les proportions ne dépassant pas 10 $^{00}/_{00}$, ce qui représente largement le double de la grande majorité des proportions données.

Quant aux questionnaires dépassant 10 $^{00}/_{00}$, nous nous sommes décidés à écrire de nouveau à tous les confrères qui les avaient envoyés en leur faisant part de nos doutes, et en les priant soit de confirmer leurs chiffres soit de les rectifier. Nous avons dû ainsi envoyer de nouveau environ 130 questionnaires sur plus de 2000 qui nous étaient revenus. Comme on le voit, c'est peu; mais, de plus, quoique tous ne soient pas encore revenus, nous n'avons qu'à nous applaudir de la prudence que nous avons eue, car surtout pour les chiffres les plus exagérés, tous ont été rectifiés, et ramenés au-dessous de notre limite de 10 $^{0}/_{00}$. La plupart des indications dépassant cette proportion étaient dues à des erreurs d'interprétation de notre questionnaire ou à des chiffres mal écrits, mal lus, ou bien à ce que tel confrère desservant plusieurs centres de population, avait donné le nombre total des tuberculeux pour tous ces centres, tandis qu'il n'avait donné que le chiffre de la population de sa résidence.

Tels qu'ils nous reviennent maintenant, ces questionnaires ne peuvent modifier les proportions que nous avons données que pour quelques centièmes; et nous n'avons pas eu la prétention de faire une statistique plus exacte. Une semblable enquête, quelques soins que l'on ait mis à la faire, ne peut être que largement approximative. Nous n'avons pas eu la pensée de faire mieux; et nous espérons que le corps médical, même avec les imperfections de cette enquête, nous saura gré des résultats qu'elle nous a permis de lui fournir.

Ce supplément d'enquête, donne encore plus de garantie à nos premiers résultats, en nous prouvant que s'il y a quelques centres de population dans lesquels le nombre des diverses localisations de la tuberculose bien établie à dépassé 10 $^{00}/_{00}$, ce n'est que dans les centres, de quelques centaines d'habitants pour lesquels, il suffit de 4 à 5 tuberculeux pour dépasser cette proportion. Mais dès que l'on arrive aux centres de 1000, et à plus forte raison de 1500 habitants, sauf des exceptions et qui ne sont que passagères, cette proportion n'est pas atteinte.

Dans les réponses qui leur étaient demandées, les médecins n'ont pu faire mention que des cas confirmés et cliniquement constatés. Or, il est évident que les chiffres ainsi donnés, ne représentent qu'un minimum. Un certain nombre de tuberculeux au début de leur affection sûrement ne sont pas compris dans cette statistique.

De plus, je dois faire observer que notre enquête n'a pas porté sur la population urbaine. Pour éviter qu'un même malade figurât sur la liste de deux ou plusieurs médecins exerçant dans le même centre de population, nous avons dû, je l'ai dit, ne nous adresser qu'aux médecins étant seuls à exercer dans la même commune. Nous n'avons donc fait notre statistique que sur une partie de la population rurale. Néanmoins je crois qu'elle peut nous donner quelques renseignements sur le reste de la population française. Tout porte à croire, en effet, que la tuberculose est moins fréquente dans cette population qui vit au grand air, et qui sous tous les autres rapports est la plus saine, que dans la population surtout celle des grandes villes. De sorte que la proportion des tuberculeux que nous donnons, qui déjà devrait être augmentée parce qu'elle n'a pas compris tous les tuberculeux, doit l'être encore si nous voulons nous faire une idée de la véritable proportion dans la totalité de la population française.

Enfin dans le questionnaire, nous avons demandé des renseignements sur les cas de contagion par la famille et l'habitation ; et nous avons reçu à cet égard des indications importantes et précises. Mais ces renseignements ne peuvent être résumés ; et nous les comprendrons dans la publication in extenso de l'enquête si, comme nous l'espérons, nous pouvons trouver les ressources nécessaires pour cette publication. Ces indications données, et elles n'ont pas paru indispensables, je vais laisser à chacun des secrétaires adjoints le soin de présenter le résultat de l'enquête pour la région qui leur a été confiée, et en même temps de le faire suivre des observations que le dépouillement de ses questionnaires lui a suggérées.

Mais avant de leur donner la parole, je tiens à remercier :

1° M. Viguier, préfet de notre département qui a bien voulu accepter la présidence, et qui a facilité notre enquête par sa haute influence;

2° Le Conseil général qui a voté les fonds nécessaires pour faire l'enquête;

3° Les préfets des divers départements qui l'ont aidé dans son œuvre philanthropique ;

4° Les deux mille médecins qui ont bien voulu nous adresser des renseignements;

5° Enfin, personnellement, je remercie les cinq secrétaires adjoints pour le soin qu'ils ont mis à faire le dépouillement des questionnaires de leur région, et à utiliser ces résultats dans leurs communications.

M. É. MAUREL.

ÉTUDE GÉNÉRALE SUR L'ENQUÊTE FAITE SUR LA MORBIDITÉ DE LA TUBERCULOSE DANS LA POPULATION RURALE DE LA FRANCE

614-19-542 : 331.74 (44)

? *Août.*

J'ai déjà indiqué dans quelles conditions cette enquête a été entreprise; et chacun des secrétaires adjoints a résumé les observations relevées dans les questionnaires de la région qui lui avait été confiée.

Secrétaires adjoints.	Régions.	Questionnaires utilisés.	Population de ces questionnaires.	Proportion des tuberculeux.	des pulmonaires.	des villages sans tuberculeux.
					pour 100.	pour 100.
M. Joffres........	(1)	575	614 324	3,66	67	23
M. Tourneux....	(2)	329	429 409	3,01	71	19
M. Carcanague..	(3)	277	320 743	3,67	73	16
M. Chatellier...	(4)	325	426 382	3,50	65	26
M. Arnaud.......	(5)	185	173 508	1,86 (6)	71 (6)	41 (6)
		1701	2 014 371	3,14 °/oo	69	25

Mais, de plus, il m'a paru utile, de réunir les résultats obtenus par les secrétaires adjoints dans une étude d'ensemble, permettant de

(1) Cette région comprend : Nord, Pas-de-Calais, Somme, Aisne, Ardennes, Seine-Inférieure, Oise, Marne, Meuse, Meurthe-et-Moselle, Calvados, Orne, Eure, Seine-et-Oise, Seine-et-Marne, Aube, Haute-Marne, Vosges.

(2) Cette région comprend : Finistère, Vendée, Côtes-du-Nord, Ille-et-Vilaine, Manche, Mayenne, Sarthe, Loir-et-Cher, Loiret, Yonne, Côte-d'Or, Haute-Savoie, Doubs, Belfort, Morbihan, Loire-Inférieure, Maine-et-Loire, Indre-et-Loir, Cher, Nièvre, Saône-et-Loire, Jura.

(3) Cette région comprend : Deux-Sèvres, Vienne, Indre, Haute-Vienne, Creuse, Allier, Loire, Rhône, Ain, Haute-Savoie, Charente-Inférieure, Charente, Corrèze, Puy-de-Dôme, Haute-Loire, Loire, Savoie.

(4) Cette région comprend : Gironde, Dordogne, Lot, Cantal, Ardèche, Drôme, Hautes-Alpes, Landes, Lot-et-Garonne, Aveyron, Lozère, Gard, Vaucluse, Basses-Alpes, Basses-Pyrénées, Pyrénées-Orientales, Hérault, Bouches-du-Rhône, Var, Alpes-Maritimes, Corse.

(5) Cette région comprend : la Haute-Garonne, l'Aude, l'Ariège, le Tarn, le Tarn-et-Garonne, le Gers, et les Hautes-Pyrénées.

(6) Ces moyennes ne doivent être considérées que comme largement approximatives parce que les moyennes des régions qu'elles résument portent sur des portions inégales de l'ensemble de la population sur laquelle l'enquête a porté.

tirer de cette enquête quelques conclusions générales sur la fréquence de cette affection dans notre pays, et aussi de voir quelle influence pouvaient avoir sur sa répartition certaines causes climatériques souvent invoquées, tels que *l'altitude*, ou *le climat marin*.

Je réunis d'abord dans le tableau précédent, les résultats obtenus dans les cinq régions dans lesquelles la France a été divisée.

Nous avons envoyé, je l'ai dit, des questionnaires à plus de 3000 communes; et quoique quelques-unes aient été l'objet de plusieurs envois, et même que les préfets aient agi auprès d'elles par des lettres de rappel, environ mille n'ont pas répondu. De plus, pour d'autres, ou bien leurs réponses manquaient de précision, ou bien ne contenaient que des résultats insuffisants; de sorte que 1700 seulement ont pu être utilisés.

Une enquête qui porte sur 1700 communes, et sur une population de plus de deux millions d'habitants, ne me paraît pas moins présenter un réel intérêt; et cela d'autant plus qu'à ma connaissance c'est la première qui ait été faite sur la *morbidité* de cette affection.

Or, comme on le voit, la moyenne des régions n'est guère descendue au-dessous de 2 pour 1000 et elle n'a jamais atteint 4 pour 1000. La moyenne générale est dans les environs de 3 pour 1000.

Je dois toutefois rappeler, que, d'après les observations que j'ai déjà présentées, cette proportion doit être considérée comme un minimum. Ce résultat prouve que dans cette partie de la population française, il y a au moins trois tuberculeux sur 1000 habitants. Mais peut être arriverait-on à 4 $^o/_{oo}$, si tous les sujets atteints étaient connus. Enfin, si comme tout porte à le croire, la population urbaine est plus atteinte que la rurale, il faudrait encore élever cette proportion pour l'ensemble de la population française et surtout pour celle des villes.

Un point intéressant de cette enquête a été aussi de fixer, au moins d'une manière approximative, la proportion des localisations pulmonaires par rapport à l'ensemble des autres. Cette proportion s'est toujours maintenue, dans les cinq régions, dans les environs de 70 pour 100. De nouveau, ces chiffres demandent quelques réserves, qui doivent faire baisser cette proportion. La tuberculose pulmonaire, en effet, conduit plus souvent le malade chez le médecin que certaines autres localisations, mieux supportées et moins facilement reconnues. Néanmoins, c'est là une donnée qui mérite d'être retenue. Elle nous permet d'admettre au moins que, d'une manière générale, les atteintes pulmonaires représentent les deux tiers de celles de la tuberculose.

Enfin, nous voyons que sur les 1700 communes, le quart seulement est exempt de tuberculose bien constatée.

Ainsi ce qui précède nous conduit donc à ces trois conclusions, en ce qui concerne cette proportion :

1° *Que la proportion des tuberculeux y est au moins de 3 pour* 1000.

2° *Que la tuberculose pulmonaire représente au moins les deux tiers des atteintes de cette affection.*

3° *Enfin, que tout au plus un quart des petits centres ruraux est, en ce moment, exempt de ses manifestations.*

Mais ce ne sont pas là les seules indications que nous pouvons retirer de cette enquête.

A. Elle nous a permis, d'abord, d'établir une comparaison avec la fréquence de la manifestation dans la région toulousaine à cinq ans d'intervalle.

En 1905, sur une population de 318 955 habitants, répartis dans 267 communes, nous avions trouvé, M. Arnaud et moi, 1187 tuberculeux, soit une proportion de 3,72 $^0/_{00}$ et la proportion des tuberculeux pulmonaires était de 70 $^0/_0$.

En 1910, nos confrères ont été moins exacts pour répondre. Nous n'avons obtenu, pour ces sept départements, que les réponses de 185 communes composant un total de 173 588 habitants. Or, sur cette population, nous n'avons trouvé que 323 tuberculeux soit seulement une porportion de 1,86 $^0/_{00}$; mais la proportion des localisations pulmonaires est restée sensiblement la même, 71 $^0/_{000}$.

Il semblerait donc, d'après ces chiffres, qu'au moins dans cette poulation, la tuberculose est en décroissance. Ce qui tendrait à faire admettre que cette décroissance est bien exacte, c'est que nous l'avons constatée, en même temps, pour la partie montagneuse de ces départements et pour celle des plaines.

En 1905, la partie montagneuse nous avait donné une proportion de 2,88 $^0/_{00}$ et celle des plaines de 3,86 $^0/_{00}$. Or, en 1910, la proportion des montagnes est descendue à 1,32 $^0/_{00}$ et celle des plaines à 2,39 $^0/_{00}$.

De plus, je dois faire remarquer que ces deux enquêtes, faites à 5 ans d'intervalle, l'ont été avec le même questionnaire, par la même voie administrative; et, fait important, c'est aussi le même corps médical, sauf les modifications survenues en cinq ans, qui a donné les renseignements.

Sans que ces chiffres nous permettent de tirer une conclusion ferme en ce qui concerne la proportion exacte de la diminution de la tuberculose dans cette région, j'estime cependant qu'ils doivent nous faire considérer cette diminution comme probable.

B. *Influence de la mer.* — Cette enquête permet aussi de comparer les départements baignés par la mer avec ceux qui ne subissent pas cette influence.

La France possède 25 départements maritimes, 17 baignés par le Pas-de-Calais, la Manche et l'Océan Atlantique, et 8 par la Méditerranée. Or, la moyenne de ces 25 départements est 2,73 $^0/_{00}$, proportion un peu au-dessous de la moyenne. Mais, de plus, il est à constater que celle de la Méditerranée est sensiblement plus faible que celle des autres mers. Elle n'est que de 2,29 $^0/_{00}$ pour la première, et de 2,93 pour les autres.

Toutefois, il semble que cette faible proportion tient plutôt à l'influence de la latitude qu'à celle de l'atmosphère méditerranéenne. Les trois départements baignés par l'Océan, et qui peuvent être considérés comme correspondant par la latitude à ceux de la Méditerranée, les Basses-Pyrénées, les Landes et la Gironde, ne nous ont donné respectivement que 2, 1,60 et 1,8 °/₀₀, soit une moyenne de 1,80 °/₀₀.

C. *Influence de l'altitude.* — En considérant comme département montagneux, les Ardennes, les Vosges, le Doubs, le Jura, la Haute-Savoie, la Haute-Loire, la Loire, le Puy-de-Dôme, le Cantal, l'Aveyron, la Corrèze, les Hautes-Alpes, les Basses-Alpes, les Hautes-Pyrénées et l'Ariège, soit en tout 16 départements, leurs moyennes respectives nous donnent, comme moyenne générale, 3,24 °/₀.

D'autre part, en considérant comme pays de plaines, les départements de l'Oise, de l'Orne, de Seine-et-Oise, de la Mayenne, de la Sarthe, du Loiret et du Gers, nous trouvons, pour ces 8 départements, seulement une moyenne générale de 2,92 °/₀.

La tuberculose serait donc un peu moins fréquente dans les plaines que dans les montagnes. Je dois cependant faire remarquer que nous avons trouvé des résultats contraires pour la région toulousaine. Pour cette dernière, ce serait la région montagneuse qui serait la plus favorisée.

Si donc l'on tient compte, d'une part de ces résultats opposés, et d'autre part de la faible différence entre les pays de montagne et ceux de plaine, nous devons rester sur la réserve pour une conclusion ferme. Les résultats de cette enquête, ainsi groupés, ne nous permettent donc pas de nous prononcer. Toutefois, il est possible qu'une enquête plus détaillée, portant, par exemple, sur les arrondissements, puisse donner des indications plus précises. C'est un travail que le comité fera probablement dans la suite.

Ainsi donc, ni le voisinage de la mer, ni les altitudes élevées, ces deux influences étant prises dans leur ensemble, ne modifient d'une manière constante la fréquence de la tuberculose.

Pour l'influence de la mer, nous trouvons la Loire-Inférieure et les Côtes-du-Nord, dont les moyennes dépassent 4 °/₀₀, tandis que la Gironde, les Landes et les Pyrénées-Orientales n'arrivent pas à 2 °/₀₀.

Pour les pays d'altitudes, la Haute-Savoie arrive à 4,3 °/₀₀, la Loire à 5,8 et les Hautes-Alpes, à 10 °/₀₀, tandis que l'Ariège n'arrive qu'à 1,43, les Hautes-Pyrénées, à 1,40 et les Basses-Alpes à 1 °/₀₀.

En somme, quand on considère les résultats de notre enquête, en les traduisant par une carte dans laquelle chaque département est représenté avec une couleur en rapport avec la proportion de ses tuberculeux, on voit que les influences que j'ai étudiées sont insuffisantes pour dominer la répartition de la tuberculose en France.

Est-ce à dire, que ni l'air marin, ni les altitudes, ne peuvent modifier l'évolution de la tuberculose? Je ne le pense [pas. Outre certaines différences, en faveur du climat marin du Midi, par exemple, il se peut que les altitudes ou les plaines aient aussi leur influence. Mais je pense qu'à côté de ces influences prises dans leur ensemble, il faut en placer d'autres, également d'ordre climatérique, mais propres à chaque localité, qui doivent les modifier soit en ajoutant leur bénéfice aux leurs, soit en les neutralisant. Telles sont l'exposition, la direction des vents et l'état hygrométrique. C'est donc là une étude à faire pour chaque localité ; et dont les résultats ne sauraient s'étendre même à des localités à côté. Jusqu'à présent, c'est surtout l'expérience clinique qui doit nous guider. C'est elle qui, avec le temps, quand elle aura pu écarter les causes qui viennent s'ajouter à l'influence du climat, pourra nous dire qu'elles sont les régions, les localités, les moins favorables à la contagion et à l'évolution de la tuberculose, et celles, au contraire, qui les favorisent le plus.

De tout ce qui précéde, et aussi des nombreux renseignements contenus dans les 1700 réponses que le Comité a reçues pour cette enquête, notamment en ce qui concerne l'étiologie de la tuberculose dans ces centres, pour les cas de contagion de maison et de famille, j'arrive à ces conclusions.

1º La tuberculose trouve dans toutes les régions de notre territoire des conditions climatériques lui permettant de se propager.

Toutefois, il est probable que parmi ces régions certaines d'entre elles sont plus favorables à sa rapide évolution que d'autres.

2º Sa fréquence, dans chaque centre, dépend probablement surtout de conditions autres que les climatériques.

3º La cause principale est le transport du bacille par les malades eux-mêmes.

4º C'est ce mode de contagion qui explique la fréquence des cas dans la même famille et dans la même maison.

5º Ce mode de contagion est favorisé par l'exode de la campagne et notamment des montagnes vers la grande ville, et le retour dans le village natal après la contamination.

6º Cet exode est lui-même favorisé par le service militaire, qui forcément appelle les recrues dans les grands centres. Il est probable, toutefois, que ce n'est pas à la caserne même qu'à lieu la contagion, mais en dehors d'elle. Le service militaire ne serait donc que l'occasion de la contagion et non la cause.

7º Mais, quoi qu'il en soit du lieu de contagion, il est incontestable que de nombreux questionnaires relatent le cas de militaires, partis sains revenus chez eux atteints de tuberculose et ayant contaminé à leur tour un ou plusieurs de leurs parents.

8º Une fois la contamination produite, l'évolution plus ou moins rapide de la tuberculose est subordonnée à la résistance de l'organisme. Mais nous ne connaissons pas exactement quelles sont les conditions de cette résistance. Toutefois, on peut considérer, comme activant l'évolution vers une issue fatale, toutes les causes capables de débiliter l'organisme : fatigues musculaires excessives, manque de sommeil, excès génésiques, privation de nourriture, etc.

9° Quelques-unes de ces causes peuvent se trouver dans le service militaire; mais, ainsi que je l'ai dit, le service militaire n'en est souvent que l'occasion. Les fatigues militaires seraient facilement supportées, si le sujet avait soin de ne pas les aggraver par les causes qui sont étrangères à son service.

Telles sont les principales conclusions qui se dégagent de notre enquête, en ce qui concerne la répartition de la tuberculose en France. Mais, de plus, à ces conclusions je crois devoir joindre les suivantes.

1° Quoique cette enquête, ne nous ait pas permis de trouver des lois qui régissent cette répartition, elle n'en conserve pas moins, je pense, un sérieux intérêt. D'abord, parce que, du moins à ma connaissance, c'est la première fois qu'une enquête sur la morbidité de la tuberculose est faite pour une région aussi étendue, et ensuite que, malgré ses résultats incomplets, elle nous donne cependant un point de départ, si, comme je l'espère, elle est recommencée dans quelques années. Il est à souhaiter qu'elle le soit dans cinq ans.

2° Telle qu'elle est, elle me paraît présenter, dès maintenant, une réelle utilité en signalant à l'Administration non seulement les départements les plus atteints, mais aussi dans ces départements les communes les plus fortement envahies.

3° Mais, aussi bien au point de vue de son utilité future, quand elle devra servir de terme de comparaison qu'à celui de son utilité actuelle pour signaler les points les plus atteints à l'Administration, il me paraît nécessaire que cette enquête soit publiée in-extenso. Elle ne peut avoir un *intérêt pratique* qu'à cette condition. Elle a demandé trop de travail pour qu'on ne cherche pas à profiter des résultats obtenus. J'ajoute que les corps administratifs de tous les départements, préfets, sous-préfets et maires, ont mis trop de soins pour faire réussir cette enquête, pour ne pas leur faire connaître les résultats avec détails, et leur permettre ainsi de bénéficier de leurs propres renseignements. De plus, j'estime que ce ne serait qu'une juste satisfaction à accorder aux 1700 médecins qui ont envoyé des renseignements précis, et souvent avec des indications importantes, que de leur prouver, en publiant leurs renseignements, que ce n'est pas en vain qu'ils les ont donnés.

J'estime, en outre, que l'Association française pour l'Avancement de Sciences, pour laquelle cette enquête a été faite, ne saurait se désintéresser de cette publication, et qu'elle doit au moins y participer.

M. E. MAUREL

ET

M. ARNAUD,

Préparateur à la Faculté de Médecine (Toulouse).

DE LA MORBIDITÉ DE LA TUBERCULOSE DANS LA RÉGION TOULOUSAINE.

614-16-542 (44.7-8)

6 Août.

A l'occasion du Congrès international de la tuberculose de Paris en 1905, M. Maurel et moi, nous eûmes la pensée de faire une statistique sur la *morbidité de la tuberculose* dans la région toulousaine. On avait déjà beaucoup de statistiques sur la *mortalité*, mais aucune, croyons-nous, au moins un peu étendue, n'avait été faite sur la *morbidité.*

Pour cette enquête, nous fûmes forcément conduits à la limiter aux centres dans lesquels il n'y avait qu'un médecin. La faire porter sur les centres en ayant plusieurs nous eût trop exposés à voir souvent le même malade compté plusieurs fois.

Nous dûmes donc nous limiter aux centres n'ayant qu'un médecin, et cette condition nous limitant à la population des campagnes, notre travail fut communiqué sous le titre de *morbidité de la tuberculose dans la population rurale de la région toulousaine.*

Ce travail, quoique ne portant que sur sept départements, celui de la Haute-Garonne et ses six limitrophes : Ariège, Aude, Tarn, Tarn-et-Garonne, Gers et Hautes-Pyrénées, fut très remarqué, probablement, parce que c'était pour la première fois que l'on cherchait à évaluer le nombre de tuberculeux existant à un moment donné, et aussi peut-être parce que, quoique ne portant que sur la population rurale, il permettait d'en inférer ce que la morbidité devait être dans les villes. Les principales conclusions de ce travail furent les suivantes :

1º La proportion des tuberculeux, pour cette région, dans cette population est en moyenne de 4 °/oo.

2º La tuberculose pulmonaire comprend les 70 °/₀ des cas;

3º La tuberculose parait être moins fréquente dans les régions montagneuses que dans celles des plaines .

Telles furent les conclusions qui se dégagèrent de notre statistique en 1905.

Or, le Congrès pour l'Avancement des sciences devant avoir lieu cette année à Toulouse, soit 5 ans après notre première statistique, il nous a paru intéressant, à M. Maurel et à moi, de refaire la même statistique et dans les mêmes conditions.

M. Viguier, préfet de la Haute-Garonne a bien voulu, comme la première fois, nous accorder le concours de la voie administrative; et grâce à lui nous avons pu de nouveau mener à bien une enquête qui présentera ainsi un double intérêt : celui de nous fixer, au moins approximativement, sur le nombre de tuberculeux existant actuellement dans les campagnes de cette région, et aussi celui de permettre de faire une comparaison avec le nombre existant à 5 ans d'intervalle.

Ces 7 départements nous ont fourni 185 questionnaires et la population de ces 185 communes s'élève à 173 588 habitants. Sur ce nombre on nous a signalé comme existant maintenant 323 tuberculeux soit une moyenne de 1,86 °/₀₀. Sur ces 323 tuberculeux, il y a 227 localisations pulmonaires et 96 sur l'ensemble des autres organes soit une proportion de 70 °/₀ de tuberculoses pulmonaires. Enfin sur ces 185 localités 76 n'ont pas de tuberculeux ; c'est donc une proportion de 41 °/₀ de villages sans tuberculeux.

Ces chiffres, si l'avenir les confirmait, indiqueraient dans cette région une amélioration notable de la tuberculose. Si, en effet, la proportion des localisations pulmonaires par rapport aux autres reste la même soit 70 °/₀ la proportion des tuberculeux pris dans leur ensemble est bien diminuée. Elle ne serait plus en effet que de 1,86 °/₀₀ tandis qu'elle était de 3,72 °/₀₀.

DÉPARTEMENTS.	NOMBRE de questionnaires reçus.	POPULATION.	NOMBRE de tuberculeux.	NOMBRE de tuberculoses pulmonaires.	AUTRES localisations tuberculeuses.	NOMBRE de communes sans tuberculeux.	POURCENTAGE.
Ariège	20	27 997	32	21	11	9	
Haute-Garonne	49	40 848	61	49	12	23	
Aude	39	36 434	103	70	33	8	
Tarn	15	16 922	38	23	15	5	
Tarn-et-Garonne	11	11 439	24	19	5	4	
Gers	27	19 934	38	29	9	14	
Hautes-Pyrénées	24	19 934	27	16	11	13	
Totaux	185	173 508	323	227	96	76	41 p. °/₀

C'est une diminution de plus de la moitié. Nous est-il permis d'accepter ces chiffres et de croire à cette heureuse modification?

Bien entendu, ces chiffres présentent forcément toutes les incertitudes qui peuvent résulter d'une pareille enquête; mais cependant, nous devons faire remarquer que les questionnaires envoyés ont été les mêmes, et que ce sont, d'une manière générale, les mêmes médecins qui ont répondu aux deux. Dans ces conditions nous estimons que les résultats auxquels nous sommes arrivés devront être pris en sérieuse considération.

Ce qui tend, de plus à augmenter leur garantie c'est que nous avons trouvé la même différence entre les régions de plaines et celles de montagnes. En 1905 la moyenne des régions de montagne avait été de 2,88 et celle des plaines de 3,86 soit une différence assez marquée en faveur des régions montagneuses. Or, en 1910, nous trouvons 1,32 pour les montagnes et 2,39 pour les plaines. L'avantage se maintient en faveur des premières.

Notre enquête nous conduit donc à ces conclusions :

1º Que dans cette région, comprenant 7 départements, la tuberculose est en diminution dans la population rurale ;

2º Qu'en ce moment sa proportion n'arriverait plus à 2 °/₀₀ tandis qu'elle était de 3,72 en 1905;

3º Que la tuberculose est restée plus fréquente dans les plaines que dans les montagnes;

4º Que la proportion des tuberculoses pulmonaires, par rapport aux autres localisations, est restée la même, soit environ de 70 °/₀.

M. DE MICAS.

(Toulouse).

LA MORTALITÉ PAR TUBERCULOSE A TOULOUSE DE 1895 A 1909.

614-16-542 (44.86)

3 Août.

Quand mon excellent confrère le Dr Candelou en raison de son grand âge, demanda à la Société de Médecine, Chirurgie et Pharmacie de le remplacer dans le service de la statistique, on me fit l'honneur de me désigner pour recueillir sa succession. C'est à ce titre et pour répondre à la très aimable invitation de M. le Professeur Maurel que je viens vous présenter la Statistique de la mortalité par tuberculose à Toulouse de 1895 à 1909.

Ce travail si éloigné de l'oculistique, mon occupation journalière, aurait gagné à être fait par mon distingué prédécesseur qui, pendant plus de quinze ans, a tenu les cahiers de statistique avec une inimitable précision. S'il a quelque mérite, l'honneur doit lui en revenir, s'il contient des lacunes vous les excuserez : mon expérience est trop courte en pareille matière.

Quel est au juste le chiffre exact de la population toulousaine ? Les officiels déclarent, avec les annuaires, que Toulouse compte 149841 habitants. Mais les officieux soutiennent avec quelque semblant de raison peut-être, que ce chiffre est depuis longtemps et de beaucoup dépassé. Je n'ai pas qualité pour expliquer ces divergences d'opinions, en rechercher les causes et donner gain de cause aux uns contre les autres. Ces explications me paraissent nécessaires car si une ville de moins de cent cinquante mille habitants peut jouir de certains avantages financiers il est hors de doute qu'une mortalité annuelle oscillant entre 3500 et 3700 décès lui donne, un mauvais renom sous le rapport de l'hygiène, de la salubrité, du climat.

Tel est peut-être le cas de Toulouse, en la circonstance, et cependant je ne crains pas d'affirmer que sous le rapport de la santé Toulouse ne le cède en rien aux villes d'égale importance

Les épidémies y sont rares : la variole fait des apparitions de plus en plus éloignées, la fièvre typhoïde, il est vrai, y règne d'une manière endémique, comme dans toutes les grandes villes, mais elle n'occasionne que 30 ou 32 décès par an et si en 1899 cette maladie a fait soixante et douze victimes, chiffre qui depuis avant 1892 n'a jamais été atteint, nous n'avons cette année, jusqu'à ce jour, enregistré que 7 décès. La mortalité par diphtérie était de 30 à 35 décès par an avant 1894; la découverte et l'emploi judicieux du sérum l'a abaissée à 14 ou 15. La scarlatine ne figure, dans la statistique annuelle, qu'avec 3 ou 4 décès.

Le premier tableau statistique est le relevé annuel, mois par mois, des décès par tuberculose à Toulouse. Il a été établi, selon mon habitude et suivant l'habitude de mon prédécesseur, âge par âge : de 1 an à 2 ans, de 2 ans à 3 ans. de 3 ans à 5 ans, de 5 ans à 10 ans, de 10 ans à 15 ans, de 15 ans à 20 ans, de 20 ans à 30 ans, de 30 ans à 40 ans, de 40 ans à 50 ans, de 50 ans à 60 ans, de 60 à 70 ans, de 70 à 80 ans.

	1 an à 2 ans.	2 ans à 3 ans.	3 ans à 5 ans.	5 ans à 10 ans.	10 ans à 15 ans.	15 ans à 20 ans.	20 ans à 30 ans.	30 ans à 40 ans.	40 ans à 50 ans.	50 ans à 60 ans.	60 ans à 70 ans.	70 ans à 80 ans.	TOTAL.
1895.													
Janvier....	5	2	2	1	1	3	8	4	9	2	2	1	35
Février....	1	//	//	1	//	6	14	7	8	6	1	//	44
Mars......	//	1	1	//	//	6	9	5	8	3	4	//	37
Avril......	//	//	1	1	3	1	13	7	1	1	3	//	31
Mai.......	//	//	1	//	2	2	10	12	4	5	4	//	40
Juin.......	//	//	//	//	3	3	3	3	4	4	4	//	24
Juillet.....	//	1	//	2	6	2	7	13	7	3	2	//	43
Août......	//	//	//	//	2	5	14	7	4	5	1	//	38
Septembre.	//	//	//	//	1	2	7	13	2	5	4	//	34
Octobre...	//	//	//	1	//	1	7	2	4	3	//	1	19
Novembre..	//	1	//	//	//	3	6	4	5	6	3	//	28
Décembre..	//	//	//	//	1	1	9	5	7	2	1	//	26
Total...	1	5	5	6	19	35	107	82	63	45	29	2	**399**
1896.													
Janvier....	//	1	2	//	2	5	14	5	5	3	1	//	38
Février....	//	//	//	//	//	2	9	8	8	3	3	//	35
Mars......	//	//	//	1	2	6	8	4	3	6	3	1	34
Avril......	//	1	//	2	1	2	11	9	3	6	//	//	35
Mai.......	//	//	//	2	2	3	13	3	4	3	1	//	31
Juin.......	//	//	//	3	1	5	6	13	2	2	//	//	32
Juillet.....	//	1	//	4	1	2	7	8	2	4	//	//	29
Août......	//	//	1	//	//	1	11	8	6	5	2	//	34
Septembre.	//	2	//	//	1	2	7	7	7	3	4	1	34
Octobre...	//	1	//	//	1	3	7	7	7	2	5	1	34
Novembre.	//	//	//	1	4	6	12	3	6	2	1	//	35
Décembre..	//	1	//	//	//	1	9	3	4	2	//	1	21
Total...	//	7	3	13	15	38	114	78	57	43	20	4	**392**
1897.													
Janvier....	2	//	//	3	1	6	9	5	4	//	1	//	31
Février....	2	//	//	3	//	3	5	6	6	4	1	1	31
Mars......	2	//	1	//	1	4	11	7	5	2	//	//	33
Avril......	1	//	//	1	1	5	5	7	3	2	2	//	26
Mai.......	1	//	//	//	3	5	6	6	9	3	2	//	35
Juin.......	//	//	//	//	2	2	10	9	6	4	1	//	34
Juillet.....	1	//	1	1	1	5	5	6	5	2	3	//	30
Août......	//	//	//	1	1	5	8	5	3	1	//	//	24
Septembre.	//	//	//	1	1	5	9	2	6	3	2	//	29
Octobre...	//	//	//	//	//	2	5	1	5	4	1	1	19
Novembre..	//	//	//	//	//	1	2	4	3	2	2	//	14
Décembre..	//	//	3	//	3	6	4	3	6	7	//	//	32
Total...	9	//	5	10	14	49	79	61	61	34	14	2	**338**

	1 an à 2 ans.	2 ans à 3 ans.	3 ans à 5 ans.	5 ans à 10 ans.	10 ans à 15 ans.	15 ans à 20 ans.	20 ans à 30 ans.	30 ans à 40 ans.	40 ans à 50 ans.	50 ans à 60 ans.	60 ans à 70 ans.	70 ans à 80 ans.	TOTAL.
1898.													
Janvier....	//	//	1	//	//	3	5	4	7	2	1	//	23
Février....	//	//	//	//	3	4	5	14	3	6	5	//	40
Mars.....	//	//	//	1	//	2	7	9	8	6	2	//	35
Avril......	//	//	//	//	4	11	13	6	5	2	1	//	42
Mai.......	//	//	//	1	//	3	15	3	6	1	5	//	34
Juin.......	1	//	//	//	1	2	4	7	3	3	1	//	22
Juillet.....	1	//	1	1	2	4	11	3	5	3	1	//	32
Août......	//	//	//	//	3	4	7	6	8	4	3	1	36
Septembre.	//	//	//	//	1	4	6	3	6	2	3	3	28
Octobre...	//	//	//	3	1	2	14	9	4	4	3	//	40
Novembre..	//	//	//	1	//	2	7	7	2	8	//	//	27
Décembre..	//	//	//	//	3	2	10	6	6	8	2	1	38
Total...	2	//	2	7	18	43	104	77	63	49	27	5	**397**
1899.													
Janvier....	//	//	//	1	//	5	6	7	2	5	2	1	29
Février....	//	//	//	1	2	2	9	4	8	6	2	//	34
Mars......	//	//	1	2	1	1	8	10	10	7	//	1	41
Avril......	//	//	//	1	//	6	8	6	5	4	2	//	32
Mai.......	//	//	2	//	1	3	4	8	10	4	3	//	35
Juin.......	//	//	1	//	//	2	4	5	6	4	4	//	26
Juillet.....	//	//	//	//	1	//	6	7	4	1	1	1	28
Août......	//	//	//	1	1	2	8	7	3	3	//	1	26
Septembre.	//	1	1	//	1	//	4	4	3	1	1	//	20
Octobre...	//	//	//	1	3	10	9	9	5	1	//	//	38
Novembre..	//	//	//	//	3	1	10	6	4	//	2	//	26
Décembre..	//	2	1	//	1	5	5	5	3	7	2	1	32
Total...	//	3	5	7	14	41	81	78	63	45	19	5	**362**
1900.													
Janvier....	//	//	//	//	//	3	10	12	4	7	4	1	41
Février....	//	//	//	1	1	2	3	5	12	6	3	//	33
Mars.....	//	1	//	2	2	2	9	6	4	5	2	1	34
Avril......	//	//	1	1	1	2	5	7	3	5	//	//	25
Mai.......	//	//	1	//	1	6	12	7	4	6	//	//	37
Juin.......	//	1	//	2	2	2	5	11	4	4	3	//	34
Juillet.....	//	//	//	//	1	3	12	4	5	7	3	1	36
Août......	//	//	//	//	3	7	5	2	4	3	1	//	25
Septembre.	//	//	//	1	1	4	14	5	5	4	3	//	37
Octobre...	//	//	1	//	1	1	8	9	5	6	//	1	32
Novembre..	//	//	1	//	//	1	7	9	4	1	2	1	26
Décembre..	//	//	//	//	2	2	9	8	4	3	1	2	31
Total...	//	2	4	7	15	35	99	85	58	57	22	7	**391**

	1 an à 2 ans.	2 ans à 3 ans.	3 ans à 5 ans.	5 ans à 10 ans.	10 ans à 15 ans	15 ans à 20 ans.	20 ans à 30 ans.	30 ans à 40 ans.	40 ans à 50 ans.	50 ans à 60 ans.	60 ans à 70 ans.	70 ans à 80 ans.	TOTAL.
1901.													
Janvier....	2	//	2	//	//	3	7	4	3	2	//	//	23
Février....	2	//	//	//	1	3	14	7	4	4	5	//	40
Mars......	1	//	//	1	1	//	11	6	7	6	//	1	34
Avril.....	1	//	1	1	//	5	14	4	8	3	3	//	40
Mai	//	//	//	//	1	5	5	7	7	7	1	1	34
Juin.......	1	//	1	//	//	1	9	4	5	2	4	//	27
Juillet.....	//	1	//	1	//	5	14	6	2	4	2	//	35
Août......	//	1	//	//	2	1	6	13	8	4	1	//	36
Septembre.	1	//	//	//	6	9	7	3	6	3	//	//	35
Octobre ...	1	//	//	1	3	6	4	5	5	3	//	//	28
Novembre .	1	//	//	//	5	7	8	13	8	2	//	//	44
Décembre..	//	//	1	1	1	5	5	6	1	//	//	//	20
Total...	10	2	5	5	20	50	104	78	64	40	16	2	**396**
1092.													
Janvier....	2	//	//	//	//	2	6	7	7	6	4	//	34
Février....	//	//	1	//	1	3	3	5	6	2	3	1	28
Mars.......	//	//	//	1	1	2	10	7	6	5	2	//	34
Avril......	//	//	//	//	2	4	5	11	6	//	6	//	34
Mai	//	//	//	1	1	1	6	8	5	3	2	//	27
Juin.......	//	//	//	//	//	8	8	5	6	5	1	3	36
Juillet.....	1	//	//	1	2	4	12	8	4	6	2	1	41
Août......	1	//	//	//	1	2	6	5	7	10	1	1	34
Septembre.	1	//	//	//	3	2	14	8	6	5	1	//	40
Octobre ...	//	//	//	//	2	1	11	13	4	2	4	//	37
Novembre .	//	//	//	//	1	4	6	7	6	4	2	//	30
Décembre..	//	1	//	//	1	//	1	7	10	6	3	2	31
Total...	5	1	1	3	15	33	91	81	73	54	31	8	**406**
1903.													
Janvier....	//	//	//	//	//	3	7	7	9	3	2	//	31
Février....	//	//	//	1	//	1	10	7	9	1	2	1	32
Mars	1	//	//	//	2	2	8	12	4	8	3	2	42
Avril......	//	1	//	2	1	4	4	2	3	1	3	//	21
Mai	//	//	//	//	1	2	2	6	7	3	5	3	29
Juin......	//	//	//	//	//	//	1	8	7	6	1	3	26
Juillet.....	//	//	//	//	//	//	4	3	9	7	6	//	29
Août......	//	//	//	//	//	1	4	7	13	4	7	1	37
Septembre.	//	//	//	//	//	2	11	13	7	1	//	1	35
Octobre ...	//	//	//	//	2	1	3	6	7	3	6	3	31
Novembre .	//	//	//	1	3	1	8	8	4	5	2	1	33
Décembre..	//	//	//	//	2	//	14	4	1	4	1	//	26
Total...	1	1	//	4	11	17	76	83	80	46	38	15	**372**

	1 an à 2 ans.	2 ans à 3 ans.	3 ans à 5 ans.	5 ans à 10 ans.	10 ans à 15 ans	15 ans à 20 ans	20 ans à 30 ans.	30 ans à 40 ans.	40 ans à 50 ans.	50 ans à 60 ans.	60 ans à 70 ans.	70 ans à 80 ans.	TOTAL.
1904.													
Janvier....	″	″	″	″	2	4	11	6	5	5	3	″	36
Février....	″	1	1	″	3	″	12	5	1	2	3	″	28
Mars......	″	″	2	2	3	″	13	8	9	8	1	″	46
Avril......	1	″	″	″	1	4	12	5	6	6	1	″	36
Mai.......	″	″	″	″	3	8	10	15	7	4	1	1	43
Juin.......	1	1	″	″	1	2	9	9	7	2	″	″	32
Juillet.....	″	″	″	″	2	6	14	7	12	3	4	1	49
Août......	″	1	″	″	″	2	7	4	7	2	2	1	26
Septembre.	″	″	″	″	2	6	6	4	5	3	1	″	27
Octobre ...	1	″	″	1	1	1	6	6	9	1	1	″	27
Novembre..	1	″	″	″	″	1	10	12	11	2	4	″	41
Décembre..	″	″	″	″	″	9	10	7	9	5	″	″	40
Total...	4	3	3	3	18	43	120	88	82	43	21	3	**431**
1905.													
Janvier....	″	″	″	″	″	″	6	6	3	4	2	1	22
Février....	″	″	″	″	″	1	6	7	9	7	1	″	31
Mars......	″	″	″	″	2	2	12	9	5	7	1	1	39
Avril......	″	1	″	1	″	2	11	5	12	4	″	″	36
Mai.......	″	″	1	″	″	3	5	6	3	3	4	″	25
Juin.......	″	″	″	″	″	4	9	6	5	1	1	″	26
Juillet.....	″	″	″	″	″	3	6	11	6	3	4	″	33
Août......	″	″	″	″	3	7	11	6	1	9	1	1	39
Septembre.	″	″	″	″	4	4	5	8	5	5	2	″	33
Octobre ...	″	″	″	″	″	5	12	9	10	6	3	1	46
Novembre.	″	″	″	″	″	3	4	9	7	5	″	″	28
Décembre..	″	″	1	″	1	4	3	9	4	3	3	″	28
Total...	″	1	2	1	10	38	90	91	70	57	22	4	**386**
1906.													
Janvier....	″	1	″	″	1	1	2	6	9	1	″	″	28
Février....	″	″	″	1	2	4	7	7	5	5	″	″	31
Mars......	″	″	1	″	1	3	9	7	4	5	3	1	34
Avril......	″	″	1	1	3	2	16	7	6	1	2	″	39
Mai.......	″	″	″	″	1	6	9	6	5	2	3	1	33
Juin.......	″	″	″	″	4	2	16	10	6	6	2	″	46
Juillet.....	″	1	″	″	1	6	12	10	6	3	3	1	43
Août......	″	″	1	″	″	4	5	8	2	4	1	″	25
Septembre.	″	″	″	1	″	2	12	9	7	4	″	″	35
Octobre ...	1	1	″	″	1	3	7	9	8	1	4	1	36
Novembre.	″	1	1	″	″	3	6	4	5	5	2	″	27
Décembre..	″	″	1	″	2	3	12	9	6	3	1	1	38
Total...	1	4	5	3	16	39	120	92	69	40	21	5	**415**

	1 an à 2 ans.	2 ans à 3 ans.	3 ans à 5 ans.	5 ans à 10 ans.	10 ans à 15 ans.	15 ans à 20 ans.	20 ans à 20 ans.	30 ans à 40 ans.	40 ans à 50 ans.	50 ans à 60 ans.	60 ans à 70 ans.	70 ans à 80 ans.	TOTAL.
1907.													
Janvier....	1	1	//	//	//	4	13	9	8	4	4	//	44
Février....	//	//	1	//	1	2	9	10	6	5	1	1	36
Mars	1	1	//	1	2	4	5	18	4	6	3	//	45
Avril......	1	//	//	//	1	4	15	6	8	5	1	//	41
Mai........	//	//	//	//	//	//	2	4	9	7	3	1	26
Juin.......	//	//	//	1	2	1	5	6	6	5	1	1	28
Juillet.....	1	//	//	//	2	3	5	11	4	3	1	//	30
Août	//	//	//	//	2	3	7	11	7	2	1	//	33
Septembre.	//	//	//	//	//	5	3	3	8	7	4	//	30
Octobre ...	//	//	//	//	//	1	7	9	5	1	2	//	25
Novembre..	//	//	//	//	//	3	8	7	6	3	1	//	28
Décembre..	1	//	//	//	1	1	13	10	4	4	4	1	39
Total...	5	2	1	2	11	31	92	104	75	52	26	4	**405**
1908.													
Janvier....	//	//	//	//	//	3	10	4	2	6	2	1	28
Février....	//	1	//	//	1	//	10	6	6	7	2	//	33
Mars	//	//	//	//	//	//	4	6	7	9	3	1	30
Avril......	//	//	1	1	3	2	12	8	5	5	2	//	39
Mai........	//	//	//	//	2	2	9	10	6	4	2	//	35
Juin.......	//	//	//	//	1	5	11	6	6	3	2	//	34
Juillet.....	//	//	//	1	2	5	9	7	3	2	1	1	31
Août	//	//	//	1	3	2	9	6	4	1	//	//	26
Septembre.	//	//	//	1	//	4	8	9	6	1	//	//	29
Octobre ...	//	//	//	//	//	//	2	11	3	5	4	1	26
Novembre..	//	//	//	//	//	1	1	5	3	2	7	2	21
Décembre..	//	//	//	//	//	1	7	8	7	2	//	//	25
Total...	//	1	1	4	12	25	92	86	58	47	25	6	**357**
1909.													
Janvier....	//	1	//	1	1	5	10	8	9	2	//	//	37
Février....	//	//	//	//	//	3	4	10	8	2	2	//	29
Mars	//	//	//	//	1	1	10	4	5	4	2	1	28
Avril......	//	//	//	//	//	//	3	12	2	//	2	//	19
Mai	//	//	//	//	//	5	8	6	5	1	//	//	25
Juin.......	//	//	//	//	//	1	4	10	5	2	3	//	25
Juillet.....	//	//	//	//	//	4	4	2	2	1	2	//	15
Août	//	//	//	//	//	3	2	4	4	7	//	//	20
Septembre.	//	//	1	//	//	2	7	5	2	2	//	//	19
Octobre ...	//	//	//	//	//	1	7	3	2	1	//	//	14
Novembre..	//	//	//	//	//	3	6	7	4	2	//	//	22
Décembre..	//	//	//	//	//	3	5	3	5	3	1	//	18
Total...	//	1	1	1	2	31	70	74	51	27	12	1	**271**

En comparant les décès annuels par tuberculose et les décès de causes générales à Toulouse, j'ai pu établir le tableau des propositions qui démontre d'une manière très nette, que la tuberculose occasionne les 10 ou 11 °/₀ du total des décès dans notre ville. On se prendrait peut-être à espérer une grande diminution de cette maladie si l'on considère seulement l'année 1909. L'explication la plus p'ausible d'un fait malheureusement anormal, que je donnerai plus loin, fera tomber ces illusions.

Proportion des décès par tuberculose et des décès de causes générales, à Toulouse de 1895 à 1909.

	1895.	1896.	1897.	1898.	1899.	1900.	1901.	1902	1903.	1904.	1905.	1906.	1907.	1908.	1909.
Mortalité totale.	3785	3433	3421	3701	3751	3686	3570	3508	3556	3724	3331	3819	3935	3572	3963
Mortalité par tuberculose..	399	392	338	397	362	391	386	406	372	431	386	415	405	357	275
Proportion pour 100..........	10,5	11,4	9,3	10,7	9,6	10,4	10,4	11,6	10,4	11,6	11,6	10,8	10,1	10	7

Une idée très répandue dans notre région, entretenue peut-être par des sentiments poétiques, veut que les mois d'automne soient surtout néfastes aux tuberculeux et que la tuberculose, connue encore sous le nom de maladie de langueur, prenne fin plus habituellement au moment de la chute des feuilles. Que cette croyance soit fondée dans d'autres régions cela est très possible, mais dans le pays Toulousain, à notre époque du moins, elle est un vulgaire préjugé. Sans aucun fondement dont la réfutation ne se dégage nettement de la lecture attentive du Tableau des proportions des décès mensuels par tuberculose et des décès annuels par cette maladie. Le nombre de décès est assez sensiblement le même chaque mois, il est cependant un peu plus élevé en février, mars, avril et mai. Il n'y a d'ailleurs rien d'étonnant à cela, car dans notre région les derniers mois de l'hiver et les premiers mois du printemps sont plutôt mauvais, tandis que le plus souvent nous jouissons d'un temps doux et agréable pendant l'automne.

A quel âge meurt-on, surtout de la tuberculose? Quelle est l'influence de la rougeole et de la coqueluche sur la tuberculose?

On trouve la solution de ces deux intéressantes questions dans le tableau de *proportion des décès annuels* par tuberculose *suivant les âges.* La tuberculose n'est pas une de ces maladies qui frappe les personnes de tel âge et épargne celles d'un autre. Elle sévit il est vrai, d'une manière toute particulière entre 15 et 40 ans (52 à 66 °/₀ des décès), entre 40 et 60 ans (24 à 30 °/₀) mais les enfants et les vieillards ne sont pas non plus épagnés 5 à 10 °/₀. Peut-être même pourrait-on dire que la tuberculose frappe plus souvent qu'on ne le pense les personnes âgées.

En effet le diagnostic de tuberculose sénile est presque toujours fait chez des malades des hôpitaux et tout porte à croire qu'il serait beaucoup plus fréquent, si les praticiens savaient et pouvaient utiliser les moyens de contrôle dont on dispose aujourd'hui.

Proportion des décès mensuels et des décès annuels par tuberculose, à Toulouse, de 1895 à 1909.

	1895.	1896.	1897.	1898.	1899.	1900.	1901.	1902.	1903.	1904.	1905.	1906.	1907.	1908.	1909.
Décès annuels..	399	392	338	397	362	391	386	406	371	431	386	415	405	357	275
						Proportion pour 100.									
Janvier.........	9	9,5	9	6	8	10	6	9	8,5	8	6	7	10	8	13
Février........	11	9	9	10	9	8	10	7	8,5	7	7	7	9	9	9
Mars...... ...	9,5	8,9	9	9	10,5	8	9	9	10,5	10,2	10	9	10	9	9
Avril..........	8	9,2	8	10,3	9	6	10	9	6	8	10	9	10	10	7
Mai..........	10	8,5	10,1	9	9	9	9	7	8	10	6	9	6	11	9
Juin..........	6	8,6	10,1	6	7	9	7	9	7	8	6	10,5	7	10	9
Juillet........	10,5	8,5	10	9	8	9	9	10	8	11	9	10,5	7	10	6
Août..........	10	8,5	7	9	7	6	9	9	10	7	10	6	9	7,5	8
Septembre.....	9	8,5	8	-7	6	9	9	10	10	7	9	9	8	7	7
Octobre...... .	5	8,5	5	10	9	8	7	9,5	8	7	11	9	6	7,5	6
Novembre.....	7	8	4	7	7	6	10,5	8	9	9	6	7	7	7	9
Décembre	7	5	9	9	9	8	5	8	7	9	6	9	10	7,5	8

En 1897, 1899, 1900 1903, 1906, des épidémies de rougeole, et en 1896, 1901, 1904, des épidémies de coqueluche ont sévi avec une grande intensité. Ces maladies passent, à juste titre, pour donner un coup de fouet ou prédisposer à la tuberculose. Cette influence semble s'être nettement manifestée à Toulouse, car nous voyons que la mortalité entre 1 an et 15 ans pendant ou après les années d'épidémie, est passée de 5,5 ou 6 °/₀ à 8 °/₀.

Pour conclure je dirai :

1° A Toulouse la mortalité par tuberculose représente le dixième ou le onzième de la mortalité totale.

Il est exceptionnel qu'en 1909, qui a été l'année la plus terrible pour la santé depuis 1892 par suite d'une épidémie de grippe en janvier, février et surtout mars, la mortalité par tuberculose soit descendue à 7 °/₀ de la mortalité générale. J'attribuerais volontiers cette faible proportion à de fausses déclarations, faites par les familles aux médecins de l'état civil. Il y a tout lieu de penser qu'on attribuait uniquement à la grippe des décès survenant chez des chroniques qu'on ne s'attendait à voir disparaître que lentement après de longs mois de souffrances et de soins.

2° Les décès par tuberculose se produisent à Toulouse, d'une manière à peu près régulière chaque mois; cependant février, mars, avril et mai semblent plus chargés que les autres.

3º Les décès se produisent à tout âge; le maximum des décès se produit entre 15 et 40 ans, (60 °/₀), entre 40 et 60 la proportion n'est plus que de 25 à 30 °/₀, le reste des décès se répartit en parties à peu près égales entre 1 an et 15 ans, entre 60 et 80 ans.

La tuberculose sénile semble plus fréquente qu'on le croit habituellement.

Proportion des décès annuels par tuberculose, par catégorie d'âge.

ANNÉE.	TOTAL.	DE 1 AN A 15 ANS.		DE 15 ANS A 40 ANS.		DE 40 ANS A 60 ANS.		DE 60 ANS A 80 ANS.	
		Nombre.	Proportion.	Nombre.	Proportion.	Nombre.	Proportion.	Nombre.	Proportion.
			pour 100		pour 100		pour 100		pour 100
1895......	399	36	1	284	60	108	30	31	6
1896......	392	38	9	230	60	100	25	24	6
1897......	338	38	10	189	56	95	28	16	5
1898......	397	29	7	224	58	112	29	32	8
1899......	362	30	8	200	55	108	30	24	7
1900......	391	28	7	229	60	115	30	29	7
1901......	386	42	10,5	232	60	104	30	18	5,3
1902......	406	15	4	205	32	127	32	39	10
1903......	372	17	5	176	47	126	33	53	11
1904......	451	31	7	251	37	125	30	24	8
1905......	386	24	6	210	54	127	33	25	7
1906......	415	29	7	251	60	109	26	26	7
1907......	405	21	5	227	56	177	31	30	7
1908......	357	18	5	203	60	105	30	31	9
1909......	275	4	1,50	175	54	78	28	15	5

4º Les épidémies de rougeole et de coqueluche paraissent avoir une influence facheuse sur la tuberculose; tandis que la moyenne de la mortalité entre 1 an et 15 ans n'est habituellement que de 5 à 6 °/₀, elle s'est élevée, les années d'épidémie ou l'année suivante, jusqu'à 8 °/₀.

DISCUSSION. — M. MAUREL félicite le Dr de Micas d'avoir continué la statistique faite pendant longtemps par M. Candelou, sur les causes de la mortalité à Toulouse, causes relevées chaque mois. Il fait ressortir les avantages de cette statistique et en même temps la persévérance qu'il a fallu au Dr Candelou pour la continuer aussi longtemps et avec autant de soin. Il montre en s'appuyant sur les chiffres relatifs à la tuberculose, l'importance que peuvent prendre ces renseignements pour certaines autres affections, tels que la diphtérie pour laquelle le Dr Candelou a signalé des cas de contagion de maison, se produisant à plusieurs années d'intervalle. Enfin en terminant M. Maurel remercie M. de Micas; et lui souhaite de pouvoir pendant longtemps assurer le service que lui a laissé M. Candelou, et que jusqu'à présent il a si bien rempli.

M. LE DR CARCANAGUE.

(Toulouse).

CONTRIBUTION A L'ÉTUDE DE LA MORBIDITÉ DE LA TUBERCULOSE DANS LA RÉGION TRANSVERSALE DE LA FRANCE, DE LA CHARENTE-INFÉRIEURE A LA HAUTE-SAVOIE.

614-19-542 (44-4-5-6-7-8-9)

6 *Août.*

La région dont j'ai mission de vous entretenir va du littoral de l'Océan aux cimes élevées des Alpes. Elle comprend dans 18 départements, 277 communes rurales et une population de près de 400 000 habitants, généralement peu aisés, vivant loin des centres, d'une vie simple, sobre et des plus primitives.

Ce sont les départements des Charentes, des Deux-Sèvres, de la Creuse, de la Corrèze, du Lot, du Cantal, de la Loire et Haute-Loire, du Puy-de-Dôme, de l'Allier, du Rhône, de l'Ain, de l'Isère et de la Savoie.

Tous les éléments météorologiques pouvant jouer un rôle dans l'évolution de la tuberculose y sont représentés :

On peut y rencontrer les avantages précieux que retire la tuberculose de la mer, de la plaine et de la montagne, avec toutes ses altitudes.

Autant de climats que la médecine a voulu chercher à utiliser contre cette terrible maladie.

L'intérêt de cette région est donc considérable pour nous.

C'est pourquoi nous avons demandé à 498 médecins, exerçant, seuls, dans une des 498 communes de cette contrée de remplir notre questionnaire.

277 ont régulièrement répondu à notre appel et ont ainsi facilité notre tâche.

Beaucoup d'autres nous ont renvoyé des questionnaires incomplets, dont nous n'avons pas pu faire usage.

Certains, exerçant dans des centres populeux et miniers, nous ont accusé une proportion très élevée de tuberculeux, les $\frac{8}{10}$ de la population; nous n'avons pas cru devoir en tenir compte, dans une 'statistique destinée spécialement à la campagne et dont le but est d'établir une moyenne tout à fait générale et non pas de fixer l'état particulier d'un foyer isolé au milieu d'un département.

D'autres ont été empêchés ou ont voulu s'abstenir de nous renseigner, pour des raisons qu'il ne nous convient pas d'apprécier.

En leur adressant à tous nos remerciements, je vais vous résumer leurs observations.

J'ai moi-même exercé, pendant plusieurs années, la médecine dans une de ces campagnes et j'y reviens encore souvent pendant les vacances. J'aurais pu être touché par un de ces questionnaires si j'y étais resté, et si vous voulez bien me le permettre, je vous ferai part des observations que j'aurais pu donner en cette circonstance, et vous rapporterai ce que j'y ai constaté. Sur 362 396 habitants, il y a dans cette région 2138 tuberculeux, 1410 pulmonaires et 728 affections osseuses ou articulaires.

Soit une proportion moyenne de 6 tuberculeux pour 1000 habitants de ces campagnes.

Le Lot, le Rhône, les Charentes ont des communes complètement indemnes. Mais ce qui nous frappe dans le Tableau que j'ai présenté à la section, c'est la situation particulière de certains pays jouissant jusqu'à ce jour de la réputation d'une immunité presque complète, contre les affections tuberculeuses. On lit dans beaucoup d'Ouvrages, que dans le Limousin, dans l'Auvergne et dans la Savoie, par exemple, on ne rencontre pas, pour ainsi dire, de phtisie; et vous voyez cependant que notre carte marque ces provinces d'un voile assez foncé. Le Limousin formé de la Vienne, de la Haute-Vienne, la Corrèze et la Creuse donnent, pour une population de 79 230 habitants, une proportion de 634 tuberculeux, soit 8 °/oo.

Les départements de la Savoie et de la Haute-Savoie, pour une population de 20 000 habitants, nous donnent 163 tuberculeux ; soit également 8 °/oo. L'Auvergne, formée du Puy-de-Dôme, du Cantal et de la Haute-Loire et d'une partie au moins de la Loire, donnent pour une population de 82 501 habitants, 448 tuberculeux soit encore une moyenne de 5,4 °/oo, tandis que le Lot en donne 1,7 °/oo, les Deux-Sèvres 3,7 °/oo ; La Charente-Inférieure 4,1 ; l'Ain et l'Allier 3,9 °/oo.

Les pays de plaines sont donc plus favorisés que les pays de montagnes. Beaucoup de nos confrères de ces régions, jetant le cri d'alarme, nous assurent que dans leurs communes, la tuberculose fait encore chaque année des progrès considérables. On en accuse : le manque absolu d'hygiène, l'alcoolisme, le métier militaire, le défaut de surveillance de l'enfance, les difficultés des désinfections à domicile, seulement facultatives, et qui devraient être obligatoires, enfin l'exode.

Toutes ces raisons existent et causent un grand nombre de décès. L'*hygiène* y est des plus déplorables.

Pénétrons dans une ferme, même des plus cossues d'une région montagneuse ? Je la choisis, non pas pour les besoins de la cause, mais au hasard, parmi les centaines que j'ai pu visiter. Nous quittons la grande route, et à pied ou à cheval nous gravissons le chemin boueux et rempli de fumier qui y conduit ; au fur et à mesure que nous approchons, nous pataugeons davantage dans les mares de purin.

Voici enfin le tas de fumier, sans cesse lavé par les eaux de pluies, et par le trop plein de l'abreuvoir, lequel ne sert pas seulement aux animaux mais également au personnel de la ferme, et celui-ci ne s'est jamais demandé si l'eau qui l'alimente, et qui a déjà servi à l'irrigation de plusieurs prés au-dessus, est réellement potable.

Derrière le fumier vient, immédiatement, la maison d'habitation, séparée de l'étable, par quelques planches mal jointes. Nous passons sous une porte basse et étroite, presque toujours ouverte, car c'est seulement par elle, ou par une petite croisée aux carreaux sales et crasseux, que pénètre à peine un peu de soleil et de lumière. Si nous sommes en hiver, il faut enjamber sur le pas de la porte un petit tas de fumier servant à boucher les nombreux vides qu'elle présente. Ces vides sont souvent le résultat de l'usure de la porte, mais quelquefois ils sont volontairement faits; ils servent à livrer passage à la volaille, aux chats, aux chiens, etc. Nous entrons dans une pièce de 6 m² à 7 m², cave creusée dans la montagne, à peu près obscure et complètement remplie d'une épaisse fumée; une immense cheminée bâtie en dépit de tous les principes physiques, n'appelle au dehors qu'une partie des produits gazeux fournis par les troncs de hêtres fumant dans l'âtre. Celui-ci du reste est déjà encombré par un énorme chaudron, dans lequel cuisent les pommes de terre destinées à l'alimentation des hommes et des animaux. Cette pièce n'est ni planchéiée, ni pavée; la terre bosselée, retient et absorbe les déjections des nombreux enfants et des animaux, partageant ce taudis, avec les gens. Autour, une série de grandes armoires aux planches vermoulues, contenant une paillasse de feuilles sèches de hêtre, quelquefois, des draps et une couverture, constituent les lits pour la maisonnée; c'est là que dorment et reposent, hommes, femmes, enfants et domestiques de tous sexes et souvent des animaux. Au milieu de cette unique pièce, servant à la fois de cuisine, de salle à manger, de dortoir et de cave se trouve une grande table entourée de deux bancs toujours sales sur lesquels viennent prendre place les bouviers au moment du repas. Cette table contient un immense tiroir constituant le garde à manger ; tous les restes pouvant être resservis y tombent et séjournent, en y subissant toute espèce d'altération. Un peu plus loin, se trouve un tonneau défoncé et sans couvercle de 250 l environ, dans lequel on accumule tous les jours toutes les eaux de vaisselle et autres, et tous les débris alimentaires; c'est la nourriture des porcs logés dans le voisinage. Aux poutres du plafond pendent des quartiers de vaches, de chèvre, ou de porcs, trop maigres pour être vendus à la ville ou qui ont été victimes d'un accident, quelquefois d'une maladie. Ces viandes mal salées et dans de très mauvaises conditions de conservation, ne sont pas toujours putréfiées. Tout y est affreusement noirci par cette fumée qui ne s'arrête ni nuit ni jour, car le feu s'éteint rarement à la ferme.

Les habitants vivent donc, la plus grande partie de leur existence au milieu de cet air saturé de fumée.

La réunion de 10, 15 ou 20 de ces chaumières installées et organisées de cette façon, constitue un hameau, un village, ou un chef-lieu de commune.

****9

Il est déplorable que l'hygiène soit aussi complètement inconnue, dans ces agglomérations et il sera toujours du devoir des médecins d'essayer quand même de la faire mieux apprécier. Mais ce manque d'hygiène existait autrefois et cependant les tuberculeux étaient moins nombreux ?

Ce n'est donc pas la véritable cause du mal.

Le tuberculeux vient du dehors, et il vient y mourir, et laisse après lui beaucoup de germes qui sont là dans un milieu propice à leur reproduction et cependant dans toute cette maisonnée vivant et grouillant presque les uns sur les autres, dans une promiscuité et une saleté des plus antihygiéniques, la contamination, quand il y en a, ne touche guère qu'une ou deux personnes au plus, un frère ou une sœur, de l'entourage le plus immédiat, et ceux-là guérissent presque toujours.

La contamination familiale y est relativement rare, malgré le manque absolu de précautions les plus élémentaires.

Plusieurs éléments assurément les protègent. Parmi tous ceux dont on a jusqu'ici invoqué l'action, plus ou moins manifeste, laissez moi en ajouter un autre.

Ainsi que je viens de vous le dire, ils passent les $\frac{3}{4}$ de leur existence enfumés dans leur chaumière, et cette fumée est le produit de l'incessante combustion du bois de hêtre; je n'ai pas besoin de vous rappeler que c'est le hêtre qui nous fournit la créosote et le gaïacol. En respirant nuit et jour cette fumée, ils peuvent peut-être en retirer les bienfaits de ces deux produits tout vantés pour la destruction du bacille.

Peut-être serait-il bon de songer à multiplier ces arbres, qui nous fournissent de précieux produits pharmaceutiques, employés journellement contre la plupart des affections pulmonaires.

L'*Alcoolisme* a dans les campagnes la même marche ascendante que dans les villes; elle y est même plus accentuée.

Il y a 40 ans, il fallait aller dans les meilleures maisons pour trouver une cave, avec un hectolitre de vin. Aujourd'hui, il y en a partout. On ne se contente pas de boire beaucoup de vin, on consomme aussi énormément de liqueurs et même de l'absinthe chez les plus pauvres.

A cette époque les domestiques des fermes étaient moins bien nourris, ils ne mangeaient de la viande de boucherie qu'aux grandes fêtes, buvaient un peu de vin, et des moins alcooliques, au moment des pénibles travaux de la fauchaison travaillaient deux fois plus, s'éloignaient rarement de la ferme et n'étaient jamais malades.

Aujourd'hui ils ont de la viande tous les jours, du vin à chaque repas, peinent beaucoup moins et sont souvent tuberculeux ou tuberculisables.

Le nombre des débits de boissons spiritueuses qui les attire et ruine leur santé et leurs économies, a augmenté dans des proportions effrayantes. Là, où il y avait 4 à 5 de ces établissements, vivant péniblement de leur commerce, il y en a 100 et plus qui font fortune.

Cependant l'alcoolisme y a toujours existé. Autrefois le paysan s'alcoolisait régulièrement avec du vin, en allant une fois par semaine au marché du chef-lieu de canton. Aujourd'hui, il s'alcoolise un peu tous les jours, chez lui ou dans son voisinage. Sans doute l'alcoolisme prépare ce terrain à la tuberculose, mais cette raison ne suffit pas à expliquer l'augmentation actuelle de cette maladie dans les campagnes. Les femmes du reste, ne s'alcoolisent pas habituellement et cependant chez elles, également la tuberculose augmente.

On connaît de plus, les départements où l'on consomme le plus d'alcool et ce ne sont pas ceux-là qui présentent le plus de tuberculeux.

La vie militaire peut bien occasionner quelques cas de tuberculose. Mais peut-être doit-on plutôt accuser la ville où vit la garnison que la caserne elle-même. Autour de celle-ci se trouvent presque toujours des lieux de débauche, mal surveillés, c'est plutôt dans ces endroits que les jeunes militaires se contaminent.

Nous avons dans cette région Sathonay, ayant une population civile de 1000 habitants et 1500 militaires, et le médecin de cette ville nous écrit, qu'il n'y a pas de tuberculeux, ni dans la caserne, ni en dehors. C'est même la seule commune du département de l'Ain n'ayant pas de tuberculeux.

Il semblerait donc que ce n'est pas la vie de caserne, ou les exercices demandés aux militaires qui donneraient la tuberculose, mais bien la vie de débauche que mènent les militaires en dehors de la caserne et en dehors du service dans une ville déjà ravagée par la maladie. Les fatigues des exercices militaires ne peuvent pas avoir sur eux beaucoup d'effets nuisibles. Ils y peinent moins que chez eux, et je peux même dire que la plupart des campagnards éprouvent un réel bien-être, pendant leur service militaire. Ils y sont mieux logés, mieux couchés, mieux nourris et mieux entretenus. Le service militaire était autrefois plus long, plus pénible et moins hygiénique, et cependant, ils étaient moins tuberculeux. Puis toutes les victimes de la bacillose n'ont pas passé par la caserne.

La surveillance de l'enfance ? Il y aurait certainement beaucoup à dire ; il y a tant à reprocher déjà sur la façon hygiénique dont on élève les enfants dans les grandes villes même, qu'il n'est pas étonnant qu'à la campagne, ce devoir pourtant si nécessaire et si élémentaire laisse beaucoup à désirer.

L'enfant des villes se contamine dans les jardins publics où il est venu accompagné de sa bonne ou de sa mère faire de l'hygiène.

Allez passer quelques instants dans ces jardins et vous serez navrés de voir la façon dont on suit nos prescriptions hygiéniques.

Le petit campagnard, plus sauvage, plus isolé, fuyant le baiser et les caresses si souvent mortelles des étrangers, se contamine d'autre façon.

Voulez-vous me permettre de vous en signaler une des causes de contagion auquel il est exposé. Elle est délicate à toucher, car c'est une pratique religieuse, et il sera difficile de la faire, même modifier, dans les campagnes.

Cependant elle mérite ce me semble la réprobation hygiéniste.

Aux messes d'enterrements, de neuvaines, et d'anniversaires, les assistants vont baiser l'image du Christ. Dans les villes le matériel des églises est généralement propre, les croix y sont d'argent ou de cuivre, et après que chaque assistant y a posé ses lèvres, le prêtre fait le geste de l'essuyer avec un linge. Dans les campagnes pauvres, la croix comme le Christ, sont en bois, grossièrement, mais profondément sculptés; tous les creux sont remplis par des poussières ancestrales; on n'a que cette croix là, et le vieux curé, au moment de l'extrême-onction, l'approche des lèvres de l'agonisant. Quelques heures après, c'est la même croix qu'il tend, à l'offrande, au baiser des fidèles.

Sans doute, la plupart des assistants ne font que l'effleurer légèrement, mais les enfants l'embrassent avec toute l'ardeur de leur croyance. Et il est impossible au prêtre, malgré tout son désir, de la nettoyer sérieusement, après chaque offrande. J'en ai vu même, qui ne se donnaient pas la peine de se servir du linge pour l'essuyer. Dans ce mélange de poussière et de salive, il doit pulluler des millions de germes, qui se transmettent et s'échangent ainsi de bouche en bouche. Ce sont les enfants qui en sont le plus atteints. Et savez-vous de quelle façon on éduque, dans les villes, les jeunes montagnardes qui y viennent perfectionner leur éducation? Voulez-vous savoir de quelle façon on y comprend l'hygiène? Après chaque repas, la domestique passe, un grand récipient, plein d'eau chaude, chacune de ces demoiselles à son tour, y plonge son couvert et l'essuie avec sa propre serviette dont elle se servira pendant toute la semaine pour s'essuyer les lèvres.

L'éducation physique de l'enfance et de l'adolescence, est dans tous les établissements scolaires, complètement incomprise. On s'applique à hypertrophier le biceps, à peu près inutile, tandis qu'on laisse s'atrophier les muscles nécessaires à la respiration. En favorisant l'oxydation et le développement du champ pulmonaire, on détruirait plus sûrement les bacilles.

Pensez-vous que des cours d'hygiène seraient déplacés dans les somptueux palais? Beaucoup de médecins seraient heureux d'en assurer le service.

Toutes les raisons, que je viens de passer en revue, ont une action sur l'évolution de la bacillose. Mais pour moi, la principale des causes de la tuberculose dans les campagnes est l'exode de plus en plus marqué des populations rurales vers la Ville contaminée. Pendant 20 ans, je l'ai constaté.

Ici, nous touchons à un fait pour ainsi dire nouveau. A vrai dire, il y a toujours eu une certaine émigration, mais jamais elle n'avait atteint la proportion effrayante qu'elle a de nos jours. Les campagnes des haute montagnes sont dépeuplées, on n'y trouve plus de jeunesse. Dès 16 à

18 ans les garçons et les filles émigrent. Cette émigration tient à deux causes; les difficultés de la vie et les facilités des communications.

Cet exode se pratique de plusieurs façons. Dans le Limousin il y a principalement des maçons, des couvreurs et des applicateurs de ciment. Ceux qui rayonnent seulement dans les départements voisins, reviennent indemnes, ceux qui se risquent jusqu'à Bordeaux ou d'autres villes voisines reviennent souvent tuberculeux. Ceux qui vont à Paris en reviennent le plus souvent atteints. Les petits Savoyards s'en vont partout et reviennent plus ou moins touchés. Ils pénètrent dans l'intimité des appartements, souvent contaminés, sont insuffisamment nourris, à peine vêtus et couchent souvent à la belle étoile, et par tous les temps. Les marches forcées, les privations, les fatigues les prédisposent à la tuberculose. L'Auvergne est le pays de France d'où l'on s'expatrie le plus. Il y a 100 000 Auvergnats à Paris.

Dans les travaux pénibles on en rencontre un grand nombre, et il 'n'est pas étonnant que beaucoup y trouvent la tuberculose.

Sur 20 mariages qu'on unit dans ces communes, rurales, 18 jeunes ménages font de suite leur voyage de noces à Paris et y restent, quand ils n'y sont pas déjà

Autrefois, l'Auvergnat y était porteur d'eau et sa femme l'aidait. Ils devaient à cette profession hygiénique de revenir souvent indemnes au pays. Aujourd'hui dans les ménages, l'un est garçon marchand de vins et à une extrémité de la Capitale, l'autre domestique à l'autre bout, tous deux s'éreintent toute la semaine dans des conditions peu hygiéniques. Le dimanche seulement ils se rencontrent; c'est un jour sacrifié souvent à Bacchus, quelquefois à Vénus.

La grossesse devient une cause de plus de misère; ils la redoutent, l'enfant s'il vient au jour, est un embarras. Ils se hâtent de s'en défaire en l'envoyant au pays. La vieille mère prévenue, vient prendre le poupon qu'on a si peu désiré et l'emporte dans son tablier.

Fatigués par toute une nuit de chemin de fer, plus fatigués encore, par une journée passée dans une mauvaise diligence, exposés aux intempéries extérieures et à l'air vicié de l'intérieur, la grand'mère rentre exténuée, l'enfant à moitié mort; on a beaucoup de peine à le remettre, et il s'en ressent une partie de son enfance.

A peine adolescent, ses parents, maintenant établis pour leur compte, l'appellent à Paris et l'accablent de travail. Il y contracte très facilement la tuberculose.

Arrivé à la troisième période, le médecin l'envoie prendre l'air du pays. C'est sa condamnation; il revient, pour mourir au milieu des siens, mais aussi souvent, pour les infecter physiquement par la tuberculose et moralement par les mœurs dissolues des bas-fonds parisiens.

C'est le nombre de ces tuberculeux qui marque d'une tache presque noire des campagnes de la Savoie, du Limousin, surtout de l'Auvergne. Mais le montagnard ne devient pas tuberculeux, s'il reste dans son pays.

Il appartenait aux médecins de rechercher l'origine du mal, dont la guérison résiste toujours à leurs efforts et à leur dévouement. Avec le concours des praticiens des campagnes nous avons tenté de résoudre une partie de ce problème. Et nous arrivons à cette conclusion; c'est que la véritable cause des progrès de la tuberculose dans la campagne réside surtout dans l'exode.

L'habitant des campagnes, comme le citadin, possède certainement dans des cavités naturelles le bacille à l'état latent. Mais le bacille semble ne jamais, ou du moins, à ma connaissance, bien rarement lui donner la tuberculose. Pour qu'il ait la tuberculose, il faut qu'il reçoive un germe plus virulent, apporté chez lui par un phtisique avéré et avancé; ou qu'il aille lui-même le chercher ailleurs.

Statistique générale de la Tuberculose dans les campagnes des départements suivants :

Département.	Nombre de questionnaire envoyés.	reçus.	Population.	Nombre de tuberculeux.	Pulmonaires.	Autres localisations.	Communes sans tuberculose.
Ain	33	13	12259	48	42	6	1
Allier	23	16	24511	95	58	37	2
Cantal	26	20	27148	119	65	54	0
Charente	22	13	11819	106	54	52	6
Charente-Inférieure	47	19	24514	101	65	36	4
Corrèze	33	19	21166	64	43	21	7
Deux-Sèvres	26	21	27833	100	75	25	4
Isère	32	26	26847	118	63	55	2
Loire	26	8	19127	113	82	31	0
Haute-Loire	11	6	12216	67	100	27	0
Lot	33	13	9500	17	11	6	7
Puy-de-Dôme	35	19	24010	149	100	49	2
Rhône	40	22	42387	303	227	76	6
Savoie	24	24	18382	156	137	19	1
Haute-Savoie	16	2	1613	7	5	2	0
Vienne	33	13	17784	199	129	70	3
Haute-Vienne	20	8	16666	819	91	18	1

En un mot, l'exode compromet la santé de l'émigrant, diminue les qualités de sa descendance, et le retour des bacillifères propage la maladie dans la famille. La graine humaine que nous devrions avant tout protéger et sauver de tout contage, se contamine, au foyer des grands centres. C'est peut-être l'inévitable rançon de la civilisation. Il faut d'abord tarir les sources d'infection des grandes villes, si l'on veut préserver les campagnes de cette contamination redoutable et chercher, ensuite, à diminuer le danger de l'émigration en retenant le paysan dans les campagnes.

Ce dernier moyen nous échappe.

Mais si la médecine, à elle seule, est impuissante à arrêter la marche du fléau, il reste à l'Etat le devoir d'intervenir; pour obtenir son intervention efficace, il suffira, nous l'espérons, de lui signaler le danger. On a beaucoup fait pour les vieillards, les infirmes, les aliénés, les déséquilibrés, qui sont en somme les déchets du passé; il faut faire davantage pour la jeunesse, qui est l'avenir.

En rapatriant de bonne heure, avant la contagion, ces déracinés, qui ne demandent souvent, que l'argent nécessaire au voyage, ou qui n'attendent qu'une raison valable pour retourner à la maison natale, en favorisant la population des campagnes, les Pouvoirs publics aideraient le médecin dans son œuvre humanitaire et rendraient un grand service à la France. L'Agriculture regagnerait les bras qui l'ont abandonnée, la terre produirait davantage; ses fils, qui la fuient aujourd'hui, iraient moins à Paris sous le prétexte d'y gagner leur vie, et diminueraient d'autant, le nombre si considérable des sans travail, devenant si souvent des malfaiteurs. Ils éviteraient ainsi, la tuberculose et sa propagation. Leurs enfants, toujours nombreux, élevés au pays, sous leurs yeux, relèveraient le chiffre affaibli de notre natalité, et augmenteraient la population saine. Ils continueraient cette forte et virile race de montagnards, vigoureuse, dure au labeur, résistant à la fatigue, réfractaire à la maladie. Ce serait là une source de richesse, de prospérité et de santé nationales.

Pour me résumer je peux dire :

1° Que dans cette région, le pourcentage des tuberculeux a été de 5 °/oo.

2° Que les localisations pulmonaires y sont deux fois plus nombreuses que les autres;

3° Que sur 277 communes étudiées, 46 seulement sont sans tuberculose, soit une proportion de 16°/oo;

4° Que la principale cause à laquelle on peut attribuer la tuberculose dans les campagnes, est l'exode vers la ville et principalement vers la ville contaminée, et pour ce qui concerne le service militaire, on peut ajouter, que la contamination semble plus fréquente en dehors de la caserne, qu'à la caserne même.

MM. E. MAUREL et CHATELLIER.

MORBIDITÉ DE LA TUBERCULOSE DANS LE MIDI DE LA FRANCE.

614-19-542 (44-7-8-9)

2 Août.

La région dont j'ai été chargé comprend tout le sud de la France, et elle est limitée au Nord par une ligne transversale, mais onduleuse, qui va de l'embouchure de la Gironde, jusqu'au nord du département des Hautes-Alpes. Ainsi limitée cette région comprendrait 25 départements, mais on en a déduit la région toulousaine composée de 7 départements et l'on y a ajouté le département de la Corse, ce qui laisse un ensemble de 19 départements.

Cette vaste région, quoique à peu près toute comprise entre les 45° et 43° latitude Nord, ce qui pourrait faire croire qu'elle est soumise aux mêmes conditions climatériques, présente cependant des différences considérables, qui sont dues à deux causes, au littoral marin et surtout aux altitudes. Je reviendrai dans quelques instants sur ces différences.

En s'en tenant aux résultats généraux, les seuls qu'il me soit permis d'envisager ici, je puis résumer la statistique de cette région en signalant seulement les faits suivants. .

Cette région comprend 19 départements, et m'en tenant aux communes n'ayant qu'un médecin, j'en ai trouvé 655. Après deux envois de questionnaires, j'en ai trouvé 329 qui ont pu être utilisés. Sur les autres 326 médecins auxquels le questionnaire a été envoyé, les uns s'étaient déplacés, les autres étaient décédés, sans que les annuaires médicaux en aient tenu compte, et enfin la plupart probablement n'ont pas jugé utile de répondre. De plus 5 médecins ayant fourni des proportions très élevées de tuberculeux, nous avons cru devoir, sauf vérification, ne pas les faire entrer dans une statistique générale. Mais cette statistique ne me paraît pas moins, malgré ce qu'elle a d'incomplet, présenter une réelle importance. Elle porte en effet sur 325 communes et comprend une population de 436 029 habitants. Sur cette population, nous avons trouvé 1525 tuberculeux, soit une proportion de 3,5 %o. La proportion de ces malades, en procédant par départements, n'est jamais descendue au-dessous de 1 %o, comme dans les Basses-Alpes; et même, après avoir exclu quelques communes présentant une fréquence tout à fait exceptionnelle de cette affection, et qui aurait pu fausser l'appréciation générale, la proportion maxima a pu atteindre encore le 8 %o dans les Hautes-Alpes.

Sur ces 1525 tuberculeux, les 329 médecins ont mentionné 1091 tuberculoses pulmonaires et 434 autres localisations, soit une proportion de 65 % de tuberculoses pulmonaires.

Enfin sur ces 329 communes sur lesquelles nous avons des renseignements, nous en avons trouvé 89 n'ayant pas de tuberculeux. C'est donc une proportion de 26 %.

Cette région, je l'ai dit, comprend des départements littoraux, d'autres montagneux et d'autres surtout de plaines. Or, en comparant ces trois groupes, j'ai trouvé les moyennes suivantes.

Les départements maritimes comprennent les Alpes-Maritimes, le Var, les Bouches-du-Rhône, le Gard, l'Hérault et les Pyrénées-Orientales, les Landes, les Basses-Pyrénées et la Gironde et donnent comme moyenne 2,50 %o. Les départements montagneux, dont quelques-uns

DÉPARTEMENTS.	NOMBRE de questionnaires		POPU-LATION.	NOMBRE de tuberculeux.	POUR-CENTAGE.	NOMBRE de tuberculeux pulmo-naires.	AUTRES localisations réunies.	RAPPORT des deux.	NOMBRE de communes sans tuberculeux.	POUR-CENTAGE.
	envoyés.	reçus.								
Alpes-Maritimes	27	16	19499	44		29	15		5	
Basses-Alpes	19	11	11230	29		21	8		4	
Hautes-Alpes	8	5	3806	38		27	11		0	
Corse	47	4	3761	6		4	2		1	
Drôme	30	29	37745	231		160	71		7	
Var	41	26	32409	145		115	30		5	
Ardèche	18	10	13052	60		48	12		4	
Hérault	47	20	21357	59		40	19		6	
Gard	35	26	38935	117		84	23		1	
Lozère	12	5	4099	7		6	1		1	
Bouches-du-Rhône	29	16	26381	242		145	97		6	
Vaucluse	23	11	17214	36		22	14		3	
Aveyron	32	16	17408	68		41	17		2	
Dordogne	47	17	21180	29		17	12		6	
Gironde	88	30	36620	85		66	19		10	
Pyrénées-Orientales	30	18	30747	48		32	16		6	
Basses-Pyrénées	35	26	29252	60		34	26		8	
Lot-et-Garonne	35	18	16981	66		41	25		6	
Landes	44	27	34867	58		39	19		8	
			36122	138		119	19			
	655	329	436029	1525	3,5	1031	494	65 %	89	26 %

sont aussi compris parmi les maritimes, soit : les Alpes-Maritimes, les Basses-Alpes, les Hautes-Alpes, la Corse, l'Aveyron, les Pyrénées-Orientales et les Basses-Pyrénées, donnent une moyenne de 3,30 °/oo, et enfin, les pays de plaine, la Drôme, le Var, l'Ardèche, le Gard, l'Hérault, la Lozère, les Bouches-du-Rhône, la Vaucluse, la Dordogne, la Gironde, le Lot-et-Garonne et les Landes, arrivent à une moyenne de 2,62 °/oo. Quoique avec des différences peu marquées, ce sont les départements maritimes qui auraient les moyennes les plus faibles avec 2,50 °/oo et les départements à hautes altitudes qui auraient les plus élevées, avec 3,33 °/oo. De ce qui précède, en excluant de la statistique certains centres qui ont donné des chiffres si élevés qu'ils demandent à être confirmés, nous arrivons à ces conclusions :

1° Que dans cette région la moyenne des tuberculeux est dans les environs de 3,5 °/oo;

2° Que la tuberculose pulmonaire représente les 64 °/o des cas de tuberculose;

3° Que sur 329 communes, les 26 °/o seulement sont sans tuberculeux;

4° Enfin que, quoique j'aie trouvé des proportions un peu différentes, entre les départements maritimes, ceux de montagne et ceux de plaine, ces différences ne me paraissent pas assez prononcées pour faire jouer soit au rivage marin, soit aux altitudes une influence marquée dans l'étiologie de cette maladie.

M. J.-P. TOURNEUX,

Préparateur à la Faculté de Médecine (Toulouse).

MORBIDITÉ DE LA TUBERCULOSE.

614-19-542 (44-1-2-4-5-6)

5 Août.

La région du territoire français, dont nous nous sommes occupé, comprend les 22 départements suivants : Finistère, Côtes-du-Nord, Morbihan, Ille-et-Vilaine, Loire-Inférieure, Vendée, |Manche, Mayenne, Maine-et-Loire, Sarthe, Indre-et-Loire, Loir-et-Cher, Loiret, Cher, Yonne, Nièvre, Côte-d'Or, Saône-et-Loire, Haute-Saône, Jura, Belfort et Doubs; elle couvre une large zone; située d'une façon générale entre la Seine et la Loire et s'étendant depuis l'Ouest jusqu'à l'est de la France.

Ainsi que l'a déjà dit le président du Comité, M. le Pr Maurel, afin d'éliminer autant que possible les chances d'erreur, et afin de présenter une statistique à peu près exacte, notre enquête n'a porté que sur les communes desservies par un seul médecin.

TABLEAU I.

DÉPARTEMENTS.	QUESTIONNAIRES			POPU-LATION	TUBER-CULEUX.	RAPPORT des tuberculeux à la population.	TUBER-CULOSE pulmonaire.	AUTRES localisations.	RAPPORT des tuberculeux pulmonaires aux autres tuberculeux.	COM-MUNES sans tuberculeux.
	envoyés.	reçus.	utilisés.							
Belfort.........	6	6	5	6913	9	1,3	6	3	66,66	3
Cher..........	18	14	14	26766	94	3,5	75	19	79,78	3
Côte-d'Or......	39	20	20	11589	50	4,3	31	19	62,00	6
Côtes-du-Nord..	23	13	10	25779	109	4,2	79	30	79,40	//
Doubs.........	31	21	21	12619	31	2,4	18	13	58,06	10
Finistère	25	10	7	28649	88	3,07	62	26	70,45	//
Haute-Saône....	35	17	16	10251	28	2,7	19	9	67,85	7
Ile-et-Vilaine...	51	45	41	69024.	194	2,8	134	60	68,04	6
Indre-et-Loire ..	48	17	14	16758	47	2,8	26	21	55,31	4
Jura...........	26	21	17	14804	36	2,4	23	13	64,28	5
Loir-et-Cher....	30	28	23	24191	68	2,8	41	27	60,29	6
Loire-Inférieure.	57	27	24	60770	248	4,08	182	66	73,38	3
Loiret..........	22	18	16	24544	53	2,1	36	17	67,92	1
Maine-et Loire..	56	35	29	39673	137	3,4	93	44	67,88	4
Manche........	33	15	14	18267	48	2,6	38	10	79,16	4
Mayenne.......	26	10	9	10384	52	5,00	34	18	65,38	1
Morbihan.......	21	19	16	42189	148	3,5	94	54	63,51	//
Nièvre.........	18	10	10	17754	66	3,7	46	20	69,69	//
Saône-et-Loire..	54	37	32	54435	226	4,1	172	54	76,10	6
Sarthe.........	32	27	25	30386	99	3,2	74	25	74,74	1
Vendée	63	23	19	33826	122	3,6	80	42	65,57	//
Yonne.........	46	36	35	32740	77..	2,3	64	13	83,11	8
Totaux.....	760	469	417	612311	2030	3,3	1427	603	70,29	78

Dans nos 22 départements, 760 communes remplissaient cette condition, et nous avons envoyé un questionnaire détaillé à chacune d'elles. Nous n'avons malheureusement pas 760 réponses à vous présenter, car nombreux sont les confrères qui n'ont pas voulu ou n'ont pas daigné nous répondre; nous n'avons en effet reçu que 469 de nos questionnaires, et nous avons encore été obligés de ne pas tenir compte de 52 d'entre eux, soit que les indications fournies fussent trop vagues ou soit que le médecin ait refusé de donner le moindre renseignement. Il nous reste donc 417 questionnaires. Ainsi qu'on peut le voir sur le Tableau n° 1, ces 417 communes comprennent 612.311 habitants; il y a parmi eux 2030 tuberculeux, et qui pour 1000 âmes donne une moyenne de 3,3.

TABLEAU II.

DÉPARTEMENTS.	COMMUNES.	POPU- LATION.	TUBER- CULEUX.	RAPPORT des tuberculeux à la population.	TUBER- CULOSES pulmo- naires.	AUTRES tuber- culoses.	RAPPORT des tuberculeux pulmonaires aux autres tuberculeux.
1. — Région de l'Ouest.							
Côtes-du-Nord	10	25 779	109	4,2	79	30	79,40
Finistère	7	28 649	88	3,07	62	26	70,45
Ile-et-Vilaine	41	69 024	194	2,8	134	60	68,64
Loire-Inférieure	24	60 770	248	4,08	182	66	73,38
Maine-et-Loire	29	39 673	137	3,4	93	44	67,88
Manche	14	18 267	48	2,6	38	10	79,16
Mayenne	9	10 384	52	5,00	34	18	65,35
Morbihan	16	42 189	148	3,5	94	54	63,51
Vendée	19	33 826	122	3,6	80	42	65,57
	169	328 560	1146	3,4	796	350	69,45
2. — Région du Centre.							
Indre-et-Loire	14	16 758	47	2,8	26	21	55,31
Loir-et-Cher	23	24 191	68	2,8	41	27	60,29
Loiret	16	24 544	53	2,1	36	17	67,92
Nièvre	10	17 754	66	3,7	46	20	69,69
Sarthe	25	30 386	99	3,2	74	25	74,74
Yonne	35	32 740	77	2,3	64	13	83,11
Cher	14	26 766	91	3,5	75	19	62
	137	173 339	504	2,9	362	142	71,82
3. — Région de l'Est.							
Belfort	5	6 913	9	1,3	6	3	66,66
Côte-d'Or	20	11 589	50	4,3	31	19	62
Doubs	21	12 619	31	2,4	18	13	58,06
Jura	17	14 804	36	2,4	23	13	64,28
Haute-Saône	16	10 251	28	2,7	19	9	67,85
Saône-et-Loire	32	54 435	226	4,1	172	54	76,10
	111	110 611	380	3,4	269	111	70,78

TABLEAU III.

DÉPARTEMENTS.	COMMUNES.	POPU-LATION.	TUBER-CULEUX.	RAPPORT des tuberculeux à la population.	TUBER-CULOSES pulmo-naires.	AUTRES tuber-culoses.	RAPPORT des tuberculeux pulmonaires aux autres tuberculeux.
1. — *Région de montagnes.*							
Belfort	5	6913	9	1,3	6	3	66,66
Côte-d'Or	20	11589	50	4,3	31	19	62,00
Côtes-du-Nord	10	25779	109	4,2	79	30	79,40
Doubs	21	12619	31	2,4	18	13	58,06
Finistère	7	28649	88	3,07	62	26	70,45
Haute-Saône	16	10251	28	2,7	19	9	67,85
Ille-et-Vilaine	41	69024	194	2,8	134	60	68,04
Jura	17	14804	36	2,4	23	13	64,28
Nièvre	10	17754	66	3,7	46	20	69,69
Saône-et-Loire	32	54435	226	4,1	172	54	76,10
Sarthe	25	30386	99	3,2	74	25	74,74
	204	282203	936	3,3	664	272	70,94
2. — *Région de plaines.*							
Cher	14	26766	94	3,5	75	19	79,78
Indre-et-Loire	14	16758	47	2,8	26	21	55,31
Loir-et-Cher	23	24191	68	2,8	41	27	60,29
Loire-Inférieure	24	60770	248	4,08	182	66	73,38
Loiret	16	24544	53	2,1	36	17	67,92
Maine-et-Loire	29	39673	137	3,4	93	44	67,88
Manche	14	18267	48	2,6	38	10	79,16
Mayenne	9	10384	52	5,00	34	18	65,38
Morbihan	16	42189	148	3,5	94	54	63,51
Vendée	19	33826	122	3,6	80	42	65,57
Yonne	35	32740	77	2,3	64	13	83,11
	213	330108	1094	3,3	763	331	69,74

Le département le moins atteint est celui de Belfort qui sur 6913 habitants ne compte que 9 tuberculeux, soit du 1,3 °/₀₀ et le département le plus atteint est la Mayenne qui sur 10 384 habitants compte 82 tuberculeux soit 5 °/₀₀.

Parmi tous ces bacillaires, la plupart offrent des manifestations pulmonaires, 1427 sur 2030. Nous avions essayé de répartir le restant des malades en différentes catégories, mais nous avons dû y renoncer, car les indications qu'on nous donnait étaient par trop vagues. Nous nous sommes alors contentés de créer une grande classe englobant toutes les affections tuberculeuses, autres que les localisations pulmonaires, elle contient 603 individus. Le rapport des tuberculeux pulmonaires aux autres localisations est donc de 70,29 °/₀₀.

Il nous a paru encore intéressant de rechercher la proportion des tuberculeux et leur répartition suivant les zones occupées par les départements que nous avons étudié. Nous avons donc constitué trois grandes régions, l'Ouest avec 9 départements, le Centre avec 7, et l'Est avec 6. Le Tableau n° 2, indique les divers rapports. De cette répartition, il résulte que la proportion des tuberculeux est la même à l'Est qu'à l'Ouest, 3,4 °/₀₀; au contraire pour le Centre, elle parait moins forte puisque nous ne trouvons que 2,9 °/₀₀.

Quant au rapport entre les tuberculoses pulmonaires et les autres localisations de cette affection, il semble qu'il soit à peu près le même : les différences sont minimes, 69,45 pour l'Ouest, 70,78 pour l'Est, 71,82 pour le Centre.

Enfin, il est une autre question dont la solution nous a paru également intéressante à rechercher; c'était de voir la répartition des tuberculeux par rapport aux différentes altitudes et de constater s'il y avait une différence entre les pays de plaines et les pays de montagnes. Nous avons donc divisé nos 22 départements en 2 classes, l'une contenant les plaines, et l'autre les régions montagneuses. Nous n'avons pas trouvé de différences, car nous avons eu exactement le même rapport soit 3,3 °/₀₀ habitants. Dans chacun de ces deux groupements, il existe des départements où la proportion de bacillaires est assez forte, et d'autres où elle est plutôt faible, il s'ensuit une certaine compensation ce qui explique que nous ayons trouvé exactement le même chiffre. Le Tableau n° 3 donne les divers renseignements sur ce point spécial et justifie ce que nous venons d'avancer.

Tels sont les résultats bruts de notre enquête. Mais cette dernière n'est pas seulement intéressante par les constatations qu'elle nous a fournies c'est-à-dire en nous révélant le nombre de tuberculeux qui existent dans nos campagnes, elle l'est encore parce qu'elle nous a donné de précieux renseignements envoyés par les médecins ayant répondu à notre enquête. Nous avons vu qu'elles étaient les causes de la tuberculose, les causes de la contagion, et nous avons également vu les moyens de remédier à l'extension de ce fléau.

Et d'abord, il résulte de notre enquête, portant sur les départements qui nous ont été confiés, que, d'une manière générale, la tuberculose augmente de façon sensible dans nos campagnes. Si l'on envisage l'ensemble des questionnaires renvoyés, il n'y a pas de doute à cet égard : sans doute, il est un certain nombre de communes où le mal semble être enrayé, soit par la disparition des foyers de contagion, soit par suite des mesures hygiéniques prises, dans certaines localités il paraît même avoir disparu; mais il est un fait bien certain, c'est que toutes ces communes ont été à un moment donné infectées, et il faut songer de plus, que si quelques-unes ont vu le nombre de leurs tuberculeux diminuer de façon notable, d'autres l'ont vu augmenter dans des proportions inquiétantes, et l'on peut toujours redouter que, dans les communes actuellement indemnes, la maladie ne se réveille brusquement et ne vienne faire de nouvelles victimes.

A quoi tient donc cette extension de la maladie?

Au microbe répondrons-nous tout d'abord, au bacille de Koch. Cette affirmation, pourra peut-être au premier abord paraître puérile à certains, et l'on s'étonnera de nous voir insister sur ce point; mais on a tellement parlé des causes adjuvantes de la bacillose, on leur a tellement donné d'importance, qu'elles ont paru devenir des causes premières, et que le véritable auteur de la tuberculose, le bacille, à passé au second plan. Il ne faut pas l'oublier, c'est lui qui est la cause de la maladie, les autres conditions, terrain, alcoolisme, etc., n'étant qu'accessoires, et comme l'a dit M. le P^r Ch. Morel, le bacille de Koch est la condition nécessaire et suffisante de toute tuberculose.

Il est donc hors de doute qu'il existe des germes et nécessairement des porteurs de germes; comment peuvent-ils être disséminés dans nos campagnes? voilà qu'elle sera la première question que nous nous poserons.

D'après les réponses qui nous ont été faites, on peut indiquer trois grandes causes de la propagation de la tuberculose rurale; ce sont le service militaire (soldats et marins), l'exode à la ville, et l'école primaire.

Le service militaire obligatoire est la plus grande cause de contagion de la tuberculose qu'on nous ait signalée, soit qu'il s'agisse de jeunes gens sains ayant contracté la maladie pendant leur service, soit qu'au contraire, il s'agisse d'individus douteux pris cependant au conseil de revision et qui ont vu leurs lésions évoluer plus ou moins rapidement du fait des fatigues de la vie militaire. Quant à la source de la contagion, il est hors de doute qu'elle est à la caserne même, dans la chambrée, et cela est un fait surtout bien frappant pour la marine où l'on a vu des équipages entiers décimés par la tuberculose. Un fait très grave et qu'il importe de souligner, c'est qu'il n'existe pas en France d'établissements spéciaux destinés à traiter les soldats réformés pour affection pulmonaire. Qu'arrive-t-il alors pour les malheureux renvoyés dans leurs foyers : c'est qu'ignorant généralement la gravité de leur affection, ils ne prennent aucun soin et contagionnent leur famille quelques mois après leur retour au pays.

Mêmes résultats pour l'exode à la ville, mais atteignant surtout le sexe féminin; nos correspondants nous ont signalé un nombre important de ces jeunes filles allant se placer à la ville et qui, au bout de quelques années, parfois même au bout de quelques mois, rentraient chez elles pour achever de mourir en contagionnant leurs proches.

Il faut encore tenir compte de l'école primaire qui est aussi un foyer redoutable de tuberculose. Nombre de maîtres d'écoles sont bacillaires avérés et, malgré cela, continuent leur enseignement malgré les réclamations mainte et mainte fois faites par les médecins de leurs communes : nous avons eu plusieurs cas de cette nature tout à fait instructifs sur la négligence des Pouvoirs publics à cet égard. Enfin, reste encore la question de la tuberculose des bovidés qui, dans certains endroits, est extraordinairement répandue. Il y a des étables entières atteintes et leurs propriétaires continuent en toute sécurité à écouler le produit de leurs laiteries. De plus, fait particulièrement aggravant, dans plusieurs fermes, l'étable est contiguë à l'habitation et contribue ainsi à empoisonner les cultivateurs.

Nous venons de passer en revue les principales grandes causes de la dissémination du bacille de Koch : mais il en existe encore d'autres moins importantes, mais qui n'en ont pas moins une action des plus manifestes sur la propagation de la tuberculose.

L'hygiène déplorable qui existe dans nos campagnes a une grande part dans l'extension de cette maladie, et l'on doit incriminer les locaux malsains, la mauvaise aération, les fenêtres trop petites et trop peu nombreuses, le sol en terre battue, et le lit alcove qui existe encore dans presque toute la Bretagne. De plus, aucune mesure de précaution n'est prise, pas d'isolement, pas de désinfection, le bacillaire vit et meurt au milieu des siens et contagionne tous ses proches; le médecin a beau dire et beau faire, on se refuse à l'écouter et les Pouvoirs publics, qui, dans bien des cas, devraient le soutenir et l'encourager, le laissent seul mener la bonne croisade.

Enfin, il y a encore l'alcoolisme qui lui, ne donne pas la tuberculose, mais qui y prédispose sûrement, en affaiblissant l'organisme et en préparant un terrain disposé à recevoir toutes les affections contagieuses.

Tels sont les premiers résultats de notre enquête, qui nous ont montré où était le mal, quels étaient ses ravages, et les causes pour lesquelles il progressait si rapidement. S'ils nous ont montré des résultats bien tristes, ils nous ont aussi montré ce qu'on peut obtenir à force de dévouement et de travail.

Il est un certain nombre de communes, où le médecin est arrivé, à force d'insistance, à amener les Pouvoirs publics à agir d'une manière efficace, communes où la morbidité de la tuberculose a diminué d'une façon sensible. Quels sont donc les moyens qu'on a employés? On a d'abord fait l'instruction des gens, on leur a montré ce qu'était la tuberculose, combien elle était dangereuse; on leur a indiqué les précautions hygiéniques à prendre, crachoir antiseptique, isolement du tuberculeux, désinfection après décès, etc. Comme nous venons de le dire, les résultats ne se sont pas fait attendre et la tuberculose qui autrefois ravageait ces communes y est devenue presque inconnue, la contagion de maison et la contagion familiale n'existent plus qu'à l'état de souvenirs.

Est-ce là tout ce qu'on doit faire ? Assurément non, il faudrait une surveillance plus active des conseils de revision, éliminant tous les sujets douteux, des sanatorium pour les soldats réformés et pour les cultivateurs malades; il faudrait de plus éduquer le peuple et lui inspirer la crainte de l'exode à la ville. Enfin, contre l'alcoolisme, il faudrait réglementer le nombre des cabarets et supprimer le privilège des bouilleurs de cru cause de tant d'empoisonnements.

Certes, nous ne nous le dissimulons pas, la tâche est ardue, le plus difficile est de convaincre l'opinion publique, mais il faut espérer que grâce au dévouement médical, qui ne trouve pas malheureusement assez de soutien auprès de l'administration, on arrivera un jour à enrayer le développement de la tuberculose rurale.

Discussion. — M. DE MONTRICHER insiste sur les mauvaises conditions d'hygiène des logements des instituteurs et sur les mauvaises conditions de salubrité de la campagne. Il termine en invitant les membres de la Section d'Hygiène à assister au Congrès de l'Hygiène sociale qui aura lieu à Marseille du 27 au 3o octobre 1910 où la question de la tuberculose sera l'objet d'un rapport de M. le Pr Calmettes et suivie d'une discussion approfondie.

M. LOIR. — Les instituteurs entrent de deux façons dans l'enseignement : les uns par l'École normale : il faut un certificat médical pour y entrer; les autres commencent par faire des remplacements, puis obtiennent ultérieurement de faire partie des cadres : ils ne passent pas d'examen médical et sont souvent tuberculeux, ils sont jeunes et pendant de longues années peuvent être la cause de contagions.

MM. JOFFRES et MAUREL ([1]).

DE LA MORBIDITÉ DE LA TUBERCULOSE DANS LA RÉGION DU NORD DE LA FRANCE.

614-19-542 (44-2-3)

2 Août.

Cette région comprenant 19 départements, a été confiée à M. Joffres; et c'est le résultat du dépouillement qu'il a fait des questionnaires de ces départements que je vais résumer ([2]).

Cette région a été limitée au Sud par les départements de l'*Orne*, d'*Eure-et-Loir*, de *Seine-et-Oise*, de *Seine-et-Marne*, de l'*Aube*, de la *Haute-Marne* et des *Vosges*. Elle comprend, en outre, tous les départements qui sont au nord des précédents, soit : le *Nord*, le *Pas-de-Calais*, la *Somme*, l'*Aisne*, les *Ardennes*, la *Seine-Inférieure*, l'*Oise*, la *Marne*, la *Meuse*, la *Meurthe-et-Moselle*, le *Calvados*, l'*Eure*, et la *Seine*.

Dans ces 19 départements, nous avons trouvé 954 communes n'ayant qu'un médecin; et sur les questionnaires qui leur ont été envoyés, 575 sont revenus dans des conditions de bonne utilisation. La population de ces 575 communes s'élève à 614.324 habitants. Par le nombre de communes, comme par celui des habitants, on voit l'importance qu'acquiert notre enquête pour cette région de la France. C'est une des régions qui ont le mieux répondu à nos questionnaires. Pour quelques départements, comme le Nord, l'Oise, la Seine-et-Marne, la Somme, notre enquête porte sur plus de 40 communes et pour le Pas-de-Calais sur 87.

Sur la population totale de 614 324 habitants, les 575 médecins ayant répondu ont accusé un total de 1885 tuberculeux, ce qui donne pour la région un résultat global de 3,06 %. Les moyennes, par département, varient de 1,92 % pour la Marne, à 4,14 pour la Seine-Inférieure.

Sur ces 575 communes, 133 seraient sans tuberculeux, au moins connus du médecin, ce qui donne une proportion de 23 %.

De plus, sur les 1885 tuberculeux, il y aurait 1273 localisations pulmonaires et l'ensemble des autres localisations s'élèveraient à 592, soit une proportion de 67 % pour les pulmonaires.

Enfin, cette région ayant un certain nombre de départements maritimes, il nous a paru intéressant de les comparer aux autres, et les résultats ont été les suivants : Les 6 départements du Nord, du Pas-de-

---

([1]) *Voir* l'organisation de cette enquête exposée par M. Maurel (p. 104).

([2]) Cette Communication a été présentée par M. Maurel, M. Joffres n'ayant pas assisté au Congrès.

DÉPARTEMENTS.	NOMBRE de questionnaires		POPU-LATION.	NOMBRE total de tuber-culeux.	POUR-CENTAGE pour °/₀₀.	NOMBRE de tuber-culeux pulmo-naires.	AUTRES loca-lisations.	RAPPORTS DES DEUX.		NOMBRE de com-munes sans tuber-culeux.	POUR-CENTAGE.	OBSERVATIONS.
	envoyés.	reçus.						Pulmo-naires.	Autres localisa-tions.			
Aisne.............	69	26	25311	93		62	31			4		
Ardennes..........	34	16	17278	41		30	11			6		
Aube.............	24	16	11362	29		22	7			4		
Calvados	38	15	12492	41		26	15			3		
Eure	33	24	19443	49		40	9			7		
Eure-et-Loir	34	28	22487	72		47	25			4		
Haute-Marne	24	14	8072	28		21	7			8		
Marne............	46	26	17682	34		19	15			11		
Meurthe-et-Moselle.	18	18	13683	40		28	12			3		
Meuse............	30	16	12968	26		20	6			3		
Nord	114	48	73553	257		171	86			1		
Oise.............	51	47	45776	130		89	41			14		
Orne	31	27	21937	56		40	16			7		
Pas-de-Calais......	93	87	127809	391		273	118			20		
Seine-Inférieure ...	42	22	28453	118		86	32			6		
Seine-et-Marne....	54	42	36854	115		77	38			8		
Seine-et-Oise	71	29	29611	87		66	21			5		
Somme............	85	55	53931	142		97	45			16		
Vosges............	30	19	35622	136		87	49			3		
	891	575	644324	1885	Moyenne 3,06	1301	584	70 p. °/₀	30 p. °/₀	133	21 p. °/₀	

Calais, de la Somme, de la Seine-Inférieure, de l'Eure et du Calvados, ont fourni 251 questionnaires, portant sur une population de 315 681 habitants. Or, sur cette population, on a déclaré 998 tuberculeux, soit une proportion de 3,19 °/₀₀. Or, la moyenne des autres étant de 2,93 °/₀₀, on voit que la différence est peu marquée, et quoique étant à retenir, je ne crois pas qu'on puisse en tirer aucune conclusion.

Les résultats de cette portion de l'enquête sont contenus dans le. Tableau ci-joint.

Ils peuvent, du reste, être résumés dans les conclusions suivantes :

1° Dans cette région la proportion des tuberculeux a été de 3,06 °/₀₀ habitants;

2° Sur 575 communes, sur lesquelles on a eu des renseignements, le quart seulement (23 °/₀) est sans tuberculeux;

3° Les localisations pulmonaires réprésentent le 67 °/₀, des atteintes de ces affections;

4° La proportion des tuberculeux a été trouvée un peu plus élevée dans les départements maritimes, soit 3,19 au lieu de 2,93, mais cette différence ne paraît pas assez marquée pour qu'on puisse lui donner une grande importance.

M. J.-P. TOURNEUX.

SUR L'INSALUBRITÉ DES LAVOIRS DE LA GARONNE A TOULOUSE.

614.381 (44.86)

5 Août.

Comme les lavoirs du canal du Midi, les lavoirs établis sur la Garonne, constituent un danger. Certes la composition de l'eau de notre fleuve, au point de vue bactériologique est loin d'être aussi mauvaise que celle des eaux du canal, mais néanmoins les recherches effectuées par le Dr Mandoul, il y a quelques années, ont montré que déjà en amont de Toulouse, il se trouvait pas mal de bactéries, dont un grand nombre assez redoutables.

Dans son passage à travers Toulouse, la Garonne se contagionne encore d'une façon très sérieuse du fait du déversement des eaux du système d'égoûts de ville, et du tout à la Garonne auquel procèdent un certain nombre de riverains. Mais il existe une autre cause de contagion beaucoup plus importante et beaucoup, plus dangereuse : nous voulons parler des dangers que fait courir l'Hôtel-Dieu de Toulouse. Cet établissement est bâti en bordure sur la Garonne dans le lit de laquelle reposent ses fondations; et en contact direct avec ce fleuve, se trouvent une série de salles de malades, dans lesquelles, on pratique depuis bien longtemps le tout à la Garonne.

Tout y passe, déjections des malades, eaux de lavages, contenus des crachoirs, selles des typhiques, tout cela est jeté sans aucune mesure antiseptique, les conduites des latrines venant s'ouvrir directement dans le fleuve. Fait encore plus grave, il existe un laboratoire d'anatomie pathologigue où de nombreuses recherches bactériologiques sont effectuées, naturellement tous les résidus prennent le chemin que nous venons d'indiquer, et contribuent à polluer les eaux; ajoutons encore que la salle d'autopsie envoie aussi ses eaux de lavage dans la même direction.

Or, à une trentaine de mètres en aval de l'Hôtel-Dieu se trouvent deux lavoirs, où l'on vient laver la plus grande partie du linge du quartier Saint-Cyprien !

Inutile d'insister sur les dangers que fait courir un pareil nettoyage, tout le monde le comprend, et pourtant voilà bien 400 ans que ce régime dure et que personne, à notre connaissance du moins, n'a eu l'idée de signaler un pareil état de choses. Il faut espérer, que les Pouvoirs publics, s'ils ne parviennent pas à supprimer le tout à la Garonne de l'Hôtel-Dieu, qui n'est pas seulement dangereux pour Toulouse, mais encore pour les villes situées en aval, interdiront d'une façon absolue l'établissement de lavoirs sur la Garonne ou tout au moins du même côté que l'Hôtel-Dieu. Mais, me répondra-t-on, il faut bien pourtant laver le linge; assurément, et ce serait très facile au moyen d'installations propres et hygiéniques comme il en existe d'ailleurs dans un certain nombre de villes. Aussi avons-nous l'honneur de vous demander de vouloir bien voter un vœu, que nous avons rédigé de concert avec M. le Pr Garrigou, et qui nous semble devoir être la conséquence logique de nos deux communications.

Après une courte discussion, où MM. Tachard et Vaudrey apportent eux aussi quelques faits à l'appui de ceux qui viennent d'être cités, la Section d'Hygiène adopte le vœu suivant :

« La 19ᵉ Section (Hygiène et Médecine publique) considérant l'insalubrité des lavoirs établis sur le canal du Midi et sur la Garonne, émet le vœu suivant :

Que les autorités compétentes décident la suppression de tous les lavoirs qu'il est facile de remplacer aujourd'hui par des installations autrement propres et hygiéniques, créées aux dépôts des sources avoisinant Toulouse ou de la nappe phrénatique. »

M. CACHEUX,

Ingénieur des Arts et Manufactures (Paris).

AMÉNAGEMENT DU TERRAIN DES VILLES ALLEMANDES EN VUE D'ÉVITER LA CRÉATION DE FOYERS D'INSALUBRITÉ.

614.789 (43)

6 Août.

La loi sur la santé publique du 15 février 1902, invitant les administrations compétentes à prendre des mesures pour diminuer la mortalité lorsqu'elle dépasse, dans leurs régions respectives, la moyenne de celle de la France pendant trois années consécutives, le Comité de Patronage des *Habitations à bon marché de la Seine* a fait dresser avec des chiffres fournis par le service de statistique de la préfecture de la Seine, des Tableaux indiquant les décès causés par maladies évitables notamment, par la tuberculose, dans les divers quartiers de la ville de Paris et dans les communes des départements de la Seine.

Nous avons pu constater, par l'examen de ces Tableaux, que l'ensemble des maladies contagieuses autres que la tuberculose ne causait pas plus de deux décès par 1000 habitants, mais que la proportion des morts dues aux affections du poumon dépassait $4\,^o/_{oo}$ en moyenne et qu'elle s'élevait à près de $7\,^o/_{oo}$ dans un arrondissement de la ville de Paris et dans plusieurs communes du département de la Seine. En Angleterre et en Amérique, on est arrivé à réduire d'un quart les décès causés par la tuberculose, en faisant parvenir l'air et la lumière à profusion dans les logements, et en assainissant le sol à bâtir.

Il serait donc intéressant de chercher à appliquer en France, les méthodes qui ont produit de bons résultats au point de vue de la diminution des décès causés par la tuberculose.

Les 1600 enquêtes qui ont été faites par les membres du Comité de Patronage de la Seine à l'occasion du certificat de salubrité, qu'ils sont chargés de délivrer aux constructeurs d'habitations à bon marché, leur ont démontré que beaucoup de logements situés dans des maisons à étages, ne recevaient pas la lumière sous un angle de 45° et qu'un grand nombre d'habitations individuelles étaient construites sur des terrains contaminés par des eaux ménagères, par suite de l'absence de dispositions prises pour assurer leur écoulement. La délivrance des certificats de salubrité assurant aux propriétaires qui les obtiennent, l'exemption de taxes et d'impôts pendant 12 ans, qui représente une valeur de $11\,^o/_o$ à $15\,^o/_o$ du revenu brut d'une maison à petits logements, le Comité de Patronage a pensé qu'il pourrait être plus exigeant que l'administration sanitaire l'est actuellement, et il n'accorde plus le certificat de salubrité que lorsque les cours fermées qui éclairent des logements ont une surface moitié plus grande que celle qui est exigée par les règlements sanitaires actuels. La vue directe des pièces habitées devra être également moitié plus grande.

Par suite de cette mesure, les logements des maisons à 7 étages qui prennent jour sur des cours fermées, auront devant eux, lorsque les propriétaires recevront le certificat de salubrité, un espace libre de 9 m au minimum, mais comme la lumière arrive à 45° on voit que les trois derniers étages seront seuls éclairés directement et que les autres seront plus ou moins obscurs. Le Comité a donc obtenu une amélioration partielle au point de vue de l'ensoleillement des logements sur cour, il n'a pas reçu satisfaction complète au sujet des maisons à étages et il a échoué complètement en ce qui concerne l'assainissement des habitations individuelles, car il n'a pas obtenu du Ministre du Travail, l'approbation des articles de son règlement qui demandaient la mise en état de viabilité des rues qui desservent des habitations à bon marché, de façon à permettre à leurs habitants de se débarrasser des eaux ménagères qu'ils se contentent d'évacuer sur la voie publique ou dans leurs cours. Dans les départements de la Seine, on est donc loin de réunir les conditions nécessaires pour espérer d'obtenir comme en Angleterre et en Amérique une réduction du taux de la mortalité par tuberculose; c'est pourquoi nous serions heureux de voir les autorités compétentes chercher à empêcher la propagation des maisons à toute hauteur dans les quartiers nouveaux destinés aux travailleurs et mettre en état de viabilité, le plus tôt possible, les rues qui desservent les habitations à bon marché. Le problème dont nous nous occupons est aujourd'hui résolu par les propriétaires de grands domaines, qui les vendent par lots. Instruits par l'expérience, ils interdisent la construction de maisons à plus de trois étages, et ils ne vendent leurs terrains que lorsqu'ils sont desservis par des rues, dont la viabilité ne serait peut-être pas assez parfaite pour les faire classer par la ville de Paris, mais qui est suffisante pour permettre l'évacuation des eaux ménagères.

Nos municipalités françaises ne sont pas armées actuellement de pouvoirs suffisants pour empêcher les constructeurs de bâtir des maisons à toute hauteur dont les cours ont 6 m de largeur, elles ne peuvent pas non plus, vu l'état de leurs finances, terminer leurs réseaux d'égouts dans un délai rapproché, mais elles pourraient prendre exemple sur ce qui s'est fait en Allemagne pour résoudre le problème de l'ensoleillement des logements situés dans des maisons à étages et de l'assainissement des maisons individuelles. Ce fut vers le milieu du siècle dernier qu'on sentit en Allemagne le besoin de prendre des mesures pour règlementer les maisons destinées à la location, car par suite du développement prodigieux de l'industrie, surtout après la guerre de 1870, la population des villes de la Prusse Rhénane augmenta dans des proportions extraordinaires, non seulement par suite de l'excédent des naissances sur les décès, mais surtout par l'émigration des paysans qui allaient chercher dans les villes une occupation plus rénumératrice, que la culture des champs et une existence plus agréable que celle qu'ils menaient à la campagne.

Les effets pernicieux de l'agglomération se faisant vivement sentir, les municipalités employèrent divers moyens pour y remédier et celui qui donna les meilleurs résultats, connu sous le nom de système de Francfort, ville où il fut appliqué pour la première fois, peut se résumer de la façon suivante : un service de statistique fut organisé par la ville pour lui permettre de connaître chaque année, l'augmentation de sa population et le nombre de logements à mettre à la disposition des nouveaux habitants. La ville peut ainsi se rendre compte de la surface de terrain nécessaire aux besoins de sa population pendant un délai déterminé, après avoir obtenu la jouissance de ce terrain, elle le lotit et elle vend celui qui ne lui est pas nécessaire pour ses services d'utilité publique, en obligeant les acquéreurs à observer les clauses d'un cahier des charges, de nature à empêcher la formation de foyers d'insalubrité analogues à ceux qu'on rencontre si souvent dans les villes anciennes. La ville de Francfort se procura le terrain qu'il lui fallait pour une période de 20 ans, et elle le partagea en cinq zones, dont les constructions furent soumises à des règlements spéciaux à chacune d'elles de façon à grouper les bâtiments de même nature et de même importance. Un quartier fut spécialement réservé aux usines, un autre aux villas, un troisième aux maisons à étages; en un mot, la ville prit les mesures qu'il fallait pour empêcher un petit hôtel d'être écrasé par le voisinage d'une maison à étages, comme le fait se produit actuellement à Paris, et dans plusieurs communes du département de la Seine. Le lotissement fut fait au moyen de rues commerçantes et de rues d'habitation.

Ce quartier loti, la ville facilita la construction de maisons, en vendant le terrain, qu'elle ne pouvait pas utiliser, à son prix de revient avec facilités de paiement, et en avançant aux acquéreurs qui le demandaient, de l'argent à taux réduit pour leur permettre de construire suivant un plan approuvé par elle, puis elle relia les quartiers nouveaux aux anciens par des moyens de transport rapides, commodes et économiques.

L'habitation dans les quartiers nouveaux eut pour effet de produire des vacances dans les anciens et de rendre ainsi plus facile l'acquisition des immeubles dont la démolition permit d'assainir les quartiers encombrés de la ville.

La méthode de Francfort a été suivie par un grand nombre de villes allemandes, son application a été facilitée dans plusieurs cas par la suppression des fortifications des places fortes rendues inutiles par le nouveau système de défense qu'on emploie aujourd'hui. Les municipalités ont cherché à obtenir de l'État l'autorisation d'exproprier les terrains qu'elles désiraient pour étendre leur territoire par zones concentriques mais jusqu'à présent elles n'ont pas obtenu satisfaction et seule la ville de Francfort a pu faire passer la loi Adickes dont nous parlerons plus loin, car elle accorde une partie des avantages réclamés par les municipalités. Si l'État n'autorise pas les municipalités à exproprier les terrains nécessaires à l'extension de leur territoire à bâtir, il leur accorde des facilités pour l'acquisition de ceux qui sont rendus disponibles par la suppression des fortifications. Les résultats obtenus par les villes allemandes ont déterminé une centaine de délégués de villes anglaises à étudier sur place la mise à exécution du système de Francfort. Le voyage organisé par le Comité de réforme du logement anglais eut lieu en 1909, et son compte rendu publié. Nous avons été heureux d'y trouver des documents qui nous permettent de compléter les renseignements que nous avons pris; il y a quelques années, en visitant les provinces rhénanes et de donner quelques détails sur les opérations les plus intéressantes faites par les villes allemandes.

La ville de Francfort a suivi une marche intéressante à étudier, car elle a inauguré son système il y a près d'une trentaine d'années et l'on peut aujourd'hui en apprécier les résultats. Après avoir loti les cinq zones de la nouvelle ville, le conseil municipal les relia à l'ancienne ville par un tramway électrique et facilita autant qu'il le put la construction de petits logements. Ces derniers faisant défaut, la municipalité fit construire 53 maisons contenant 269 logements et elle les loua moyennant un loyer qui varia de 5 fr à 25 fr par semaine, elle loua du terrain par baux emphytéotiques, elle fit des avances aux acquéreurs et locataires par baux en leurs donnant du temps pour se libérer; elle consentit des réductions sur les taxes municipales, bref elle utilisa tous les moyens susceptibles de faire habiter rapidement les quartiers nouveaux qu'elle créa. L'exode des habitants dans les faubourgs détermina une baisse importante des immeubles du centre de la ville, ce qui permit à la municipalité d'élargir beaucoup de rues, de dégager plusieurs monuments et de créer des squares nombreux.

L'extension du territoire à bâtir de la ville provoqua un grand développement de son commerce maritime et il fallut augmenter la superficie de son port. Un terrain de 500 ha fut nécessaire à cet effet, 150 ha furent affectés à l'ouverture de rues et à la création de quais, et 50 ha servirent à faire des bassins. Il resta donc 300 ha pour les besoins de l'industrie du commerce et de l'habitation. Le prix du terrain, celui des travaux et la valeur des intérêts des capitaux engagés dans l'entreprise élevèrent le montant de la dépense à 90 000 000 de marcs. A Francfort, non seulement la propriété est très divisée, mais les parcelles de terrain dont elle se compose sont de forme rectangulaire dont le plus petit côté a de 3 m à 6 m de large et le plus grand 200 m à 300 m, c'est pourquoi M. Adickes, bourgmestre de Francfort, présenta au Parlement en 1902, la loi qui porte son nom, et il la fit adopter. Conformément à cette loi, une modification de la forme des terrains peut être obtenue, pour les rendre propres à une construction rationnelle et économique, soit que l'intérêt public l'exige, soit que les municipalités ou la majorité des propriétaires d'un îlot le désirent. L'îlot est loti et après déduction de la surface des places publiques, des squares, chacun des propriétaires reçoit une part de terrain proportionnelle à celle qu'il possédait avant le partage. L'opération est faite gratuitement, lorsqu'elle est provoquée par la municipalité, mais si elle est requise par les propriétaires, l'administration rentre dans ses déboursés. Quoique cette loi soit promulguée depuis près de huit ans, jusqu'à présent la ville n'a pas eu besoin de l'appliquer pour effectuer diverses opérations de partages, grâce aux avantages que les propriétaires retirent de la modification de leurs terrains. La ville espère qu'elle n'aura pas besoin de la loi Adickes pour aménager un îlot de 64 ha, destiné aux maisons d'habitations nécessaires au service du port.

La ville possède 20 ha de cet îlot et des particuliers, le reste, qui est divisé en 700 parcelles.

La surface moyenne d'une de ces parcelles est de 500 m², mais après déduction pour les rues, cette surface sera réduite à 300 m². Comme les 700 parcelles appartiennent à 238 propriétaires, on pourra donner à chacun d'eux, un lot de 1000 m² environ, d'un seul terrain.

Dans l'ilôt ainsi divisé, il y aura des maisons pour personnes aisées, et pour ouvriers. Les maisons pour personnes aisées seront construites par l'initiative privée, mais comme les habitations à bon marché ne donnent pas lieu à des opérations fructueuses, la ville se chargera d'en construire avec le concours de sociétés philanthropiques.

La surface de terrain réservée à l'habitation étant de 8 ha, 2 ha seront couverts par les constructions, le reste sera affecté aux rues, aux jardins, aux cours, aux places et aux terrains de jeux.

Cologne. — Cette ville est souvent citée au sujet de son plan d'extension qui a été provoqué par la démolition de ses fortifications. Entourée par un magnifique boulevard, bordé de chaque côté par des habitations situées au milieu de jardins, la ville ancienne continue à s'étendre, mais au lieu de tracer des rues en ligne droite, les ingénieurs adoptent la ligne courbe pour tenir compte des réclamations des architectes qui estiment que les voies qui se coupent à angle droit enlèvent tout cachet artistique à une cité. Le plan d'extension du territoire de Cologne est dû à l'ingénieur Stubben dont la réputation est légendaire en Allemagne.

Dusseldorf. — Sa population qui, au commencement du siècle dernier était de 16 000 habitants, atteint aujourd'hui près de 330 000 habitants. Cette ville mérite une étude sérieuse, car son premier plan d'extension date de 1830 et, par suite de diverses annexions, son territoire a aujourd'hui une superficie de 10 700 ha. Au début, les rues n'étaient pas tracées suivant un plan d'ensemble, mais on en reconnut bientôt l'utilité et l'on adopta le système des rues qui se coupent à angle droit. Dans ces derniers temps, les ingénieurs ont percé des rues courbes dans les quartiers qui ne sont pas habités par des gens pressés. La ville a tenu compte de la circulaire ministérielle qui engage les municipalités à faire l'acquisition de la plus grande partie possible de terrain, car elle possède 714 ha dans l'intérieur de son périmètre bâti et 200 en dehors.

Ulm. — La ville allemande d'Ulm est la plus intéressante à étudier au point de vue de l'aménagement de son territoire, car dès 1850, elle avait utilisé tout le territoire limité par ses fortifications et il fut nécessaire d'étendre son territoire à bâtir. La ville obtint du Génie Militaire la jouissance du terrain des fortifications, et elle put l'acquérir en 1908.

Le plan d'extension fut mis à exécution de la façon suivante :

1° Des routes furent percées à partir des portes des anciennes fortifications pour permettre aux habitants de se diriger dans toutes les parties du territoire;

2° Le faubourg de Söffingen fut mis en communication avec la ville d'Ulm, par de nombreuses rues;

3°. Un boulevard circulaire fut construit sur l'emplacement des fortifications;

4° Une gare de marchandises fut bâtie à proximité des quartiers nouveaux.

Le terrain entre Ulm et Söffingen fut loti pour être mis à la disposition de commerçants, de petits industriels et de constructeurs de maisons d'habitation.

Les terrains industriels furent reliés à la gare des marchandises par des voies particulières.

Les terrains réservés à la construction sont divisés en cinq zones :

Le première zone est consacrée aux usines;

La deuxième zone est destinée à loger les paysans et les ouvriers. Les bâtiments doivent être à 5 m de distance l'un de l'autre, les troisième, quatrième et cinquième zones sont affectées aux maisons d'habitation pour personnes plus ou moins aisées; la distance entre les bâtiments qui est de 6,90 m pour la troisième zone, passe à 9,90 m pour ceux de la quatrième zone;

La première zone est consacrée aux usines;

La deuxième zone est destinée à loger les paysans et les ouvriers. Les bâtiments doivent être à 5 m de distance l'un de l'autre, les troisième, quatrième et cinquième zones sont affectées aux maisons d'habitation pour personnes plus ou moins aisées; la distance entre les bâtiments qui est de 6,90 m pour la troisième zone passe à 9,90 m pour ceux de la quatrième et atteint 14,10 m pour ceux de la cinquième.

Un bois appartenant à la ville sert de promenade et de terrain de sport. Un emplacement à été réservé pour créer un port sur le Danube.

En raison de la hausse qui devait se produire sur les terrains, par suite de la suppression de l'interdiction de construire, la ville fit l'acquisition d'un grand nombre de propriétés qui se trouvaient dans la zone des fortifications, et elle devint ainsi propriétaire d'un domaine de 489 ha qui lui revint à 5 836 000 marcs. Après avoir aménagé 163 ha, elle revendit les terrains dont elle ne prévoyait par l'usage pour son compte, moyennant 6 890 000 marcs.

La ville a donc réalisé un bénéfice de plus d'un million de marcs, tout en ayant augmenté son domaine de 325 ha.

Grâce aux bénéfices réalisées par la ville d'Ulm, les impôts payés par ses habitants sont les moins élevés de ceux des autres villes du Wurtemberg. En ajoutant à ses propriétés le terrain des fortifications, la ville dispose de 2000 ha. Grâce à la grande surface de terrain qu'elle possède, la ville peut maintenir le prix du sol à un taux raisonnable et elle n'est pas obligée de payer des sommes très élevées pour se procurer l'espace nécessaire à ses monuments d'utilité publique.

La ville vend ses terrains, mais elle oblige l'acquéreur à construire, et elle prend des précautions pour l'empêcher de spéculer sur le terrain qu'elle lui cède.

Elle a construit des maisons où elle loge 1367 habitants. Les maisons sont vendues au prix de revient payable par annuités comprenant un intérêt de 3 % et un amortissement de 2 %.

La ville se réserve pendant une durée de 100 ans, le droit de reprendre la maison si l'acquéreur ne paie pas régulièrement son annuité, s'il n'habite pas lui-même son immeuble ou qu'il la loue pour en retirer un bénéfice, et enfin, s'il est forcé de vendre sa propriété.

Stuttgard. — Son premier plan d'extension date de 1890. En 1890, quatre plans d'extension furent soumis à l'examen du public qui fit ses observations dont on tint plus ou moins compte.

La publication des plans d'extension favorise la spéculation des terrains et produit ce qu'on voit partout en Allemagne, où les municipalités n'ont pas acquis de grandes quantités de terrain, c'est-à-dire des quartiers de maisons collectives et des loyers élevés.

La hauteur des maisons varie avec la largeur des rues. Une maison en bordure d'une rue de 11 m de large peut avoir deux étages, trois quand la rue à 16 m et quatre quand la rue à plus de 16 m.

Quand le propriétaire d'une villa veut la transformer en maison collective il lui faut l'autorisation de la municipalité, et, en outre, celle de ses voisins.

Grâce à la bonne tenue des habitations et à leur éclairage, le taux de la mortalité n'est que de 16 ‰ et celui de la mortalité infantile 186 ‰.

Si nous voulions appliquer en France les principes qui ont guidé les municipalités allemandes pour assainir méthodiquement leur territoire, il faudrait demander aux communes d'appliquer strictement les règlements sanitaires qui doivent assurer la mise à exécution de la loi sur la santé publique du 15 février 1902, et, dans bien des communes, il serait nécessaire de modifier les règlements pour tenir compte des vœux exprimés par les Congrès qui se sont occupés de l'assainissement de l'habitation et de la lutte contre la tuberculose.

M. A. DANÉ,

Chimiste-expert et Préparateur d'Hydrologie (Toulouse).

QUELQUES OBSERVATIONS SUR LA MICROBIOLOGIE DES EAUX ET RECHERCHE FACILE DE LA CONTAMINATION.

614.777.15 : 616.0229

5 Août.

Dans les études bactériologiques nombreuses faites au laboratoire de M. le Pr Garrigou, il nous a été possible de faire certaines observations intéressantes et d'adopter certains tours de main et méthodes de recherche ou dosages.

Je présente d'abord mon matras diluteur. C'est un flacon de forme spéciale portant à son col une graduation 100 ou 50 avec au-dessous et au-dessus des subdivisions par centimètres cubes et demi-centimètres cubes. Voici son usage :

On sait qu'avant d'opérer tout ensemencement en milieux, il est nécessaire d'opérer des dilutions de l'eau à analyser avec de l'eau stérile, d'abord à 1 pour 9, puis encore 1 pour 9 ou 99, si cela est jugé nécessaire par les probabilités de pollution. Pendant ces dilutions successives, il faut manipuler le récipient contenant l'eau stérile, et se servir de plusieurs pipettes. Ce matras est destiné à éviter la plupart de ces manipulations.

On remplit le matras jusqu'au point 100, on bouche à la ouate et l'on stérilise; on stérilise en même temps une pipette de 1 cm ou 2 cm³. On laisse refroidir et, après refroidissement, on lit le chiffre où se trouve le niveau de l'eau et l'on ajoute 1 cm³ ou 2 cm³ d'eau à analyser, on mélange et l'on ensemence comme d'habitude.

Si le niveau de l'eau était dans le matras (par suite d'un départ de vapeur) à 98 et qu'on ajoute 1 cm³ d'eau, on aura une dilution à 99; les résultats sur les plaques seront finalement multipliés par ce coefficient pour rapporter au centimètre cube. Si l'on faisait plusieurs dilutions successives dans des vases semblables avec 1 cm³ d'abord dans 98, et ensuite 1 cm³ de celui-ci dans 102 cm³ d'eau stérile, la relation $\dfrac{1 \times 1}{99 \times 103} = \dfrac{1}{10\,197}$ donne la dilution, mais jamais dans des eaux potables, il ne sera utile de faire une deuxième dilution, la première, l'expérience me l'a appris, est généralement suffisante.

Observation concernant la recherche du colibacille et de l'Éberth. — On sait que le critérium de pollution d'une eau potable est la quantité de colibacille déterminée dans 1 litre de cette eau. Mais il faudrait nécessairement pour cela que la culture dans le milieu habituel, (eau, bouillon de peptone, solution phéniquée) ne soit pas troublée par d'autres causes. Il m'a été donné d'observer que certaines eaux, à degré hydrotimétrique élevé, de 25° et au-dessus, laissent déposer à l'étuve, dans les tubes et matras, du carbonate de chaux, et en même temps, qu'il se forme à des surface du liquide des lamelles irisées probablement de calcite; le liquide intermédiaire reste clair.

Je me suis demandé si par hasard dans ces conditions, il ne pourrait pas y avoir entraînement du colibacille ou de l'éberth au fond et si, par conséquent, ces microbes pourraient échapper à la culture. J'ai fait un certain nombre d'expériences que je me propose de continuer, mais je prends déjà date et il en résulte que certaines eaux ensemencées avec du colibacille et de l'éberth ne donnent pas de culture; ces microbes seraient donc susceptibles d'après cela d'échapper à l'analyste.

Remède à cette cause. — Les faits exposés seraient très graves pour l'hygiène si l'on ne pouvait y apporter un remède afin de pouvoir faire les recherches. Après avoir essayé d'ajouter à l'eau à analyser des solutions sulfuriques stérilisées pour neutraliser l'alcalinité des solutions de phosphate de soude stériles, je me suis arrêté à une dilution à $\frac{1}{2}$ ou $\frac{1}{3}$ préalable avec de l'eau stérile, afin de diminuer le degré hydrotimétrique.

Quand une eau possède un degré hydrotimétrique supérieur à 25° (ce qu'on sait déjà par l'analyse chimique ou par le gisement calcaire) il n'y a qu'à opérer une légère dilution.

Recherche facile de la contamination. — La contamination peut se déterminer par les recherches suivantes :

A. Présence et numération du coli bacille; B. Présence des nitrites; C. Présence de l'ammoniaque; D. Matière organique en grande abondance.

A. *Colibacille.* — Cette recherche assurément faite selon les procédés ordinaires en milieu phéniqué, repiquages et ensemencements sur milieux est longue et demande une application soutenue, elle permet l'isolement. En outre, si l'on opère plusieurs repiquages, il y a du colibacille ou des races de coli qui perdent la faculté de donner de l'indol. De plus, la recherche elle-même de l'indol dans certains cas donne des résultats douteux; la culture sur certains milieux peut être aussi douteuse, et il faut recommencer les repiquages, etc.

La technique employée sera celle-ci :

4 à 5 cm³ de solution de peptone (peptone pancréatique 2 g Cl Na 2 g pour 100; bicarbonate de soude q. s. pour neutraliser) sont mis dans des tubes bouchés à l'ouate ou dans des flacons de 20 cm³ à 30 cm³ également bouchés. On stérilise à l'autoclave, on laisse refroidir. On peut avoir ainsi de 2 à 6 flacons ou tubes dans lesquels on ajoute avec une pipette stérilisée 1, 2, 3, 4, 5, 6, 10 cm³ d'eau. On place à l'étuve sans dépasser 38°; on peut se contenter d'un endroit à température modérée, celle du laboratoire, par exemple, et l'on attend deux jours.

Après ce temps, on examine par transparence; si l'on voit des ondes soyeuses dans le liquide, il y a présomption de bacille coli ou d'Éberth. On traite alors les tubes ou flacons par une quantité d'éther ordinaire égale à peu près au volume; on agite, on laisse remonter l'éther et l'on en décante une portion dans un autre tube et l'on y ajoute 2 cm³ d'une solution ainsi faite du réactif suivant (Porcher et Panisset, Société de Biologie, 1909) :

Paradiméthylaminobenzaldéhyde.............. 1 cm³
Alcool à 95°................................. 100 cm³

puis, 10 gouttes environ d'H Cl pur.

Si le tube en question donne la réaction rosée, c'est qu'il a servi à cultiver au moins un germe de colibacille ou autre producteur d'indol. En vérifiant ainsi les doses inférieures ou supérieures, on arrive très facilement à déterminer quel est le volume d'eau où s'arrête la présence du colibacille ou de l'un de ces germes.

Ainsi, si la réaction s'arrête au tube de 4 cm$l$ d'eau ensemencé, c'est que 4 cm² contiennent un germe, soit 250 au litre.

Le colibacille, le bacille virgule et quelques autres donnent la réaction indolique ordinairement; dans l'étude de l'eau *en période ordinaire* on ne saurait rapporter l'indol qu'au colibacille.

La méthode que j'ai exposée pourra être précieuse pour établir facilement si une eau ne contient pas un nombre trop grand de colibacilles et, dans ce cas, les essais peuvent se borner à 3 ou 4 doses. Cet examen sera ainsi facilité aux hôpitaux civils et militaires, bureaux d'hygiène, etc.

Recherche et dosage des nitrites. — Pour cette recherche, j'apporte une réaction bien connue en chimie, c'est la réaction du *nitroso-indol*. Chaque fois qu'on ajoute à un mélange de nitrite et d'acide sulfurique une solution d'indol, il se produit une *coloration rosée* due au nitroso-indol. Il s'agit simplement de se procurer de l'indol; on peut en trouver dans les maisons de produits chimiques de Paris, à des divisions de 0,10; 0,20; 0,50. Il en faut d'ailleurs des quantités minimes. Voici la formule du réactif :

$$\text{Réactif : Indol} \quad 0,01; \qquad \text{Alcool à 95°} - 75$$

Technique. — Dans un verre ou vase, mettre l'eau à analyser, puis 2 cm³ à 5 cm³ de solution indolique et 5 cm³ de SO^4H^2 à $\frac{1}{2}$; on remue avec un agitateur et l'on observe 20 secondes. S'il y a des nitrites, il se produit *immédiatement* une coloration rose. La réaction est sensible à 1⁄2 500 000 d'eau.

Matières organiques. — J'ai établi (*Union pharmaceutique*, mai 1910) un moyen d'évaluation rapide par le permanganate, et j'ai présenté à la section de Chimie du Congrès un moyen de précision à l'hydrate d'argent reposant sur la réduction de l'hydrate de l'argent par l'ébullition de l'eau en présence des matières organiques. Voici la technique abrégée de ces deux procédés :

A. *Procédé d'essai rapide au permanganate.* — On a :

1° Une solution de MnO^4K à 0,50 pour 1000;

2° Une solution saturée de CO^3Na^2. On fait bouillir pendant 10 minutes dans un vase 100 cm³ ou 200 cm³ d'eau avec 1 cm³ ou 2 cm³ de solution de permanganate et 2 cm³ de solution saturée de CO^3Na^2. On laisse tiédir et l'on ajoute 5 cm³ SO^4H^2 à $\frac{1}{4}$ et l'on observe si la coloration persiste.

1 cm³ de MnO^4K à 0,50 °/₀₀ correspond à 0,000125 d'oxygène; on rapporte au litre; on sait qu'une eau qui emploie près de 0,002 d'oxygène pour ses matières organiques est une eau suspecte ou même condamnée par les règlements.

B. *Procédé à l'hydrate d'argent par la cyanoargentimétrie.* — Dans deux vases coniques, on mesure 10 cm³ $NO^3Ag \dfrac{N}{100}$ + 1 cm³ lessive de potasse + 200 cm³ d'eau à analyser dans l'un; dans l'autre, égale quantité d'eau distillée comme témoin. Dans ce témoin, on met également autant de centimètres cubes de solution de Cl K à 2,09 $^0/_{00}$ que les 200 cm³ d'eau à analyser contiennent de milligrammes de chlore (préalablement dosé).

Après dix minutes d'ébullition, on met dans chaque vase 10 cm³ de solution de chlorure d'ammonium et de magnésium dans l'ammoniaque, puis encore 10 cm³ NO³ Ag, et l'on filtre sans laver ni l'un ni l'autre filtre.

Après 30 minutes environ (lorsqu'il n'y a plus de liquide sur les filtres), on ajoute à chaque filtratum 15 cm³ d'une solution de cyanure de potassium à 0,20 $^0/_0$, dix gouttes de solution à 10 $^0/_0$ de IK et NO³ Ag $\dfrac{N}{100}$ pour arriver au louche.

Dans ces conditions, un grand nombre des matières organiques des eaux sont oxydées. La différence de centimètres cubes employés par le témoin à l'eau distillée et par l'eau analysée donne la valeur en matières organiques. On rapporte au litre; une eau potable ne doit pas exiger par litre plus de 8 cm³ à 10 cm³ de NO³ Ag $\dfrac{N}{100}$. *Il est essentiel de faire bien les mesures égales*; il est recommandé aussi de mesurer le cyanure avec une éprouvette et non avec la pipette.

Recherche de l'ammoniaque. — Celle-ci se fait par les procédés habituels, soit sur l'eau additionnée de lessive de soude ou de potasse bien blanche et le réactif de Nesler, soit sur l'eau préalablement distillée en présence de permanganate et d'un alcalin pur, potasse, soude en lessive ou carbonates en cristaux purs.

On pourra, par des méthodes simples, savoir si une eau contient plus de 200 colibacilles par litre, si elle contient des nitrites, de l'ammoniaque; si elle emprunte au MnO⁴ K une quantité d'oxygène inférieur, voisine ou supérieur à 0,002 par litre; en un mot, on sera fixé sur sa valeur pour l'alimentation ou pour la préparation de produits destinés à l'alimentation.

Discussion : M. GAUTIÉ. — La recherche du B. coli et sa numération d'après la méthode employée par M. Dané demande une durée de 48 heures environ et est par suite plus rapide que la méthode classique de recherche par la culture en milieux phéniqués.

Cependant, la méthode de M. Péré permet d'obtenir assez vite le B. coli en culture pure. Dès que le premier bouillon phéniqué se trouble, on fait avec ce bouillon un ensemencement en stries sur plaques de gélose, et l'on peut au bout de 12 heures, avoir sur ces plaques des colonies de colibacille qu'on peut immédiatement repiquer en solution de peptone ordinaire et en solution de peptone lactosée, de façon à avoir les deux réactions principales du B. coli, production d'indol et fermentation du lactose.

L'ensemble de toutes ces recherches demande 3 jours. Nous perdons 24 heures, il est vrai, mais nous avons l'avantage d'isoler le B. coli en culture pure et de ne pas nous baser sur un seul caractère pour le déterminer. La méthode classique me paraît donc supérieure à celle employée par M. Dané, malgré qu'elle soit un peu plus longue.

Quant aux colibacilles qui ne donnent pas la réaction de l'indol après passage en milieux phéniqués, ils ne la donneraient pas davantage en milieux ordinaires; ce sont des paracolibacilles et, à ce point de vue, la méthode préconisée ne présente aucun avantage sur la méthode classique de M. Péré.

M. DANÉ répond que, conformément au titre de sa communication, il n'a pas pour but l'isolement des germes de colibacille qu'il fait lui aussi par les procédés ordinaires, mais plutôt de donner un procédé commode pour juger rapidement de la qualité d'une eau par l'appréciation de la teneur en microbes qui donnent de l'indol, que ceux-ci soient le coli-bacille, ou mêmes d'autres microbes indoligènes, d'ailleurs *aussi suspects que lui*. M. Dané fait des réserves sur les résultats pouvant être obtenus après le premier repiquage.

Quant à la faculté de ne pas donner d'indol après une série de repiquages phéniqués, le collibacille la possède parfois. M. Gautié n'a qu'à s'en rapporter aux auteurs en la matière les plus compétents, tel qu'au *Traité de Bactériologie pure et appliquée* de MM. Miquel et Cambier, p. 339. Personnellement, il ne croit pas aux races de paracolibacilles, mais il croit à des formes d'involution d'un même colibacille selon les milieux, entrainant des propriétés biologiques un peu différentes.

M. F. GARRIGOU,

ÉTUDE CHIMIQUE ET BACTÉRIOLOGIQUE SUR L'EAU DU CANAL DU MIDI, DANS SA TRAVERSÉE DE TOULOUSE.

614.777 : 576.8 (44.86)

3 *Août.*

Consulté depuis plusieurs années, par diverses personnes de Toulouse, habitant ou ayant des intérêts le long du Canal du Midi, dans sa traversée de Toulouse, j'ai été plusieurs fois obligé de m'occuper de la composition de l'eau de ce cours d'eau artificiel.

Il s'agissait, tantôt de savoir au point de vue de certaines industries, si l'eau en question pouvait être utilisée, tantôt au point de vue hygiénique, si le voisinage du Canal ne pouvait pas être nuisible par les infiltrations, souvent si l'on pouvait filtrer l'eau pour la boire sans danger, etc. enfin pour savoir si une certaine source dite *minérale*, naissant à quelques mètres des bords du Canal, et en contre-bas de son niveau, au pied du pont du chemin de fer de Bayonne, pouvait, vu ses qualités réputées merveilleuses, être exploitée sans donner lieu à des récriminations hygiéniques.

J'ai pensé qu'il serait utile de faire connaître le résultat de mes recherches, car il peut se faire qu'elles donnent lieu à des résolutions administratives d'un haut intérêt pour l'hygiène publique de Toulouse.

Il y a, dans la traversée de Toulouse par le Canal, 5 lavoirs installés dans l'ordre suivant, qui est leur ordre d'importance: Lavoir Saint-Étienne ou de Saint-Sauveur, Lavoir Matabiau, Lavoir des Minimes, Lavoir des Demoiselles, Lavoir du Béarnais.

****11

Ces lavoirs sont affermés par l'administration du Canal, au profit du trésor.

Leur suppression totale ou partielle est prévue. C'est l'administration qui est seule juge.

La présence du Lavoir des Minimes sur la rive gauche, est dit-on un obstacle au halage. L'intérêt de la navigation exigerait la disparition de l'emplacement qu'il occupe.

D'après les travaux déjà publiés par divers auteurs, nous savons que le débit moyen du Canal à Toulouse est de 15 000 m³ en 24 heures, avec une vitesse de 24 m à l'heure.

D'après ces mêmes travaux, nous savons également que certains égouts de la ville se déversent dans le Canal, et y arrivent plus ou moins chargés de matières, surtout à l'aval, point sur lequel se trouve le Lavoir des Minimes, dont la suppression s'impose au point de vue hygiénique.

Je dois ajouter à ces faits des considérations d'un autre ordre, et plus importantes encore, pour plaider la suppression de tous les lavoirs installés sur le Canal. C'est à la Chimie et à la Bactériologie que je vais emprunter les documents qui me poussent à demander cette suppression.

Afin de faire connaître ce que devient l'eau du Canal, à mesure qu'elle s'avance vers l'embouchure, point extrême de son passage à travers Toulouse, nous allons étudier la composition chimique et bactériologique dans son parcours, en allant du Lavoir des Demoiselles à celui des Minimes.

1° *Étude chimique.*

Noms des lavoirs.	Hydro-timétrie.	Alcalinité Ca Co³.	Chlorure Na Cl.	Acide nitrique.	Acide nitreux.	Ammoniaque.	Matière organique.
Demoiselles ...	26°	0,130	0,040	0,010	0,0001	0,001	0,0025
Saint-Sauveur.	28	0,170	0,052	0,005	0,0005	0,005	0,0035
Minimes.......	28	0,170	0,058	0,001	0,0008	0,008	0,0035

De l'examen de ce Tableau quoique incomplet, il résulte :

1° Que l'eau du Lavoir des Minimes est plus chargée en toutes substances salines examinées, que l'eau du Pont des Demoiselles et l'eau du Pont Saint-Sauveur;

2° Que les nitrates sont plus abondants dans l'eau du Pont des Demoiselles qu'ailleurs;

3° Que l'ammoniaque est bien plus abondante dans l'eau des Minimes que dans l'eau des deux autres.

4° Que la matière organique étudiée par le permanganate de potasse, est très abondante dans les trois points étudiés.

Ces résultats chimiques, tout en offrant un intérêt relatif, sont loin d'avoir, ainsi que nous allons le constater, un intérêt aussi grand que les résultats qui vont suivre.

2° Étude bactériologique.

Nous avons, dans la même après-midi, pris l'eau dans des flacons stérilisés, placés dans la glace et immédiatement portés au Laboratoire.

Nos liqueurs destinées aux études bactériologiques étant préparées d'avance, nous avons immédiatement procédé aux ensemencements.

Le liquide dilué préparé est au titre de $\frac{1}{200}$. Pour chaque flacon Miquel, nous avons pris $\frac{1}{10}$ de centimètre cube étendu, ce qui donne une dilution $\frac{1}{10} \times \frac{1}{201}$ soit 2800, comme dilution expérimentale.

Nous avons ensemencé sur gélatine gélosée, le 4 juillet, dans les flacons Miquel, soit 3 pour chaque lavoir.

Les observations recueillies, ont permis de dresser les Tableaux suivants dans lesquels nous avons pu marquer jour par jour la marche de production des colonies et des moisissures, et finalement leur nombre total, marqué d'après les combinaisons des calculs nécessités pour dire la contenance des centimètres cubes en colonies et en moisissures.

1^r Lavoir du pont des Demoiselles.

Flacons Miquel.

Ensemencement.	1ᵉʳ.	2ᵉ.	3ᵉ.
2 juillet..........	Rien.	Rien.	Rien.
4 »	Commence.	Commence.	Commence.
6 »	3 colonies.	1 colonie.	3 colonies.
7 »	4 »	4 colonies.	3 col. et 1 mois.
8 »	4 col. et 1 mois.	4 »	5 » 1 »
10 »	4 » 1 »	4 col. et 1 mois.	7 » 1 »
18 »	4 » 1 »	4 » 1 »	7 » 1 »
19 »	6 » 2 »	9 » 3 »	7 » 3 »

Nous nous sommes arrêtés au 19 juillet pour compter le nombre de colonies et de moisissures.

Leur odeur est très mauvaise. Le nombre des colonies des 3 flacons est de $6 + 9 + 7 = 22$, dont la moyenne est de $\frac{22}{3} = 7,3$.

Si nous multiplions le nombre par le coefficient trouvé 2010, nous avons le nombre de 14 670 colonies aérobies par centimètre cube. Si le nombre des moisissures est de $2 + 3 + 3 = 8$, divisé par 3 (nombre des flacons), nous obtenons 2,6 qui $\times$ 2010, donne 3216. Moisissures par C. 3.

Les espèces que nous avons pu déterminer sont les suivantes : micrococcus blanc porcelainé, staphilocoques divers, dont le doré, etc.

2° *Lavoir Saint-Sauveur.*

Ensemencement.	Flacons Miquel.		
	1er.	2e.	3e.
2 juillet........	Rien.	Rien.	Rien.
4 »	4 colonies.	7 colonies.	5 colonies.
6 »	12 »	23 »	15 »
7 . »	13 »	27 . »	15 »
8 »	13 »	27 »	15 »
10 »	15 »	27 •	15 »
18 »	15 »	27 »	15 »
19 »	15 »	27 »	15 »

Nous avons cherché à déterminer quelques espèces : micrococcus aquabilis porcelainé ; micrococcus blanc porcelainé, staphilocoques, streptocoques divers dont le doré, micrococcus prodigiosus nombreux liquéfiants.

Arborescence remarquable et liquéfiante. La majorité des colonies est chromogène. On peut constater que les espèces sont à peu près les mêmes qu'au Pont des Demoiselles.

Il semble y en avoir davantage quant aux colonies.

Il n'y a pas eu une seule moisissure.

3° *Lavoir des Minimes.*

Ensemencement.	Flacons Miquel.					
	1er.		2e.		3e.	
2 juillet.....	Rien.		Rien.		Rien.	
4 »	3 colonies.		3 colonies.		3 colonies.	
6 »	27 »		27 »		17 »	
7 »	29 »		39 col. et 2 mois.		30 col. et 2 mois.	
8 »	50 »		50 » 3 »		45 » 2 »	
10 »	50 »		50 » 3 »		45 » 2 »	
18 »	50 »		50 » 3 »		45 » 2 »	
19 »	50 »		50 » 3 »		45 » 2 »	

Nous arrêtons au 19, nos cultures, qui ont une très mauvaise odeur de pourri et d'ammoniaque.

Calcul des colonies : il y en a 50 + 50 + 45 = 145. Si nous divisons par 3 représentant le nombre des boîtes, nous aurons 483 × 2010 = 97,083 colonies.

Calcul des moisissures, il y en a 3 pour les 3 flacons, divisons par 3 = 1,66. Multiplions par 2010, nous avons pour le litre d'eau 3336 moisissures.

Si nous cherchons à déterminer les espèces pour les colonies, nous trouvons que les $\frac{2}{3}$ sont chromogènes, et un grand nombre liquéfiantes. Comme espèces, nous avons : staphilocoque doré, staphilocoque citron, micrococcus prodigiosus, un bacille jaune, micrococcus cinabre, micro-aquabilis et d'autres non déterminés, bacille d'Ebert (?).

Recherche du coli bacille. — L'eau pour cette recherche a été préparée comme il suit : on a mélangé 100 cm³ d'eau distillée et stérilisée a 10 cm³ de l'eau du Canal, on a ajouté 15 cm³ de bouillon de peptone, plus 2 cm³ de solution phéniquée à 5 °/₀ ce qui faisait en toùt 127 cm³ donc 1 cm³ de l'eau à analyser est représenté par 12 cm³ de ce mélange, et 1 cm³ de ce mélange pèse 0,08 gr.

Nous avons préparé avec ce mélange les échantillons suivants : 3 tubes de 20 cm³, 3 tubes de 10 cm³, 3 tubes de 5 cm³, 3 tubes de 3 cm³, 3 tubes de 2 cm³ sur tube témoin, et le reste.

Après 24 heures tous les tubes étaient troublés. Ils avaient séjourné tout le temps à l'étuve à 37. L'on voyait à l'intérieur les ondes soyeuses spéciales aux cultures du bactérium coli, nageant dans le liquide.

Ces cultures avaient une odeur putride.

On a fait 4 repiquages successifs qui ont tous donné les mêmes résultats : présence du coli bacille.

On a enfin repiqué sur des milieux appropriés qui ont tous donné du bactérium coli en très grande abondance, pouvant être estimé à 1250 par litre.

Du travail précédent, il ressort que l'infection du Canal s'accentue à mesure qu'on avance du Lavoir des Demoiselles vers le Lavoir des Minimes, où l'on peut dire qu'elle est à son comble, l'eau contenant des bacilles virulents, et des coccus divers, dont quelques-uns redoutables pour leur action nocive.

C'est donc dans une eau virulente que le linge est lavé, et l'hygiène s'oppose à une pareille pratique. A ce point de vue, la suppression du lavoir s'impose. Comment le remplacer et où le porter ?

MM. les ingénieurs des Ponts et Chaussées après avoir indiqué une cause de pollution très connue à Toulouse, celle causée par le déverse-ment des eaux d'égout dans le Canal, pourraient dire qu'en présence de cette cause, la contamination qui en résulte pour l'eau du Canal rend particulièrement désirable, au point de vue de l'hygiène, la suppression des lavoirs dans la partie aval de la traversée de la ville, et le lavoir des Minimes dont je viens de montrer les dangers est le plus en aval, et le plus dangereux par sa richesse en micro-organismes pathogènes. Le Lavoir du Béarnais dont l'importance est négligeable, est le moins dan-gereux.

A la suite des observations très judicieuses de M. le Ministre de l'Inté-rieur, consignées dans une dépêche du 9 mai 1910, il est tout naturel qu'on pense à demander la suppression complète du Lavoir des Minimes, en attendant celle de tous les autres, et pour les mêmes raisons.

Cette suppression imposerait peut-être l'édification d'une série d'autres lavoirs dans les mêmes quartiers en des endroits hygiéniquement choisis par la ville, et au moyen d'eaux limpides et hygiéniquement consacrées à l'eau d'alimentation, par exemple des habitants de Toulouse.

Quelle quantité d'eau faudrait-il consacrer par 12 heures à ce lavoir?

Fixons-nous sur la quantité qui est actuellement affectée aux lavoirs en général pour Toulouse.

A raison de 24 m³ à l'heure, ou de 283 m³ par 12 heures, débit réel du Canal d'après tout ce qui est connu aux Ponts et Chaussées, les lavoirs fonctionnent régulièrement, et cette quantité est unique pour tous les lavoirs.

Ce serait donc cette quantité d'eau qu'il faudrait consacrer sur les 30 000 m³ que fournissent les galeries dites *filtrantes* de Toulouse, pour l'alimentation d'un lavoir unique remplaçant tous ceux de Toulouse, si l'on comptait rigoureusement, car c'est la même eau qui va des uns aux autres.

On n'aurait même besoin à la rigueur que d'un quart de cette quantité. soit 71 m³ par jour pour alimenter un lavoir, car c'est à peine si les laveuses utilisent ¼ de la surface du Canal.

L'écoulement de l'eau étant constant, on aurait à l'entrée du Lavoir, une eau pure et limpide, au lieu d'avoir une eau trouble et surtout boueuse comme l'est forcément à certains moments celle de tous les lavoirs établis sur le Canal.

A la sortie du Lavoir, l'eau polluée par les laveuses pourrait être facilement désinfectée, à moins qu'on ne veuille laisser à un courant rapide et en cascades, le soin de brûler les matières organiques et microorganismes détachées du linge par le battoir et la compression, comme matières se détruisant naturellement au contact de l'oxygène par les ressauts de l'eau courante et oxygénée.

Mais il y a mieux que cela à proposer. Nous avons, disséminés dans le sol de Toulouse, de nombreuses sources et perdants de diverses nappes phrénatiques non utilisées. Ce n'est pas à l'eau de la ville seule qu'on doit avoir recours. Il faut la ménager pour les services hygiéniques de toute sorte, et s'en passer autant que possible pour le lavage du linge, car les 71 m³ par 24 heures que peut en utiliser le monde des blanchisseuses actuellement installé le long du Canal, est absolument insuffisant pour alimenter un lavoir unique, remplaçant les 5 lavoirs du Canal. Il faudrait au moins 5 fois plus d'eau, c'est-à-dire, 355 m³ par 12 heures.

On devra s'adresser, pour obtenir cette quantité d'eau, aux diverses sources phrénatiques disséminées dans le sous-sol toulousain, source dont on augmentera le volume par le pompage des diverses nappes phrénatiques, absolument inépuisables, dans tout le sous-sol de la ville.

A Marengo, existe une énorme source inutilisée,

Le long du chemin de fer du Midi, en amont, il y a également des sources.

Le long des berges de la Garonne, sur la rive gauche ou en trouve aussi.

Rue des Fontaines, plaine du Polygone, quartier de Bourrassol, partout on a de l'eau propre, peu calcaire, toujours limpide.

La nappe phréatique existe partout. Le pompage en est aisé. Enfin, là ou l'on ne pourrait avoir d'eau, on se servirait d'eau de la ville. Et toutes ces eaux après avoir servi au blanchissage, seraient envoyées à la Garonne, après avoir subi l'influence des rayons ultra-violets, dont le prix est infime, et qui anéantiraient tous leurs microorganismes. On aurait ainsi des lavoirs à eau aseptique avant d'entrer en usage, à eau aseptisée, après leur emploi, et l'on pourrait ainsi les envoyer à la Garonne sans danger pour les riverains.

Les blanchisseuses, si mal abritées actuellement, puisque leurs pieds sont sans cesse mouillés, pendant que leur tête est exposée au soleil, au vent ou au froid, seraient sainement logées pour leur travail, qui ne constituerait plus ainsi l'un des métiers les plus anti-hygiéniques qu'on puisse concevoir, et cause de maladies jusqu'ici fort mal étudiées.

La section d'hygiène devrait prendre en considération l'état déplorable des lavoirs de Toulouse, et d'ailleurs, pour émettre un vœu partant du Congrès, pour la transformation complète de l'industrie du blanchiment du linge de toilette, si importante dans toutes les villes et villages.

M. DESCOMBES,

Directeur honoraire des Manufactures de l'État (Bordeaux).

L'INFLUENCE DU REBOISEMENT SUR LA SALUBRITÉ DES EAUX.

614.776 : 627.141.2

5 *Août.*

L'influence qu'ont sur la santé publique les eaux employées par l'homme à son alimentation est bien connue, et l'on sait toutes les précautions prises pour écarter de la consommation les eaux chargées de microbes pathogènes. Ces précautions étant trop souvent encore négligées dans les campagnes, la meilleure est certainement de prévenir la production des eaux malsaines.

Toutes les eaux circulant à la surface du sol proviennent des pluies, qui se partagent en eau évaporée, en eau de ruissellement, en eau d'infiltration, en eau de pénétration profonde.

Les *eaux évaporées* sont hors de cause. Les *eaux de ruissellement* entraînent constamment des déjections ou des matières en fermentation et doivent être interdites comme boisson. Les *eaux d'infiltration* ou eaux phréatiques alimentent les puits et les sources. Elles sont généralement propres à la boisson. *Les eaux de pénétration profonde*, fort peu connues il y a peu d'années encore, ont fait l'objet d'études approfondies de la part des Spéléologues. Les unes attaquent chimiquement ou mécaniquement les calcaires fissurés au milieu desquels elles circulent dans des rivières souterraines entrecoupées de grottes, de gouffres ou d'abîmes, dont elles reviennent quelquefois au jour par des résurgences; d'autres imprègnent des couches perméables dont les fait parfois jaillir le creusement des puits artésiens. La plus grande partie des eaux de pénétration profonde est à jamais perdue pour l'agriculture et les forces motrices.

Leur faible portion qui revient à la surface est impropre à la boisson quand elle sort des résurgences, et doit être sérieusement contrôlée quand elle sort des puits artésiens. L'eau des résurgences est extrêmement dangereuse pour la santé, d'une part, parce qu'elle n'a été filtrée en aucune partie de son parcours; d'autre part, parce que les cavités naturelles par lesquelles elle pénètre dans le sol servent souvent de charniers (¹).

Le revêtement forestier du sol, qui le recouvre peu à peu d'une couche d'humus favorisant l'infiltration aux dépens de la pénétration profonde, est essentiellement utile pour prévenir la contamination des eaux.

M. A. GAUTIÉ,

Préparateur à la Faculté de Médecine et de Pharmacie (Toulouse).

DE QUELQUES MODIFICATIONS URGENTES A APPORTER A LA LOI DU 15 FÉVRIER 1902 SUR LA PROTECTION DE LA SANTÉ PUBLIQUE.

351.77 : 614.19

6 *Août.*

Tous les hygiénistes français savent que la loi du 15 février 1902, sur la protection de la santé publique présente de graves imperfections ou défauts auxquels il conviendrait de remédier sans retard si les pouvoirs publics veulent que cette loi soit enfin appliquée sur toute l'étendue de notre territoire.

(¹) E.-A. MARTEL, *La Spéléologie au XXᵉ siècle.* Paris, 1906, Société de Spéléologie. *La marche à la lune,* premier Congrès de l'arbre et de l'eau, Limoges 1907, (p. 355).

La première modification que réclame le corps médical est relative à l'article 5 qui rend obligatoire pour le médecin la déclaration à l'autorité publique des cas des maladies contagieuses visées à l'article 4.

Ce que demandent les médecins, c'est que cette obligation soit reportée sur le chef de famille ou son remplaçant ou, à défaut, sur tout autre personne responsable, logeur, chef d'établissement, etc., et ce n'est que dans le cas de refus ou d'abstention par la famille que le médecin serait tenu d'intervenir.

Au point de vue pratique, voici ce que proposent MM. Macé et Imbeaux :

« Le médecin remettrait au chef de famille ou à la personne responsable une feuille remplie par lui, portant les indications voulues et énonçant l'obligation pour cette personne de faire la déclaration, avec les pénalités encourues au cas d'abstention, en insistant lui-même sur l'obligation de déclarer ; puis il adresserait en même temps aux autorités sanitaires spécifiées un simple avis qu'une déclaration doit être adressée par M. X..., sans rien préciser sur la nature de la maladie (¹). »

Cette proposition me paraît capable de concilier tous les intérêts et je m'y rallierai volontiers; mais il serait indispensable d'ajouter dans l'article de la loi que si, dans un délai déterminé de 24 ou 48 heures par exemple, la déclaration n'a pas été faite par la famille, l'autorité devra intervenir pour avoir les renseignements nécessaires.

Évidemment on arriverait ainsi à ménager la susceptibilité du corps médical vis-à-vis de tout ce qui touche au principe du secret professionnel et, bien que personnellement je trouve cette susceptibilité un peu exagérée en ce qui concerne les maladies contagieuses, je crois que pour faciliter l'application de la loi, il y aurait grand intérêt à accorder aux médecins la modification demandée, et pour laquelle, il faut bien le dire, il y a chez eux unanimité presque complète.

Le deuxième point sur lequel j'attirerai l'attention concerne la rougeole qui figure dans la liste des maladies contagieuses pour lesquelles la déclaration et la désinfection sont obligatoires.

Depuis longtemps, il est prouvé que la rougeole ne peut se transmettre que pendant la période d'invasion, c'est-à-dire à un moment où elle n'est pas encore diagnostiquée. Par conséquent la désinfection après la maladie est complètement inutile.

Si l'on considère d'autre part que la rougeole est de toutes les maladies contagieuses la plus répandue, puisque personne ou presque personne en France n'y échappe, on peut dire que c'est elle qui doit donner le plus de travail aux services de désinfection urbains ou ruraux et occasionner le plus de dépenses. Tout cela pour aboutir à rien, ou, ce qui est pire, pour arriver à faire détester par le public l'application des mesures

---

(¹) MACÉ et IMBEAUX. — *Hygiène générale des Villes*, p. 293. — *Traité d'Hygiène de Brouardel, Chantemesse et Mosny*, t. XII, Baillière, éditeur, Paris, 1910.

sanitaires et surtout à fournir des arguments aux détracteurs de la loi.

Il serait donc indispensable de rayer au plus tôt la rougeole de la liste des maladies visées à l'article 4. On diminuerait le travail des services de désinfection et, en même temps, on éviterait de gaspiller l'argent, c'est-à-dire de commettre pour l'hygiène publique, où il reste tant à faire, la plus grave des fautes.

Une troisième question qui, à mon avis, ne le cède en rien comme importance aux deux précédentes est celle de la création des inspecteurs d'hygiène départementaux.

Actuellement, presque tout l'édifice de notre législation sanitaire repose sur l'autorité des maires. Or, comme le disait si judicieusement le regretté professeur Duclaux, directeur de l'Institut Pasteur :

« Demander aux maires, d'édicter et de faire observer des mesures qui vont rencontrer l'hostilité ou seulement la mauvaise volonté des habitants de la commune, c'est placer un joli paradoxe à la base de la loi française. »

Il faut bien avouer qu'encore aujourd'hui, 8 ans après la promulgation de la loi, à l'exception de quelques départements et de certaines villes où existent des bureaux d'hygiène *bien organisés*, l'application de cette loi est partout ailleurs restée lettre morte. Pour remédier à cette situation déplorable, une chose s'impose, c'est la création de fonctionnaires compétents, nommés au concours avec toutes les garanties d'impartialité désirables, et pour obtenir ce résultat le procédé le meilleur serait de prendre le jury du concours parmi les membres ou les auditeurs du Conseil supérieur d'hygiène publique de France. Ces inspecteurs, chargés de faire appliquer dans tous les départements les prescriptions de la loi, devraient être des fonctionnaires de l'État. Ils pourraient être placés sous l'autorité des préfets, mais ne devraient être nommés que par le Ministre.

La Chambre des députés avait bien prévu, dans son projet de loi, la création d'un certain nombre d'inspecteurs d'hygiène régionaux, mais le Sénat en 1901, ne voulut pas la suivre dans cette voie pour ne pas encourir le reproche d'avoir créé de nouveaux fonctionnaires et augmenté en conséquence les dépenses publiques. Il me semble cependant que cette manière de voir serait difficile à soutenir aujourd'hui, car nous ne devons pas oublier qu'on vient d'établir le service départemental de l'inspection vétérinaire, et il est inadmissible que ce qu'on a fait pour la santé des animaux, on ne puisse pas le faire pour la santé des gens.

Nous savons bien qu'en vertu de l'article 19 de la loi de 1902, le préfet après délibération du Conseil général réglementant les détails et le budget du service peut nommer un inspecteur départemental d'hygiène et qu'aujourd'hui quelques rares départements sont dotés de cette organisation. Mais comme il en reste près de 80 à pourvoir, on voit que ce qui a été fait est insignifiant. De plus, les inspecteurs qui ont été nommés sont des fonctionnaires départementaux, sous la dépendance complète des préfets (¹); or il importe, je le répète, d'en faire des fonctionnaires de l'État, car il faut éviter à tout prix l'intrusion de la politique dans les questions d'hygiène où elle n'a rien à voir. Un remaniement complet de cet article de la loi est donc absolument nécessaire.

J'arrive maintenant à un autre point qui n'est pas sans intérêt, celui de la nomination des membres des conseils d'hygiène départementaux et des commissions sanitaires d'arrondissement.

On sait qu'à l'exception de quelques conseillers généraux élus par leurs collègues (2 pour le conseil départemental et 1 pour chaque commission sanitaire), le préfet nomme directement les membres de ces assemblées. Or, on peut se demander quelle est la compétence des préfets en matière d'hygiène, pour qu'ils aient le droit de choisir à leur gré telle personne plutôt que telle autre. Aujourd'hui, les maires ne peuvent prendre les directeurs des bureaux d'hygiène que parmi les candidats agréés par le Conseil supérieur d'hygiène publique de France. Pourquoi n'appliquerait-on pas le même système à la nomination des membres des conseils départementaux et des commissions sanitaires ? Ces assemblées peuvent avoir à délibérer sur des affaires très sérieuses, et il conviendrait de n'y trouver que des gens compétents, ce qui n'arrive pas toujours, il s'en faut, à l'heure actuelle.

Ce résultat serait assurément très difficile à obtenir avec la gratuité des fonctions dans les conseils d'hygiène. Mais heureusement le Ministre de l'Intérieur a indiqué et rappelé aux préfets par plusieurs circulaires que la rétribution des membres des assemblées sanitaires devait rentrer dans la catégorie des dépenses obligatoires et être inscrite aux budgets des départements par les Conseils généraux (²). Ces dépenses doivent comprendre une indemnité fixe ou, à défaut, des jetons pour rétribuer la présence aux réunions ou la rédaction des rapports et ensuite des frais de déplacement pour les enquêtes ou missions.

Enfin, il conviendrait de laisser aux conseils d'hygiène quelque pouvoir et jamais le préfet ne devrait avoir le droit de ne pas tenir compte de l'avis du conseil départemental. En cas de désaccord, la question devrait obligatoirement être soumise au Conseil supérieur d'hygiène publique de France. Ce n'est qu'à ces trois conditions, compétence en hygiène, autorité suffisante et rétribution convenable, que les assemblées départementales pourront rendre de réels services et contribuer pour une large part à la protection de la santé publique.

Cette question de rétribution m'amène à parler en terminant des professeurs d'hygiène au Conseil supérieur. On sait que depuis 4 ans, les professeurs d'hygiène des facultés de médecine et des écoles de plein exercice sont de droit membres de ce conseil. La chose a une certaine

---

(¹) Cependant je dois à la vérité d'ajouter que dans 3 départements, Somme, Loire et Seine-Inférieure, les inspecteurs ont été nommés après concours.

(²) Circulaires ministérielles des 19 juillet 1902, 29 janvier et 23 avril 1907.

importance, car ces membres sont à peu près les seuls qui représentent la province dans cette haute assemblée. Mais on n'a prévu pour eux aucune indemnité de déplacement, et comme les séances du Conseil supérieur où se discutent des affaires très importantes sont assez fréquentes, les professeurs des régions éloignées de Paris n'y vont généralement pas, et il en résulte que la province représentée en droit au Conseil supérieur d'hygiène ne l'est pas en fait.

Il s'agit là encore d'une question de crédits, mais crédits bien minimes et insignifiants par rapport à beaucoup d'autres qui seront pourtant indispensables pour l'application de notre loi sanitaire.

A ceux qui, préoccupés avec juste raison de l'augmentation incessante des dépenses publiques, seraient tentés de considérer l'hygiène comme une chose extrêmement coûteuse, il serait facile de prouver qu'il ne peut pas y avoir de dépenses mieux justifiées et plus utiles que celles qui sont faites pour protéger et conserver des vies humaines.

Il ne faut pas oublier, en effet, qu'en outre du but humanitaire, il y a l'intérêt économique et que les progrès de l'hygiène sont intimement lisé à la prospérité des nations. Aussi, dans un pays comme la France, où la natalité décroît d'une façon si alarmante, les pouvoirs publics de concert avec les hygiénistes doivent-ils chercher à réduire au minimum le taux de la mortalité. C'est là, à notre humble avis, un devoir impérieux et primordial.

———————————

M. J.-P. LANGLOIS,

Agrégé de la Faculté de Médecine (Paris).

LES CONDITIONS PHYSIOLOGIQUES DU TRAVAIL DANS LES MINES.

613.613

2 Août.

Tout en reconnaissant que les conditions sanitaires des ouvriers mineurs sont, dans la plupart des cas, supérieures à celles des ouvriers d'un grand nombre d'industries, il faut admettre, que dans certaines mines, ces conditions laissent réellement à désirer et qu'il est indispensable que certaines mesures de salubrité soient prévues par les règlements.

Le comité central d'hygiène des mines vient d'élaborer un règlement soumis actuellement au conseil d'État et qui apporte des perfectionnements dans l'organisation sanitaire des mines.

Nous devons déclarer que les compagnies françaises, qui avaient déjà fait beaucoup pour leurs ouvriers, non seulement ont accepté volontiers les mesures d'hygiène reconnues pratiques, mais encore ont encouragé par des subsides importants les recherches scientifiques pouvant conduire à des applications pratiques visant la sécurité et l'hygiène du mineur.

L'art. 103 du projet de règlement disait :

« Sauf en cas de nécessité absolue, le travail est interdit dans les chantiers dont la température atteint 35° au thermomètre sec ou 30° au thermomètre mouillé.

» Si la température dépasse 25° au thermomètre mouillé, la durée de la journée de travail effectif ne pourra être supérieure à 6 heures. »

En présence des divergences de vues sur les températures limites, compatibles avec le travail, le comité avait décidé de surseoir et de provoquer des recherches sur cette question.

Il m'a fait le grand honneur de me confier la direction de ces recherches et j'ai pu, grâce à des subventions d'origines diverses, organiser une galerie de mine d'expérience au laboratoire de la Faculté de médecine.

Le Comité central des houillères, la Caisse des recherches scientifiques, enfin l'Association pour l'Avancement des sciences ont chacune apporté leur contribution financière et c'est ainsi qu'avec la subvention de l'Association, subvention spéciale de la ville de Paris, j'ai pu acheter deux anémomètres, trois psychromètres et un oscillomètre de Pachon. Je tenais à remercier ici notre chère Association de son appui.

Nous nous sommes proposé d'étudier quelles étaient les modifications apportées aux différentes fonctions de l'organisme par les variations du milieu ambiant, en limitant nos recherches aux conditions rencontrées par l'ouvrier mineur.

Or, une première enquête faite dans les mines françaises de types différents comme les mines du Nord, du Centre, (Monceau, Creusot, Épinac), du Midi, Gagnières, Grand-Combes, Rochebelle, Alais), de l'Est (Ronchamp), et certaines mines belges des bassins de Mons et de Charleroi nous avait permis de limiter ces variations du milieu.

Influence de la température : travail en milieu sec à 38°-28°, en milieu humide 31°-28° et 27°-23°.

Influence de la ventilation : travail dans les chantiers avec une ventilation de 0 m et travail en galerie de retour d'air avec 7 m à la seconde.

Après notre première enquête sur place, nous avons proposé au Comité de poursuivre une première série de recherches expérimentales à la Faculté, ces recherches ayant pour effet de faire notre éducation et notre entraînement et de poursuivre avec une méthode précise, l'étude des différentes fonctions. Ces premiers résultats acquis, nous devions nous transporter au fond et opérer alors sur les mineurs eux-mêmes.

Ce sont les résultats obtenus au laboratoire que nous présentons

---

(¹) Les températures sont celles données par le psychromètre, le premier chiffre correspondant au thermomètre sec, le second au thermomètre mouillé ; le psychromètre étant exposé au courant d'air.

aujourd'hui, l'étude dans la mine sera sans doute commencée à Decazeville quand paraîtra ce travail, rédigé avant notre départ pour cette mine.

Sans entrer dans le détail de l'installation de « la mine aux physiologistes », je mentionnerai simplement qu'elle consistait en une galerie de bois de $2^m,50$ de section avec un chantier annexé, ne recevant l'air que par dérivation de la galerie, et fermé par des portes à glissières permettant de régler l'arrivée de cet air.

La ventilation était assurée par un ventilateur hélicoïdal Moynet et Moine, actionné par une dynamo de 7 chevaux et pouvant assurer un courant d'air de 5 m et, dans certaines parties de la galerie, de 8 m à la seconde.

Cet air passait en circuit fermé sur une batterie de chauffe fournissant 18000 calories heures et permettant d'obtenir 43° au thermomètre sec. L'humidification était réalisée par 9 pulvérisateurs à filets fluides hélicoïdaux.

Les sujets fournissant le travail :

Le personnel du Laboratoire, Dr Langlois chef des travaux, Dr Garrelon et Desbouis préparateurs, Legoux et Pinel garçons, plus quatre étudiants : Allamagny, Boussaguet, Marcou, Routhier exécutèrent dans la mine de nombreux travaux, et on comprendra que je tienne à remercier tous mes dévoués collaborateurs, quand on saura que certaines expériences consistaient à pédaler sur une bicyclette munie d'un frein de Prony, à une vitesse de 18 km à l'heure, une résistance de 4 kg, à la température de 41°-31°. Dans certains cas, la perte d'eau montait à 1300 g à l'heure et la température rectale atteignait 38,7.

Méthode d'étude :

Les observations ont porté sur les sujets au repos et au travail, habillés d'une cote bleue uniforme ou le torse nu, entre 3 et 6 heures du soir, deux heures au moins après le repas et aucune boisson n'était prise.

Pour le travail plusieurs méthodes ont été utilisées:

Ergographe de Mosso.

Typtographe de Langlois.

Ventilateur à main de Monnet.

Soulèvement d'un poids de 20 kg.

Bicyclette munie d'un frein de Prony.

Bien que le typtographe réalisât mieux le travail du piqueur dans la mine : enregistreur des chocs d'un marteau, nous avons surtout travaillé avec la bicyclette ergométrique, donnant des résultats plus nets.

Les phénomènes respiratoires étaient observés en faisant respirer le sujet par une soupape Chauveau communiquant avec un dispositif spécial permettant de connaître : le rythme, le débit par minute, les échanges gazeux.

Les phénomènes circulatoires avec l'oscillomètre de Pachon donnant les pressions maxima, minima, l'amplitude cardiaque et le rythme cardiaque.

Les pertes d'eau se calculaient par la perte du poids.

Les températures buccales et rectales étaient mesurées soit avec des thermomètres de Pillicher donnant en 35 secondes la température à un vingtième près ou avec des sondes thermo-électriques formées par un couple cuivre-constantan. Un des couples était plongé dans la glace fondante. Les lectures étaient faites par une méthode de zéro au moyen d'un potentiomètre dont la partie essentielle était un pont à fil divisé et étalonné directement en température entre 34° et 44°. L'appareil était vérifié au cours d'une observation à l'aide d'un élément étalon Veston.

La sensibilité de l'appareil permettait d'obtenir le $1/100°$ en quelques secondes.

500 observations ont été prises dans l'espace de 10 mois, et l'on conçoit, étant donné le nombre des facteurs changeant, que ce nombre est loin d'être exagéré. Nous résumons le résultat de ces observations dans les deux tableaux suivants.

TABLEAU I.

Influence de la ventilation.

		Accalmie.	Ventilation.
Circulation	Rythme cardiaque	119	115
	Pression maxima	24^{cm}	22^{cm}
	Pression minima	12^{cm}	11^{cm}
Respiration	Rythme respiratoire	29	33
	Ventilation	21^l	26^l
	CO^2 produit	$1^g,55$	$1^g,11$
Rég. thermique.	Température buccale	$38°,5$	$38°$
	Température rectale	$38°,8$	$38°,2$
	Perte d'eau	9^g	19^g
Rendement	CO^2 par 100^{kgm}	0,20	0,15

TABLEAU II.

Influence de la chaleur humide en accalmie.

		Thermomètre mouillé entre	
		$21°$ et $25°$.	$25°$ et $30°$.
Circulation	Rythme cardiaque	120	125
	Pression maxima	24^{cm}	25^{cm}
	Pression minima	12^{cm}	11^{cm}
Respiration	Rythme respiratoire	30	29
	Ventilation	26^l	32^l
	CO^2 produit	$1^g,35$	$1^g,50$
Rég. thermique.	Température buccale	$37°,4$	$38°,4$
	Température rectale	$37°,8$	$39°,8$
	Perte d'eau	9^g	$7^g,5$
Rendement	CO^2 par 100^{kgm}	0,13	0,17

De la lecture de ces tableaux ressort l'influence heureuse de la ventilation sur l'organisme, influence d'autant plus sensible que le travail a lieu en milieu humide; et nous croyons pouvoir, dès maintenant, poser en principe que le travail dans un atelier ou une mine où le thermomètre mouillé dépasse 24° ne peut s'effectuer dans des conditions physiologiques normales, que si l'air autour de l'homme est animé d'une vitesse d'un mètre à la seconde.

M. E. MAUREL.

CONTRIBUTION A L'HOMINICULTURE. — ÉDUCATION URINAIRE.

612.16 : 613.95

3 *Août.*

Fonction la plus importante parmi celles d'élimination, la fonction urinaire est une de celles dont l'éducation mérite le plus notre attention, non seulement par l'importance même de son rôle dans le jeu de l'organisme, mais aussi par l'influence que cette éducation peut avoir sur cette fonction ainsi que les dangers qu'elle peut prévenir.

Normalités anatomiques. — Reins. — D'après Kölliker, cité par Alvarez (¹), (p. 182), chez le nouveau-né le poids du rein serait au poids total comme 1 est à 82 ou à 100; tandis que chez l'adulte ce rapport serait comme 1 est à 225. La quantité de rein, rapportée au kilogramme du sujet, serait donc au moins deux fois plus grande chez le nouveau-né que chez l'adulte. Mais il serait intéressant de savoir quel est la marche de ce rapport depuis la naissance jusqu'au dernier âge; et ce rapport, pour ce grand intervalle, nous manque.

Nous en sommes, je le crains, encore bien loin, car jusqu'à présent on n'a pu s'entendre même seulement sur le poids moyen du rein chez l'adulte. Beaunis et Bouchard attribuent au rein un poids de 90 g; Meckel lui avait donné un poids approximatif de trois à quatre onces, soit un peu plus de 100 g; Pourteyron pour 65 hommes et 21 femmes, avait trouvé 141 g pour les premiers et 124 g pour les secondes; et enfin Sappey, il est vrai, en liant les vaisseaux, et en pesant le rein avec le sang qu'il contient normalement, porte son poids à 170 g. Cet auteur (t. IV, p. 523) ajoute que le plus petit ne pesait que 107 g, tandis que le plus gros arrivait à 284 g. Mais dans ce dernier cas, il s'agissait d'un rein *très hypertrophié.*

Les chiffres donnés par Sappey me paraissent passibles de deux obser-

(¹) GONZALEZ ALVAREZ, *Anatomía y fisiologia especiales del niño.* Madrid, 1903.

vations. La première est que, dans sa moyenne, ainsi que je viens de le montrer, il a fait entrer des reins sûrement pathologiques; et la seconde qu'il les a pesés avec le sang, après ligature de leurs vaisseaux.

Or, c'est là un procédé exceptionnel; et qui, du reste, n'est pas applicable à tous les organes. Il ne l'est pas, par exemple, aux centres nerveux. D'une manière générale, il n'est appliqué ni aux poumons, ni au cœur. Je pense donc qu'il vaut mieux se baser sur le poids du rein débarrassé de son sang. Ce n'est qu'à cette condition qu'on pourra établir un rapport entre son poids et celui des autres organes. Or, en s'en tenant, d'une part, au poids du rein débarrassé de son sang, et, d'autre part, en éliminant des moyennes les reins malades, je ne crois pas qu'on puisse lui attribuer un poids dépassant beaucoup 100 g, évaluation qui se rapproche de celle de Meckel et de celle de Beaunis et Bouchard.

Le poids des deux reins pourrait donc être évalué à 200 g environ, soit très sensiblement à 3 g par kilogramme pour l'homme moyen, tandis que pour le nouveau-né, je l'ai dit, le poids des reins arriverait à 6 g ou 7 g par kilogramme.

Mais je reviens une fois encore sur la nécessité, dans l'évaluation du poids des organes, de tenir compte dans les autopsies du poids réel et du poids normal du sujet, en appréciant celui-ci d'après la taille (¹).

Le rapport si nettement établi d'une part entre le pouvoir fonctionnel des divers organes et le poids du sujet, et d'autre part, toutes conditions égales d'ailleurs, entre le pouvoir fonctionnel d'un organe et son propre poids, nous fait une obligation, à laquelle on ne saurait désormais se soustraire, de toujours commencer une autopsie en donnant la taille du sujet, et son poids réel, pour pouvoir rapporter ensuite le poids ou la capacité de chaque organe à ces deux poids réel et normal du sujet.

Vessie. — Chez le nouveau-né, la capacité de la vessie est de 60 cm³ à 80 cm³, soit sensiblement de 20 cm³ par kilogramme. Vers la fin de la première année, le nourrisson qui prend un litre de lait, rend entre 400 cm³ à 500 cm³ d'urine, et il a de 4 à 6 mictions dans les 24 heures; sa vessie peut contenir de 100 cm³ à 125 cm³ d'urine.

Quoique cette capacité varie beaucoup, elle suit cependant forcément le mouvement de la croissance, pour arriver chez l'adulte, comme moyenne minima, entre 500 cm³ et 600 cm³. Quant aux modifications que subit cette capacité pendant l'enfance et l'adolescence, elles sont encore à fixer. Cependant, en m'en tenant à quelques observations que j'ai pu faire en mesurant les quantités d'urines après avoir attendu que le besoin se fit sentir mais sans trop prolonger la résistance, me permettent de donner les chiffres suivants, en attendant d'autres plus précis : A deux ans 125 cm³ à 150 cm³; à 5 ans, 150 cm³ à 200 cm³; à 10 ans, 200 cm³ à 250 cm³; à 15 ans, 300 cm³ à 400 cm³; à 20 ans, 400 cm³ à 500 cm³; et à 25 ans, 500 cm³ à 600 cm³.

(¹) *Manuel de Séméiologie technique.* (Doin, Paris, 1890, p. 32 et suiv.)

Mais d'une manière très générale, les quantités rendues à chaque miction restent au-dessous des précédentes, surtout dès l'âge de 15 à 18 ans. Nous urinons souvent, en effet, par simple précaution, pour éviter d'avoir à résister à ce besoin.

L'adulte urine souvent, aussi, avant que sa vessie ne contienne 400 cm³. De plus, en avançant en âge, la vessie devient moins tolérante. Elle impose les mictions, dès qu'elle arrive à 300 cm³ et même plus tard à 250 cm³.

La femme, au contraire, surtout dans un certain monde, obligée par bienséance, à résister plus souvent à ce besoin, habitue sa vessie à contenir facilement 500 cm³ et même 600 cm³.

En tenant compte des chiffres moyens et en les rapportant au kilogramme des sujets, nous arrivons donc à ces proportions approximatives que le nouveau-né a environ 20 cm³ par kilogramme, de capacité vésicale; que la proportion descend à 15 cm³ à 2 ans; qu'elle reste dans les environs de 10 cm³ par kilogramme jusqu'à l'âge d'adulte; que pour ce dernier, cette proportion est un maximum; et enfin que pour le vieillard sa proportion reste sensiblement au-dessous.

Normalités fonctionnelles. — En tenant compte des besoins de l'élimination des excreta minéraux et organiques par les voies urinaires, on peut estimer que, même pour le nourrisson, il devrait suffire que la quantité d'urine arrivât à une moyenne de 30 cm³ par kilogramme de son poids; et cette fonction serait sûrement assurée en élevant cette quantité à 40 cm³. On arriverait ainsi, comme quantité d'urine nécessaire, à 120 cm³ ou 125 cm³ pour le nouveau-né et à 300 cm³ ou 400 cm³ pour le nourrisson de 10 kg, soit vers la fin de la deuxième année. Mais ces quantités sont dépassées à cause de l'alimentation lactée, qui introduit environ 80 cm³ à 90 cm³ d'eau par 100 g de lait, soit un minimum de 300 cm³ pour le nouveau-né et 800 cm³ à 900 cm³ pour l'enfant de 10 kg. Or, nous savons que pour les nourrissons, les 50 à 60 % de l'eau du lait s'éliminent par la voie rénale.

Les évaluations à cet égard varient beaucoup. D'après Hecker, du 2ᵉ au 10ᵉ jour, la quantité d'urine serait de 80 cm³ dans les 24 heures, soit seulement de 25 cm³ par kilogramme. Pour Parrot et A. Robin, cette quantité atteindrait 150 cm³, soit presque 50 cm³ par kilogramme, ce qui me paraît se rapprocher beaucoup plus de la moyenne, en tenant compte du lait moyen ingéré. Renaud pense que le nourrisson rend entre 400 cm³ et 500 cm³, soit de 80 cm³ à 100 cm³ par kilogramme. Il est probable que ces quantités ont été observées; mais il faut admettre que la quantité de liquide ingéré, dans ces conditions, dépassait de beaucoup les besoins. D'une part, en effet, l'eau urinaire est forcément fonction de l'eau alimentaire; et d'autre part, celle-ci ne dépasse guère 100 g par kilogramme. Or, l'eau alimentaire s'éliminant forcément en partie par la voie pulmonaire et la voie cutanée, en même temps que par la voie urinaire, en tenant compte de l'importance de ces trois voies, même en négligeant la voie intestinale, on voit que ce n'est guère que les 5o à 6o °/₀ de l'eau alimentaire, qui peuvent s'éliminer par la voie rénale.

J'estime donc que pendant la période lactée, la quantité d'urine doit être, par kilogramme de nourrisson, dans les environs de 5o g à 6o g au maximum, si l'alimentation lactée est bien dosée. J'ajoute, qu'ainsi que je l'ai déjà dit, cette quantité d'eau urinaire est largement suffisante pour assurer l'élimination des divers déchets urinaires. Ceux-ci, en effet, en les rapportant au kilogramme, ne doivent pas être plus abondants chez les nourrissons que chez l'adulte qui cependant peut se contenter de 20 cm³ et même de 15 cm³.

Plus tard, la quantité d'urine émise peut être également prévue et même fixée d'une manière suffisamment approximative, à la condition de s'en tenir à la quantité d'eau alimentaire qui est sûrement suffisante à l'organisme.

En suivant les régimes de la croissance tels que je les ai fixés ([1]), même en ne le faisant que d'une manière approximative, les quantités d'urine émises par kilogramme, ne s'éloignent pas sensiblement des suivantes : 6o cm³ pour le nourrisson; 5o cm³ pour l'enfant de 10 kg (2 ans); 4o cm³ pour celui de 15 kg (3 ans); 3o cm³ pour celui de 25 kg (10 ans); 25 cm³ pour celui de 4o kg (15 ans); 20 cm³ pour le jeune homme de 6o kg (20 ans); et enfin, 20 cm³ à 15 cm³ pour l'adulte.

Mais bien entendu, la régularité de cette eau urinaire dépend de la régularité de l'eau alimentaire; et si cette dernière varie, on doit s'attendre à voir la première accuser aussi les mêmes variations. Mais toutefois, et c'est là un point capital, le rapport entre les deux restera constant.

Je réunis les indications précédentes dans le Tableau suivant et j'y ajoute : la capacité de la vessie à ces divers âges, la quantité totale d'urine dans les 24 heures, et aussi le nombre de mictions en s'en rapportant à la capacité vésicale minima et aux habitudes.

Ages.	Poids moyen.	Capacité de la vessie.	Quantité d'urine suffisante par kilogramme.	Quantité totale d'urine.	Nombre de mictions nécessaires.
	kg	cm³	g	g	
Nouveau-né.	3,5oo	6o	6o	21o	4 à 5
2 ans......	1o	125 à 15o	5o	5oo	4 à 5
5 ans......	15	15o à 200	4o	6oo	4 à 5
10 ans......	25	200 à 25o	3o	75o	4 à 5
15 ans......	4o	3oo à 4oo	25	1ooo	4 à 5
20 ans......	6o	4oo à 5oo	20	12oo	4 à 5
25 ans......	65	5oo à 6oo	20	13oo	4 à 5

([1]) *Traité de l'alimentation et de la nutrition* (t. II, p. 62o et suiv.).

Ce Tableau, qui rapproche d'une part la quantité normale d'urine à émettre dans les 24 heures, et d'autre part la capacité de la vessie, permet d'établir facilement le nombre de mictions nécessaires pour éliminer la quantité totale d'urine. Mais, il faut tenir compte que le besoin d'uriner se fait sentir avant que la vessie n'ait atteint sa complète distension; et que, par conséquent, la quantité émise en obéissant à ce besoin dès qu'il se fait sentir et même assez souvent avant, je l'ai expliqué, n'arrive guère qu'au minimum que j'ai donné. Les mictions sont donc un peu plus fréquentes, pratiquement, que ne semblerait l'indiquer la capacité de la vessie aux divers âges.

Jusqu'à l'âge adulte et depuis l'âge de 2 ans on peut donc fixer le nombre de mictions à quatre ou cinq par jour. Mais, je l'ai dit, en avançant en âge, la vessie devient moins tolérante, tandis que la quantité d'urine reste sensiblement la même; et de là des mictions plus fréquentes et moins abondantes. Pendant la seconde enfance et l'adolescence, ainsi, du reste, que pendant l'âge adulte, il n'y a pas de miction pendant la nuit. Mais vers la cinquantaine, et surtout après, il y a déjà une miction, entre 2 h et 5 h. Puis une seule n'est plus suffisante, et il en faut deux. Enfin si à l'influence de l'âge s'ajoute celle d'une prostate hypertrophiée ou d'une vessie irritée, ce sont trois et quatre mictions qui s'imposent et qui, en interrompant le sommeil, le rendent moins réparateur.

Or, il est évident que ces ennuis, qui deviennent par leur continuité un danger, seront d'autant plus facilement évités ou éloignés, que ces organes, reins et vessie, auront été plus hygiéniquement éduqués et dirigés. Voyons donc maintenant quelles sont les indications qu'on peut donner à cet égard.

PRESCRIPTIONS D'HYGIÈNE. — Telles sont les indications qui résultent en même temps des normalités anatomiques et fonctionnelles ainsi que des faits d'observation relevés chez les sujets représentant les moyennes; et qui, par conséquent, doivent nous inspirer dans la direction de l'éducation de cette fonction. Or, je l'ai dit en commençant, c'est une de celle qui demande le plus à être bien dirigée. Il faut surtout se rappeler que la quantité d'eau urinaire, comme je l'ai indiqué, est fonction en grande partie de l'eau ingérée; et que, par conséquent, pour régler la première, il faut d'abord régler la seconde. C'est grâce au dosage de l'eau ingérée que l'on règle la quantité d'urine; quant au nombre de mictions, il pourra ensuite être fixé par cette dernière en tenant compte de la capacité de la vessie.

Cette éducation doit commencer dès le bas âge. Pendant l'allaitement la quantité d'eau ingérée dépend forcément de la quantité de lait; mais vu l'âge de l'enfant, il est impossible de régler ses mictions.

Mais, dès que l'enfant est mis à l'alimentation ordinaire, vers la 3e ou la 4e année, il faut doser les quantités de liquides, et s'y tenir aussi exactement que possible. En tenant compte des divers besoins selon les âges, et aussi des habitudes pour notre alimentation, je suis arrivé aux quantités suivantes que j'ai réunies dans un Tableau que je reproduis ([1]) :

Numéros d'ordre des régimes-types ([1]).	Poids des sujets.	Eau des aliments.	Eau d'oxydation de l'hy-drogène.	Eau de boisson.	Total général.	Total par kilo-gramme.
	kg	g	g	g	g	
1............	10	350	100	200	650	65
2............	12	400	84	250	754	63
3............	15	450	75	300	825	55
4............	25	550	125	400	1075	43
5............	40	800	200	600	1600	40
6............	55	1000	220	800	2020	37
Adultes...	65	1000	260	1100	2320	36

Ainsi d'après ce Tableau, les quantités d'eau nécessaire aux divers âges partiraient de 65 cm³ par kg pour l'enfant de 10 kg, et descendraient successivement à 40 cm³ à partir de 40 kg, soit vers l'âge de 14 à 15 ans, pour lequel, je l'ai dit, la quantité d'urine est environ de 25 cm³.

Quant aux quantités de boisson à ajouter à l'eau contenue dans les aliments et à celle résultant de la combustion de leur hydrogène, elle va de 200 cm³ pour l'enfant de 10 kg, soumis au régime ordinaire à 1 l,100 pour l'adulte.

Cette quantité d'eau de boisson sera répartie entre les divers repas, au nombre de quatre jusque vers l'âge de 15 à 18 ans et seulement de trois à partir de ce moment.

C'est en tenant compte, autant que possible, de ces indications que l'on pourra fixer le nombre de mictions. Or, cette seconde partie de cette éducation, comme la précédente, a son importance. On aura souvent à lutter contre l'insouciance ou la paresse des enfants et aussi parfois contre leurs caprices. Quelques-uns entraînés par le jeu oublient d'uriner pendant les récréations, et ensuite sont obligés de résister longtemps à ce besoin pendant l'étude ou la classe. D'autres, au contraire, sans s'en rendre compte vont uriner souvent et sans en avoir grand besoin. Les jeunes filles tiennent souvent à honneur de rester longtemps sans uriner, comme de rester plusieurs jours sans aller à la selle. Il y a donc à régler le nombre de mictions en fixant leurs heures

Pour les petits enfants qui peuvent indiquer ces besoins, il est bon de les faire uriner le matin en les éveillant, soit qu'on les lève aussitôt, soit qu'on les laisse encore quelques heures au lit. Il faut les y faire faire penser avant chaque repas, soit avant midi, avant le goûter, avant le souper, et ensuite avant de les coucher. ·

([1]) *Voir* le deuxième volume du *Traité de l'alimentation et de la nutrition.* Régimes type n° 1, page 620; n° 2, page 622; n° 3, page 623; n° 4, page 625; n° 5, page 628; n° 6, page 629; adulte, page 337.

Beaucoup d'enfants dorment facilement 8 heures et même 10 heures sans uriner pendant la nuit; un certain nombre cependant sont éveillés par le besoin, et il faut les inviter à le satisfaire, tout en tendant à leur donner l'habitude de ne pas uriner pendant la nuit, pourvu que le sommeil ne dépasse pas 8 heures.

Dès l'âge de 5 ou 6 ans, on arrive le plus souvent à ce résultat; et dès lors, il faut veiller à ce que cette habitude se maintienne au moins jusqu'à la première partie de l'âge adulte. Pendant cette longue période, il est capital d'uriner le matin en se levant et le soir avant de se coucher. De plus, il faut le faire avant le repas de midi, une fois dans l'après-midi vers 3 h ou 4 h, et avant le repas du soir. Nous trouvons également ainsi cinq mictions pour les 24 heures; et si nous supposons que la quantité, totale d'urine est environ de 1200 cm³ ou 1400 cm³, nous arrivons pour chaque miction entre 200 g et 250 g d'urine, en élevant celle du matin vers 300 g à 350 g. Cette dernière quantité peut, du reste, être facilement contenue par une vessie de moins de 40 ans; et même, dans de bonnes conditions de conservation, après 60 ans.

Plus tard, mais à une époque qui varie pour les personnes, les 7 à 9 heures de séjour au lit doivent être coupées, je l'ai dit, par une miction qui s'impose dans la seconde partie de la nuit. C'est donc environ six mictions dans les 24 heures; et ce n'est que dans la vieillesse avancée, et lorsque la vessie est malade que les mictions sont plus fréquentes. Mais, bien entendu, pour que les sujets des deux sexes puissent s'en tenir à ce nombre de mictions, il faut que l'eau ingérée reste dans les proportions indiquées.

Enfin, le froid peut en augmentant la sécrétion urinaire exiger une miction de plus dans les 24 heures, d'abord, parce que la sécrétion urinaire est augmentée sous son influence, et ensuite parce que sous la même influence la vessie devient moins tolérante.

Je reviens en terminant sur l'importance d'une bonne éducation des organes urinaires. Tout dernièrement, j'ai vu un enfant de 14 ans ne vider sa vessie que deux fois par jour et rendre devant moi, plus de 500 cm³ d'urine en une seule fois. Or, je ne puis admettre que si une pareille habitude continue, ce ne soit au détriment de cette vessie et plus tard de cet organisme. Par contre, j'observai une enfant du même âge manifestant le désir d'uriner à des intervalles de moins de deux heures, et ne rendant que 150 cm³ à 200 cm³. Or il a suffi, pour ce dernier, de quelques remontrances pour que la tolérance soit arrivée entre 3 et 4 heures, et que les quantités émises fussent augmentées en proportion.

On voit, par ces faits, combien il est utile de surveiller cette fonction; et je le répète, on peut facilement diriger son éducation en commençant par régler les quantités d'eau ingérées.

Mais en tenant compte de ces deux séries d'indications, j'en ai acquis la conviction, on pourra conserver à ces organes, qui souvent laissent à désirer chez les personnes âgées, toute leur activité; et que, par la régularité de leurs fonctions, on assurera une des conditions les plus importantes pour une bonne résistance de l'organisme aux causes morbides:

Mis en présence d'une fonction urinaire qui s'éloignerait des indications précédentes, deux soins s'imposent. Le premier est de s'assurer qu'il ne s'agit pas d'un cas pathologique soit congénital soit acquis; et dans ce cas, on ne pourra penser remédier à ces troubles qu'après avoir fait disparaître l'affection dont ils relèvent. Le second est de ramener les ingesta aux besoins normaux, non seulement en ce qui concerne l'eau, mais aussi pour les substances organiques et minérales. Il ne faut jamais oublier ce principe que les excreta sont fonction des ingesta.

Le dosage de l'alimentation selon l'âge étant fait, on pourra penser à remédier aux troubles fonctionnels s'ils ne sont pas pathologiques. Les mictions trop fréquentes disparaîtront souvent par le seul dosage de l'eau alimentaire; et s'il ne suffit pas, il faudra faire appel à la bonne volonté du malade pour qu'il résiste dans une certaine mesure aux premiers besoins; et, le plus souvent, il pourra ainsi atteindre une capacité vésicale plus grande.

Si malgré la bonne volonté du malade, ce résultat n'est pas obtenu, on pourra mesurer la capacité de la vessie par le cathétérisme et le siphon vésical. C'est aussi à l'aide de ce siphon, qu'on pourra essayer de lutter contre une insuffisance native par une dilatation graduelle et méthodique.

S'agit-il de mictions trop rares, on pourra aussi dans quelques cas, y remédier par une augmentation de l'eau alimentaire si elle avait été reconnue insuffisante. Parfois aussi, cette rareté des mictions s'accompagnant de mictions abondantes dépendra d'un peu de paresse de la vessie. On pourra y remédier après avoir rendu les urines normales au point de vue de la quantité, en surveillant les mictions et en les provoquant à des heures fixes. La paresse de la vessie pourra ainsi être corrigée par des injections excitant la fibre lisse.

Ces soins s'adresseront surtout à l'enfant. Ils font réellement partie de son éducation. Mais aussi, ils peuvent trouver leur application chez l'adulte par lequel ils ont été négligés; et, même à cet âge, ils pourront lui rendre de grands services d'abord pour l'état présent, mais surtout en prévision de ses vieux jours.

Conclusion. — De ce qui précède je conclus donc :

1º Qu'il existe réellement une éducation urinaire;

2º Que cette éducation est basée sur des normalités anatomiques et physiologiques;

3º Qu'il est indispensable de connaître ces normalités pour savoir si la fonction urinaire s'exécute bien ou mal;

4º Que les défauts de cette éducation peuvent avoir des conséquences sérieuses au point de vue de la conservation de la santé;

5º Enfin, qu'il est possible, dans un certain nombre de cas, de corriger les imperfections de cette fonction et d'éviter ainsi leurs inconvénients.

M. J. ALOY,

Chargé du Cours de Chimie biologique à la Faculté de Médecine (Toulouse).

ET

M. LE Dʳ BOURDIN.

GÉOPHAGIE.

132-6.6.8.9.1

5 *Août.*

Nous avons eu récemment l'occasion d'examiner plusieurs échantillons de terres comestibles, les uns provenant de l'Institut colonial de Marseille, d'autres rapportés de Bolivie par la mission Créqui-Montfort. Les analyses complètes de terres alimentaires publiées jusqu'à ce jour étant très peu nombreuses, il nous a paru intéressant de rassembler les documents épars et de présenter sur la géophagie une étude d'ensemble.

Historique. — La géophagie était certainement pratiquée par les peuples de l'antiquité, toutefois les renseignements précis que nous possédons sur cette étrange coutume sont de date assez récente. De Humboldt et Bompland dans le *Recueil d'observations de Zoologie et Anatomie comparée* (1811) attirent les premiers l'attention sur l'habitude de certaines peuplades de se nourrir de terre.

A partir de cette époque, les observations se multiplient, Moreau de Jannès (1816) décrit la géophagie chez les nègres de la Martinique. De 1816 à 1822. Labillardière (géophagie à l'île Java). Georgie (description de la Russie), Camilli (observations sur le géophagisme) citent de nombreux cas observés par eux et Valmont de Bomare parle d'une coutume bien portée par les dames élégantes de la haute aristocratie espagnole et portugaise et qui consiste à manger une certaine terre.

De nombreux récits d'explorateurs mentionnés par le *Magasin littéraire* (1833) confirment ces descriptions.

Vers 1836, l'attention des médecins est attirée par une maladie appelée (cachexie africaine) qui sévissait chez les esclaves mangeurs de terre. Cötting publie des analyses d'argile alimentaire.

De 1845 à 1880 la littérature de la géophagie s'enrichit des travaux de : Le Comte (1845), Wright 1847), Ehrenberg (1847), Ipengler (1851), Heusinger (1852), Altheer (1857), Præger (1866), Galt (1872), Giuseppe (1873), Cuello (1878).

En 1881 le Dʳ Creveaux, dans le Tour du monde, nous apprend la façon dont les Roucouyennes préparent et mangent les boules d'argile fumée, et en 1884, Rake, puis Ruke, décrivent les lésions observées chez les géophages.

Nous arrivons à une période intéressante de l'histoire de la géophagie, celle où les médecins italiens, Senné, Casa, Pignatti Morani, Baccarani, Monti Galvagni, Simonini, préoccupés par les conséquences funestes résultant pour l'organisme de l'ingestion de terre, dans de nombreuses provinces de leur pays, étudient les causes et définissent les symptômes de la géophagie.

Mais il semble qu'il se soit établi une confusion entre les auteurs. Certains décrivent comme géophages des sujets à goût perverti, à lésions nerveuses qui mangent non seulement de la terre, mais des platras, du charbon, du verre parfois même les choses les plus repoussantes. Pour nous ce ne sont point là de véritables géophages, mais bien des malades chez lesquels la géophagie n'est qu'un symptôme. Le géophage (γε terre φχγο je mange) est celui qui, sans cause pathologique, choisit et prépare sa terre, en ne mangeant pas la première venue; ce n'est point un dégénéré par rapport à un être de civilisation égale, ce n'est point un malade et, s'il le devient, c'est parce que ce mets impropre troublera le fonctionnement de son organisme.

Durant ces dernières années un assez grand nombre de travaux ont été publiés sur le même sujet sans apporter des faits nouveaux bien intéressants.

Distribution géographique de la géophagie. — Les géophages existent dans les cinq parties du monde. *En Europe :* au Kyffhaüser (Allemagne), à Franzensburg près d'Ebsdorf, dans le territoire de Lunebourg. On consomme de la *farine fossile,* en Suède et en Autriche, Styrie, Vénétie, de la terre d'infusoires. Les géophages sont nombreux en Sardaigne et en Italie principalement dans les régions montagneuses (territoires de Camerino, Gênes, Ancône, Mantoue, Ferrare, etc.). La même coutume se retrouve en Russie, en Finlande et Laponie. En France, la géophagie est tout à fait exceptionnelle.

En Asie, on trouve des mangeurs de terre sur la côte du pacifique, principalement autour de la mer d'Okhostsk, dans la presqu'île du Kamtchatka : on mange de la terre également en Chine, au Tonkin, en Perse et dans l'Inde.

En Afrique, les géophages sont très nombreux : au Nord sur le versant méditerranéen, en Tunisie dans la région de Tripoli et en Égypte. Sur le versant de l'Océan Indien, les Somalis, les peuplades de l'Afrique orientale allemande, les habitants de Zanzibar pratiquent la géophagie. On mange de la terre sur le versant de l'Atlantique, en Sénégambie dans la Côte d'Or, au Cameroun et au Congo. Dans la région de Nouvel Angers, on vend sur tous les marchés de village de la terre comestible très estimée des indigènes.

Il semble bien que ce soit *l'Amérique* et en particulier les Amériques centrale et du Sud qui fournissent le plus grand nombre de mangeurs de terre. Tous les peaux rouges et les nègres de l'Amérique du Nord sont géophages. Dans l'Amérique centrale les Guatemalais les habitants de Floride et de Géorgie le sont aussi. Dans l'Amérique du Sud on peut citer les peuplades riveraines de l'Orénoque et du fleuve Amazone. Les géophages sont très répandus le long de la Cordillère des Andes, dans le Pérou et la Bolivie, dans la Terre de Feu. Les Youmas portent à leur ceinture des anneaux d'argile et les Bakaïris mangent, avec le manioc, des figurines de terre ressemblant à nos figurines en pain d'épices.

En Océanie, on trouve des géophages dans les îles de la Sonde; Sumatra et Java, à Bornéo, en Mélanaisie et en Nouvelle-Guinée. L'Australie et la Nouvelle-Zélande ont aussi leurs mangeurs de terre.

La géophagie est donc en honneur dans toutes les parties du monde, mais la distribution des géophages est loin d'être uniforme, ils sont surtout nombreux dans les régions tropicales entre le tropique du Cancer et celui du Capricorne.

Composition des terres comestibles. — La géophagie est surtout connue par les récits d'explorateurs et les auteurs qui ont examiné les terres comestibles se sont bornés le plus souvent à des déterminations qualitatives incomplètes. Néanmoins une vue d'ensemble sur les travaux publiés montre que parmi les terres consommées les argiles sont de beaucoup les plus répandues.

Les habitants de la Nouvelle-Orléans mangent une argile magnésienne et ferrugineuse conservée sous forme de galettes percées. Diverses peuplades de l'Amérique du Sud, Protocoridos, Roucouyènes, etc., emportent de l'argile dans leurs provisions de voyage.

Spix et Martins ont trouvé dans les forêts vierges des Indiens qui mangeaient, avec leur pain de manioc, une argile verdâtre. Sur les plateaux de la Bolivie à Horuro, on prépare une argile blanche légère et très douce appelée (pasa) ou (hasa) qu'on consomme soit seule, soit mélangée avec des pommes de terre bouillies.

Les Tongauses et les Aborigènes du Kamtschatka, les Koriabes et les Itallmènes mangent une argile blanche lavée qui ressemble à de la crème et n'a pas de goût désagréable.

En Perse, on fait le commerce dans les bazars d'une argile à porcelaine très pure appelée « Ghel-Mahallat (argile de Mahallat) » et considérée comme friandise. Les Chinoises pour obtenir un teint plus pâle mangent de la terre d'argile de Schensi.

Les habitants du Soudan égyptien mangent une boue argileuse « carkouti » laissée par le Nil après les inondations. Les nègres du Congo consomment aussi de l'argile.

En Indouésie et en Mélanésie la géophagie est très répandue, on trouve dans la plupart des magasins sous le nom de *ampoch* des terres argileuses diversement colorées. On mange également de l'argile en Europe : en Italie et au Portugal.

Certaines terres calcaires sont également appréciées par les géophages.

D'après Humboldt on vend en Colombie, à Papajan, et dans certaines villes, du Pérou de la terre calcaire qu'on mange avec de la coca comme stimulant.

La terre comestible de Zanzibar et celle du Sahel (Tunisie) que nous avons analysée, renferment une proportion importante de carbonate de calcium.

Le *Ghel-i-Giveh* employé en Perse pour rendre le pain plus tendre renferme 20 à 25 °/₀ de carbonate de calcium.

En Suède, d'après Berzélius, en Syrie et à Trévise (Italie du Nord) on consomme des résidus d'infusoires.

Dans divers pays notamment en Nouvelle-Zélande, au Guatémala, à la Martinique les habitants mangent les résidus des éruptions volcaniques.

Dans presque tous les échantillons examinés on trouve de l'oxyde de fer parfois en proportion considérable. La présence d'une grande quantité de magnésie est beaucoup moins fréquente; celle de métaux tels que le manganèse, le cuivre, le mercure exceptionnelle.

En dehors de ces renseignements, d'ordre général, nous possédons quelques données plus précises que nous allons indiquer, les analyses suivantes se rapportent à 100 parties de substance.

Terre de la Nouvelle-Calédonie (Vauquelin), — Silice, 36 °/₀; oxyde de fer 17 °/₀, magnésie, 37 °/₀.

Analyse d'une ampoch d'après (Berbek). — Silice, 39,77; argile, 25,94; oxyde de fer, 9,8; chaux, 3,03; magnésie, 1,35; soude, 386; potasse, 0,57; protoxyde de manganèse, 0,59; eau et matières volatiles, 14,8.

Argile mangée par les Aïnos de Yéso (Love). — Silice, 67,9; argile, 13,6; chaux, 3,89; oxyde de fer, 1,11; magnésie, 1,99; potasse, 0,23; soude, 0.75; acide sulfurique, 0,19; eau, 11,02.

Terre comestible du Gabon (Balland). — SiO^2, 95; $Al^2O^3 + Fe^2O^3$, 4,2; MgO, 0,28; eau, 055.

Terre comestible de Bolivie (Aloy). — SiO^2, 89,96; Al^2O^3, 3,20; Fe^2O^3, 1,80; CaO, 1,62; K^2O, 0,11; Na^2O, 0,08; chlore et acide sulfurique, traces; eau et matière volatile, 3,02.

Un second échantillon analysé possède une composition très voisine.

Terre mangée dans la Nouvelle-Guinée allemande (Neigen). — SiO^2, 32,82; Al^2O^3, 34,03; Fe^2O^3, 13,94; CaO 0,38; MgO, 0,13; perte au rouge, 19,03.

Les échantillons suivants ont été gracieusement mis à notre disposition par M. le Directeur du Musée colonial de Marseille.

Terre comestible du Dahomey (Aloy et Bourdin). — Perte au rouge (eau et matière organique), 4,2; SiO^2, 92,4; $Fe^2O^3 + Al^2O^3$, 2,8; CaO, 0,4; magnésie et alcalins, traces; partie insoluble dans les acides, 84.

Terre mangée au Congo français (Aloy et Bourdin). — Eau et matière organique, 5,5; SiO^2, 86,2; Fe^2O^3, 5,4; Al^2O^3, 2,5; métaux alcalins et terreux, traces; partie insoluble dans les acides, 78 °/₀.

Terre mangée par les Canaques d'Houaebon (Nouvelle-Calédonie) (Aloy et Bourdin). — Eau et matière organique, 3,91; SiO^2, 78,80; Al^2O^3, 8,7; Fe^2O^3, 4,25; CaO, 3,20; MgO 1,25; potasse et soude, 0,45; partie insoluble dans les acides, 75,5.

Un second échantillon ayant la même origine possède une composition très voisine.

Terre mangée par les Canaques de Bourail (Nouvelle-Calédonie) (Aloy et Bourdin). — Perte à 110°, 9,55; perte au rouge, 15,30; SiO^2, 50,45; Fe^2O^3, 25,40; Al^2O^3, 7,03; CaO, 1,02; MgO, 0,8 (¹).

Terre mangée par les Canaques de la tribu de Né (Nouvelle-Calédonie) (Aloy et Bourdin). — Perte à 100°, 8,62; perte au rouge, 19,37; SiO^2, 45,31; Fe^2O^3, 22,12; Al^2O^3, 10,75; CaO, 2,8; MgO 0,6 (¹).

Un étudiant en pharmacie de la Faculté de Toulouse M. Bohajeb a bien voulu nous procurer de la terre mangée par les femmes enceintes au Sahel, région qui s'étend du golfe de Sfax au golfe de Hamamet. Nous avons trouvé à l'analyse : Perte à 110°, 5,42; SiO^2, 42,51; Al^2O^3, 30,02; Fe^2O^3, 2,52; CO^3Ca, 15,25; CO^3Mg, 2,31; potasse et soude, 0,8; résidu insoluble, 61,5.

Cette terre est à la fois argileuse et calcaire.

Préparation que les géophages font subir aux terres comestibles. Formes qu'ils donnent à ces préparations. — Quelques géophages mangent la terre telle que la nature la leur offre, parfois même sous ses formes les plus repoussantes; tels ces peuples d'Amérique se nourrissant de terre limoneuse renfermant des débris d'animaux. Mais le plus souvent les terres subissent avant d'être consommées des préparations diverses destinées à les rendre acceptables.

Les sauvages des rives de l'Orénoque et de l'Amazone pétrissent l'argile, la

---

(¹) Ces deux échantillons renferment du manganèse.

roulent en boulettes et l'absorbent sous cette forme qui rappelle celle des bols et opiats pharmaceutiques.

Les Protocorides et les Roucouyènes préparent des boules de terre qu'ils font sécher et qu'ils enfument pour les garder comme provisions.

Les habitants de la Nouvelle-Calédonie chez lesquels la terre comestible est presque un mets national, lui font subir une préparation qui consiste à la malaxer, à la griller pour lui donner une consistance appropriée et à la conserver sous forme de galettes.

Les Youmas portent à leur ceinture des anneaux d'argile. Voici d'après une étude récente parue dans *Schweizerische und Pharmacie* du 3 juillet 1909, comment on prépare l'ampoch de Mélanésie : on débarrasse les galettes d'argile du sable qu'elles renferment par des lavages à l'eau, on les travaille avec un couteau de bambou après séchage au soleil. On les asperge ensuite avec une dissolution de sel et on les rôtit au four. Ces galettes enveloppées de feuilles de pinaug sont ensuite mises en vente dans les magasins.

La terre de Lemnos, employée en Espagne au xvie siècle, avait la forme d'une tasse; en Bolivie on donne à l'argile la forme de statuettes, à Javacelle des têtes d'animaux ou de figures d'hommes.

Les Indiens du Guatémala, sur les lieux de pèlerinage mangent de la terre représentant des images de saints, des ostensoirs, etc., etc.

Il n'est pas douteux que ces préparations contribuent à rendre l'usage des terres comestibles plus agréables au goût et également moins nocif pour l'organisme.

Causes de la géophagie. — Nous avons dit déjà qu'on ne saurait considérer comme géophages authentiques ces malades atteints de Parorécie (Malacia, Pica, Allotrophagie), psychopathes et dégénérées chez lesquels le sens conservateur « aversion » est aboli et qui avalent ou mangent les choses les plus bizarres, clous, charbon, platras, terre, etc., etc.

La géophagie véritable en dehors de tout état pathologique, tient à plusieurs causes :

Il paraît assez naturel qu'à défaut d'aliments, la nécessité pousse certains hommes à se remplir l'estomac de terre pour tromper leur faim. Aussi les géophages sont-ils très nombreux en temps de disette.

L'usage des terres comestibles s'explique aussi par le plaisir qu'elles procurent aux sens par leur saveur ou leur odeur. On consomme en Styrie et à Trévise une terre d'infusoire dont on vante beaucoup la saveur. Au Guatémala on saupoudre les aliments avec une cendre volcanique à odeur forte le Sak-Cab (sucrerie blanche). L'habitude joue également un très grand rôle.

Parfois les croyances religieuses et la superstition semblent intervenir : Les Indiens du Guatémala consomment à Esquipulus, lieu de pèlerinage célèbre, des statuettes de saints appelés *bénitos*. D'après Platin, certains Soudanais mangent de la terre en souvenir de notre ancêtre Adam créé avec du limon. Dans toutes les parties du monde les terres comestibles jouissent d'une grande réputation auprès des femmes enceintes. D'une manière générale on attribue à leur consommation la propriété d'activer les douleurs de l'enfantement et de faciliter l'accouchement.

A ces diverses causes l'on doit ajouter, pensons-nous, le besoin pour l'organisme de se procurer certaines substances indispensables. Nous allons montrer en effet, contrairement à l'opinion classique, que la plupart des terres comestibles cèdent à l'économie des éléments, fer, calcium, manganèse dont le rôle physiologique ne saurait être nié.

Actions physiologiques des terres comestibles. — Au Moyen âge certaines terres furent très en honneur comme médicaments en Espagne et au Portugal. Dans un article de *la Romania*, à propos de la comédie de Lopez de Vega *el acero de Madrid*, Morel Fatio satirise les vertus de *el barro portuguès*, boue comestible, qui eut son heure de célébrité. Récemment encore Hellmann (supplément du dictionnaire de thérapeutique de Dujardin-Baumetz) prescrit à l'intérieur l'argile de Hadjibery.

L'action physiologique de quelques terres particulières ne saurait être mise en doute. Dans la province de Berber les syphilitiques mangent une terre lourde riche en composés mercuriels. Les Soudanais vont prendre de la terre dans la boutique du forgeron pour y retrouver le fer que celui-ci y laisse tomber. La *tureba*, que l'on vend au Soudan, possède des propriétés purgatives bien connues.

On peut se demander toutefois si l'argile impure qui forme la base de la plupart des terres comestibles, apporte à l'organisme des éléments utiles. Presque tous les auteurs l'ont nié en se basant sur ce qu'elles ne renferment pas de matière organique. Cette opinion nous paraît trop absolue; car la conception d'aliment ne saurait être restreinte à la matière organique seule, certains éléments minéraux, fer, calcium, magnésium sont aussi indispensables que le sucre, la graisse ou même l'albumine.

Pour étudier l'action exercée par les terres sur l'économie nous avons mis à digérer les échantillons que nous possédions, à la température de 37° avec un suc gastrique artificiel renfermait 2 à 3 °/oo d'acide chlorhydrique. Dans tous les cas, après quelques heures de contact nous avons pu mettre en évidence dans la solution la présence du fer du calcium et parfois du magnésium et du manganèse. Le rôle physiologique de ces métaux n'est plus discuté aujourd'hui et l'on sait que le fer et le calcium sont assimilés sous forme minérale.

Les terres comestibles possèdent donc une valeur alimentaire indéniable et il n'est pas douteux que certains géophages mangent la terre pour ce qu'elle renferme. Nous avons constaté en outre que les échantillons examinés neutralisent une proportion importante du suc gastrique, cette action absorbante joue certainement un grand rôle dans les troubles organiques causés par la géophagie. Si, en effet, la terre ingérée en petite quantité se montre inoffensive parfois même utile, consommée en grande abondance elle entraîne rapidement la déchéance de l'organisme.

Le Dr Galt a étudié la géophagie chez les peuplades de l'Amazone.

Dans ces régions beaucoup d'enfants consomment de la terre dès l'âge de 4 ans parfois plus tôt. Ils meurent habituellement dans l'intervalle de 2 ou 3 ans, de gastro-entérite ou de dysenterie, quelques-uns seulement arrivent à l'âge de la puberté. A Zanzibar les mangeurs de terre sont atteints de la maladie appelée *Safara;* ils ont le teint hâve, le corps amaigri et peuvent à peine marcher tant leur faiblesse est grande. En Afrique la *Cachexie africaine* consécutive à l'habitude de manger une grande quantité de terre, même après les repas copieux, fait de nombreuses victimes.

Dors et Simonini nous ont laissé de nombreuses observations portant sur la géophagie chez l'adulte ou chez l'enfant.

La symptomatologie décrite par ces auteurs s'explique assez aisément.

Les terres agissent par leurs propriétés physiques. Elles exercent sur l'estomac et l'intestin une action irritante. Surtout lorsqu'elles renferment des débris de siliceux acuminés du sable ou du gravier. Les contractions de l'estomac s'exagèrent, les parois s'hypertrophient et l'organe n'étant plus suffisamment contractile se dilate.

A cette action mécanique s'en ajoute une autre d'ordre chimique provenant de la neutralisation partielle du suc gastrique. La stagnation des matières dans l'estomac et l'intestin et la diminution de l'acidité du suc gastrique entraînent une auto-intoxication par suite de fermentations anormales et d'absorption de produits toxiques. Le foie augmente de volume, la rate s'hypertrophie. Dans presque tous les cas on constate des altérations du sang entraînant une diminution de la capacité respiratoire.

Quelquefois l'infection paraît due à des parasites ou à des microbes venus du dehors et véhiculés par la terre.

La présence de vers est fréquente dans l'intestin ou le foie des mangeurs de terre. L'ankylostome duodénal dont la larve vit dans la vase pendant des mois peut être introduit dans le tube digestif chez les géophages. Certains meurent du tétanos. En résumé les terres agissent pour provoquer des troubles organiques :

1º Par leurs caractères physiques ou leur masse en irritant les muqueuses et provoquant des contractions anormales;

2º Par leurs composants en neutralisant le suc gastrique;

3º Par les microbes ou parasites qu'elles véhiculent.

BIBLIOGRAPHIE.

A. de Humboldt. Tableaux de la nature, trad. Eyries, I, p. 200 (1800). — *A. de Humboldt et Bompland.* Recueil d'observations de Zoologie et Anatomie comparée (1811). — *Moreau de Jonnès.* Journal de Médecine et Pharmacie, t. XXVI, p. 15 (1816). — *X...* Bulletin de la Société d'émulation (1816). — *Camilli.* Observations physiologiques sur le géophagisme. Giornale Arcadico (1824). — *Brard.* Des substances terreuses. Comestibles. Minéralogie appliquée aux arts, I, p. 228 (1821), et Dictionnaire des Sc. natur., t. LIII, p. 211 (1828). *Goergi*. Géophagie en Sibérie et au Kamtchatka. Description de la Russie (1829). — *Labillardière*. Géophagie à l'île Java. Voyage à la recherche de Lapeyrouse et Journal des Mines, t. X (1829). — *Valmont de Bomare*. Géophagie des dames espagnoles et portugaises (1829). — *X...* Magasin Pittoresque, Paris, t. I, p. 139 (1833). — *Nevermann*. Ueber die sogenannte africanische Cachexie, Erdessen-Med. Ann, Herdelberg (1836). — *Cotting*. Analysis. South. Med. and Surg Journ., Augusta, I, p. 288 (1837). — *Dors*. Cachexie africaine. Gaz, medic. Paris, VI, p. 289 (1838). — *Klemm* Cultur Wissenschaft, I, p. 160 (1840). — *Le Comte*. Observations en géophagie. South. Med. and Surg Journ. Augusta, I, p. 417 (1845). — *Wright*. Med. Times London, XVI, p. 265 (1847). — *Spengler*. Die erdfressenden Menschen (Wochensch f. d. gesim. Heilk, Berlin, p. 321 (1851). — *Heussinger*. Die Sogenannte Géophagie. Cassel (1852). — *Altheer*. Eetbare aardsoorten en géophagie. — Natuurk. v. Nederl Indie, Batavia, XIII, p. 83 (1857). — *Burton*. Voyage aux lacs de l'Afrique orientale, Paris, Hachette, p. 382 (1862). — *Præger*. Op merkingen over géophagie. Geneesk Tydsch. v. de Leemagt. Saint-Gravenh., IV, p. 40 (1866). — *Marcoy*. Voyages du Pacifique à l'Atlantique. Tour du monde, IV, p. 108 (1866). — *Galt*. Géophagie. Médical notes on the upper Amazone. Ann. Journ. med. Scienc. Philadelphia, XIV, p. 403 (1872) et American Journ. of med. Sciences (1873). — *Guiseppe*. Geofagia, Osservatore. Torino, IX, 677 (1873). — *Cameron*. A travers l'Afrique, trad. franç. Hachette, p. 258 (1878). — *Cuello*. Caso de geofagia. Esculla med. Caracas, I, p. 146 (1878). et Gaz med. de Sevillo, I, p. 40 (1879). Gaceta cientif. de Venezuela. Caracas, II, p. 243 (1878). — *Crevaux*. De Cayenne aux Andes. Tour du monde, 1er sem., p. 124 (1881). — *Mazzerti*. Ann. de Chimie et Pharm., n° 2 (1881). — *Dukas*. A remarkable case of a Juvenile eartheather. Lancet London, II, p. 822 (1884). — *Rake*. A fatal case of earth-eating (Bret. Med. Journ. London, I, p. 994 (1884). — *Van der Burg*. Géophagie. De gences k. in Nederl Indie. Saint-Gravenhagen, La Haye, II, p. 575 (1887). — *Della Torre*. Géophagie, Real Encyclopeadie der gesanit pharmacie, IV, p. 175, Vienne et Leipzig. — *Bacot*. Cases of earth-eating in North Queensland. Australasian Med. Gaz., Sydney, XI, p. 430, 1891. — *Giarre*. Grave infezione de ascaridi in bambina geofaya. Sperimentale, p. 445 (1893). — *Bernstein*. La géophagie forme de la perversion de l'appétit Med, Obozr. Moscou, XLIV, 305 (1895). — *Stumpf*. Uber ein zuverlässiges Heilverfahren bei cholera asiaticus. Würzburg (1896). — *Lasch*. Ueber Geophagie (Mith. d. Anthrop. Geselbsch in Wien, XVIII, p. 214 (1898). — *Senné*. Sulla Geofagia Nuova revista clinico-terapeut. Napoli (1898). — *Casa*. Geofogia Osservatore, IX, p. 677, Torino (1873) et Rivista med. de Milano (1898). — *Pignati-Morani*. Geofogia. Casistica clinica (1898-1899) et Gazz. de Ospid. Milano, p. 142 (1899). — *Baccarini*. Sulla geofagia. Gazz. de osp. Milano, n° 18 (1899). — *Gould* et *Pyla*. Geophagia. Anomalies an curiosities, London, p. 412 (1897). — *Monti*. Contributio allo studio della geofagia. Vignola Bazzano tip. Mont. (1900). — *Simonini*. La Geofagia nell'infanzia Valdagno. tip. Zardan (1900). — *Deniker*. Races et peuples de la terre, p. 172 (1900). — *Bardier*. Parorexie (Dict. de Physiologie de Ch. Richet, t. VI, p. 92 (1902). — *Galvagni*. Supra im caso di malattia di Bauti in una geofagia. Gazz. de osp. Milano, n° 21 (1902). — *Ferrier*. Nella Fisiologia de Luciani, vol. II, part, I. — *Herberg*. Analyse zweier essbaren Erdarten aus central Africa. Lhehr. für. diat u. physik Therapie. Leipz., VI, 526 (1902). — *Mitra*. Note in Clay eating as a racial characteristic. Journ. Anthrop. Soc. Bombay, VII, 280 (1904). — *Oidtmann*. Das Erdessentum zhch. f. Broch Oldenburg, IV, p. 90 (1905). — *Della Torre*. Geophagie. Real Encyclopaedie des gesammt Pharmacie, 2e édit., V, p. 593 (1905). — *Balland*. Journ. de Pharm. et Chimie, p. 429 (1906). — *Meigen*. Chem. Centralblatt, II, p. 350 (1906). — *X...* Earth-eaters in Indica. Nature, London, LXXIV, 543 (1906-1907). — *Tossali*. Intorno allo geofagia infantile. Gazz. de osp. Milano, XXVIII, p. 154 (1907). — *Ferranini, Cantani* et *Margliano*. Malattic dello stomaco, vol. V, p. I. — *Dutrois*. L'Ankylostome. L'hygiène au foyer, p. 145 (1907). — *Reynaud.* Géophages et géophagie. Médecine moderne, Paris, p. 332 (1909). — *Berger.* Uber essbare Erden. Schweizeresche Wochenschrift für Chimie und Pharm., p. 417 (1909). — *Aloy.* Analyses de terres boliviennes comestibles. Anthropologie bolivienne. A. Chervin, t. I, p. 160 (1909). — *X...* Géophage et géophagie. Presse médicale, n° 21, p. 196 (1910). — *X...* Les mangeurs de terre au Soudan. Clinique infantile, 15 avril (1910) et Turbine médicale, 18 juin (1910). — *Martini u. Grothe.* Ueber essbare Erden und ihre Verwendung als Heilmittel. Deutsche mediz Wochensch. 12 mai (1910). Article géophagie, dans les dictionnaires de Dechambre, de Littré et de Larousse.

Discussion : Le Dr Maurel fait ressortir l'importance de la communication de M. Aloy, qui établit d'une manière bien nette que les différentes terres ingérées par les géophages ne contiennent aucune substance nutritive. On ne saurait, en effet, considérer comme telles les quelques traces de fer trouvées par M. Aloy. Les terres, le plus souvent les argiles, ingérées, n'ont qu'une action purement mécanique. Elles ne servent qu'à tromper la faim. C'est la conclusion à laquelle était arrivé M. Maurel, après les cas de géophagie qu'il a observés à la Guyane et à la Guadeloupe. Ce qui l'avait surtout conduit à cette conclusion, c'est que, dans cette dernière colonie, il avait vu des sujets, qui, pour tromper la faim, ingéraient une grande quantité d'eau. L'eau dans ces cas remplaçait l'argile que ces mêmes sujets prenaient dans le même but, quand ils en trouvaient à leur portée. Mais il ajoute que certains d'entre eux, après avoir pris de l'argile par besoin, sans en faire une habitude suivie, en prenaient ensuite sans que le besoin s'en fît réellement sentir.

M. F. BOREL,

Directeur de la deuxième circonscription sanitaire maritime,

ET

M. A. LOIR,

Directeur du Bureau municipal d'Hygiène (Le Havre).

SÉPARATION DES MATIÈRES FÉCALES SOLIDES ET LIQUIDES.

628.212

3 *Août.*

M. Nadeïne, ingénieur russe, fit, il y a quelques mois, à la Municipalité havraise, la proposition suivante : inventeur d'un nouvel appareil destiné à séparer les matières fécales, il offrait à cette municipalité d'installer son système à tel endroit qu'il lui plairait et d'en assurer le fonctionnement.

La municipalité du Havre, étant données les références présentées par l'inventeur, estima qu'il y avait dans cette offre un côté intéressant.

Il n'entrait, certes, pas dans ses vues que l'appareil pût, à un moment donné, se substituer au tout-à-l'égout qui est installé dans son hôtel de ville; mais cette administration pensa qu'il pouvait être utile de permettre à un inventeur la manifestation du fruit de ses recherches et de se produire dans un pays où il était encore inconnu. Dès lors, elle autorisa M. Nadéïne à placer un de ses appareils dans une des ailes de son hôtel de ville, où il devait fonctionner sous la surveillance étroite du Bureau d'hygiène municipal.

L'installation fut faite dans le courant d'octobre 1909, et l'expérience débuta au commencement du mois suivant. Depuis cette époque et jusqu'au moment actuel, juillet 1910, environ 90 employés de la mairie ont utilisé exclusivement le système Nadéïne pendant leurs heures de bureau. Le fonctionnement de l'appareil fut, pendant le même temps, étudié et surveillé par le Bureau d'hygiène, et ce sont les remarques faites à cette occasion que nous publions aujourd'hui afin d'attirer l'attention sur un dispositif ingénieux à plus d'un titre. Il demeure entendu que nous apprécions ici la portée de cet appareil dans le sens qui nous a paru le plus juste et le plus adaptable à nos mœurs, laissant à son inventeur toute latitude pour entrevoir, s'il le désire, cette même portée dans un sens beaucoup plus large.

Dans son ensemble, l'appareil de M. Nadéïne se compose de deux parties bien distinctes : 1º Un séparateur des matières fécales solides; 2º Un système de décantation et d'épuration des liquides.

Nous nous occuperons tout d'abord du *séparateur*. Les cabinets d'aisances sont à peu près semblables à ceux qui sont utilisés pour le tout-à-l'égout; toutefois, les cuvettes n'ont pas de siphon particulier et un seul siphon sert pour toutes : il est placé, ainsi que nous le verrons, à l'entrée de l'appareil lui-même. En outre, les tuyaux de chute doivent déboucher presque perpendiculairement au-dessus du système; ils ne doivent pas se relier les uns aux autres par des coudes brusques, mais arriver, au contraire, en pente douce au-dessus du séparateur. Toutes ces précautions ont pour but de laisser la pesanteur opérer le plus possible dans la chute des matières. A l'hôtel de ville du Havre, le séparateur a été installé dans une pièce sise au rez-de-chaussée, les water-closets qui l'alimentent étant situés au-dessus et sur une hauteur de quatre étages. Les matières fécales descendent donc dans le tuyau de chute, de même que l'eau des chasses, et arrivent au séparateur par l'intermédiaire d'un siphon dont les coudes sont, autant que possible, atténués. Elles tombent sur une large plaque métallique de forme triangulaire inclinée vers l'avant et incurvée à son bord antérieur; sur cette plaque glissent les matières solides qui sont alors reçues dans un réservoir allongé tandis que les matières liquides s'étalent, au contraire, descendent le long de la partie courbe et viennent tomber dans un autre récipient, sis un peu en arrière et au-dessus du premier. Dans ce temps de l'opération, il y a une séparation parfaite, et pour ainsi dire automatique, des liquides et des solides.

****13

Le réservoir qui reçoit les liquides (eau de chasses et urine), est légère-ment en pente vers un des côtés de l'appareil, si bien que ces liquides se déversent en ce sens; mais avant de tomber dans ces appareils d'épuration ces liquides trouvent sur leur chemin une petite roue à aubes, sorte de turbine, qu'ils actionnent par leur passage. Cette turbine commande un rouleau, d'un dispositif particulier, qui a chaque demi-révolution, laisse tomber sur les solides une certaine quantité de tourbe. C'est ainsi que les matières fécales sont immédiatement enrobées, desséchées et désodo-risées.

Un tel séparateur fonctionne à l'hôtel de ville du Havre depuis sept mois environ, il est utilisé par 90 personnes, et la marche de l'appa-reil n'a jusqu'à présent donné lieu à aucune critique. La pièce dans laquelle est placé le séparateur se trouve au rez-de-chaussée, près d'un passage très fréquenté, et certes on ne saurait se douter qu'on passe à côté d'une véritable fosse d'aisance. Dans la pièce elle-même, on ne perçoit aucune odeur, et, fait remarquable, aucune mouche ne paraît attirée vers le réservoir. La quantité d'eau nécessaire pour les chasses est égale à celle qui est utilisée pour le tout-à-l'égout; six kg de tourbe suffisent dans les conditions de marche que nous avons indiquées. Enfin, nous n'avons noté aucun arrêt, aucune avarie dans le fonctionnement de l'ensemble mécanique, réduit, d'ailleurs à sa plus simple expression.

Il nous reste à dire quelques mots sur l'*épurateur*; il se compose de bassins de décantation et d'épuration des liquides. Mais cet épurateur n'a pour ainsi dire pas été utilisé au Havre. La mairie dispose encore du tout-à-l'égout, on a donc continué à y rejeter simplement les liquides privés des solides. Notre attention ne s'est pas arrêtée sur l'épurateur pour la raison suivante : les systèmes d'épuration en usage à l'heure actuelle sont nombreux et connus; ils ne diffèrent pas sensiblement de celui qui est joint à l'appareil Nadéïne. Nous avons donc estimé que si quelqu'un était tenté d'utiliser les épurateurs Nadéïne, il aurait tout le loisir de prendre l'épurateur qui lui semblerait le meilleur.

Reste maintenant un problème à résoudre; que faire des matières fécales mélangées à la tourbe? La mairie du Havre les fait enlever tous les trois ou quatre jours et porter aux serres municipales où elles sont utilisées en vue d'engrais. C'est d'ailleurs cet usage que recommande l'inventeur. Le mélange de matières fécales et de tourbe se présente sous forme d'un composé sans odeur et dont il est difficile à première vue de déterminer la nature; l'enlèvement de ce produit se fait facile-ment.

Toutefois, nous admettons qu'on pourra trouver à cette solution de multiples inconvénients, bien que l'utilisation de ce mélange sous forme d'engrais soit moins dangereuse que l'emploi des effluents d'égout, liquides et solides, comme produit d'épandage. Car autre chose est d'enfouir dans le sol des matières infectées, que de les répandre à la surface des cultures maraîchères. Mais dans l'utilisation que nous entrevoyons comme possible de l'appareil Nadéïne, on peut parfaitement incinérer les matières solides mélangées à la tourbe. Nous avons ainsi procédé à plusieurs reprises en projetant le contenu solide du réservoir dans le calorifère de l'hôtel de ville et en quelques instants tout avait disparu.

Où peut-on adopter un semblable appareil? Avant de résoudre ce problème il faut ne plus considérer la question de l'enlèvement des matières fécales sous son côté le plus vaste. Il faut réfléchir qu'à côté des villes qui peuvent s'imposer des fosses d'aisance faciles à vidanger puisque matériel et personnel seront groupés à proximité, qu'à côté de ces mêmes villes qui peuvent créer un réseau de tout-à-l'égout et en assurer l'évacuation, il existe de petites agglomérations, de petites collectivités où le problème de l'enlèvement des matières est toujours à l'état aigu. Ceux qui, comme nous, vivent au contact des campagnes, ceux qui, comme nous encore, ont été chargés d'enquêter sur la situation hygiénique de petites stations balnéaires du littoral, ceux-là connaissent par la pratique combien les gens, même les mieux disposés à faire de l'hygiène, se trouvent embarrassés quand ils se trouvent en face de la nécessité d'un enlèvement de matières fécales. Dans les petites agglomérations, le tout-à-l'égout est impossible, les fosses étanches rapidement remplies donnent lieu à de multiples difficultés, pour leur vidange d'abord, et pour l'utilisation du produit de vidanges, c'est pour cela que partout à la campagne nous voyons des fosses à fonds perdu dont le produit va contaminer les puits ou les sources.

Dès lors, si nous supposons qu'un hôtel de station balnéaire, qu'un château en pleine campagne ou qu'un fort perché sur une hauteur soit embarrassé pour l'enlèvement de ses matières fécales, ne pourrait-on pas lui conseiller l'emploi d'un séparateur, tel que celui décrit ci-dessus? On adapterait à sa suite un épurateur de l'effluent liquide et l'on conseillerait l'incinération des produits solides. Et ce que nous avançons est tellement juste, quand on considère ces choses, non plus sous un côté théorique, mais dans un sens vraiment pratique, que le Bureau d'hygiène militaire du Havre, après avoir étudié l'appareil indiqué ici, en a demandé l'adoption pour un des forts placés autour du Havre, fort pour lequel, depuis des années, le problème de l'enlèvement des matières fécales demeure à peu près impossible à résoudre.

M. P.-V. VAUDREY,

Ingénieur-Constructeur Électricien (Paris).

SUR LA NÉCESSITÉ QUI S'IMPOSE ACTUELLEMENT AUX MUNICIPALITÉS D'APPLIQUER RIGOUREUSEMENT LES RÉGLEMENTS D'HYGIÈNE, NOTAMMENT EN CE QUI CONCERNE L'ÉTANCHÉITÉ DES FOSSES D'AISANCES, POUR ASSURER LA SALUBRITÉ DE LEUR VILLE.

351.776 : 628.4

5 *Août.*

Mon odorat a été très désagréablement surpris, dans un certain quartier de Toulouse, par les senteurs nauséabondes qui émanaient de la bouche d'égout la plus rapprochée. Pour un appareil olfactif aussi exercé que le mien, cela indiquait une nature d'eaux usées, dont la provenance ne nous est pas inconnue, parce qu'elle est propre à tout être humain. A la suite d'une petite enquête faite ensuite à ce sujet, j'ai acquis la conviction que cela provenait du défaut d'étanchéité de fosses d'aisances et de la facilité ainsi accordée aux propriétaires de se débarrasser sans frais de l'effluent liquide desdites fosses...

Cette situation n'est pas particulière à Toulouse; elle est, à mieux dire, presque généralisée dans toutes les villes. Et c'est parce qu'elle constitue une entrave à l'application des principes d'hygiène, parce qu'elle peut devenir une cause grave d'insalubrité pour les agglomérations que les hygiénistes convaincus, qui constituent cette section, avec toute l'autorité qui s'attache à leur science, doivent attirer l'attention des administrations municipales sur le danger qui résulte de leur tolérance en la circonstance.

Certain donc de répondre au désir intime des fonctionnaires techniques des villes (directeur des travaux, du bureau d'hygiène, etc.), je soumets le vœu suivant :

La Section d'Hygiène et Médecine publique considérant que l'idéal du tout-à-l'égout ne peut, pour de multiples raisons techniques et surtout financières, être réalisé aussi rapidement qu'il est désirable dans un grand nombre de villes, malgré leur salubrité insuffisante;

Émet le vœu :

Qu'en attendant l'exécution des travaux d'assainissement qui doivent améliorer l'état sanitaire de leur ville, les Municipalités tiennent énergiquement la main à l'application des mesures d'hygiène, notamment en ce qui concerne l'étanchéité des fosses d'aisances;

Qu'à cette fin, comme cela se pratique à Toulouse, des employés communaux, délégués à cet effet comme inspecteurs de salubrité, aient pour mission de vérifier l'état des fosses après chaque vidange, et de prescrire les travaux d'amélioration ou de réfection aptes à assurer leur complète étanchéité et à empêcher l'écoulement ou l'infiltration de toutes matières et tous liquides nocifs dans les égouts ou la nappe souterraine.

Adopté à l'unanimité.

M. P.-V. VAUDREY.

SUR L'INSALUBRITÉ DE CERTAINS APPAREILS D'ÉPURATION INCOMPLÈTE, TELS QUE LES FOSSES DITES « SEPTIQUES » ET LES GRAVES INCONVÉNIENTS QUE PRÉSENTE POUR LA SANTÉ PUBLIQUE LEUR DIFFUSION DANS LES AGGLOMÉRATIONS.

351.77.6 : 628.42

5 *Août.*

Les communications qui ont été présentées jusqu'ici, et tout ce que vous savez sur la question de l'assainissement, de l'épuration biologique des eaux usées et matières de vidange, vous ont certainement laissé cette impression que ce mode de traitement des résidus de la vie constituait une solution heureuse de la question si complexe de la salubrité publique.

Toutefois, je dois insister tout particulièrement sur ce point, déjà signalé par le Conseil supérieur d'hygiène publique de France, sur le rapport de MM. Calmette et Masson, que, contrairement à une opinion inexacte et beaucoup trop généralisée dans le public, la *fosse septique* ne constitue pas à elle seule, — comme elle a été presque toujours employée jusqu'ici, — un moyen d'épuration complet, mais seulement comme un procédé de *dilution*, de *solubilisation* des matières organiques suspendues dans ces résidus.

Des industriels intéressés ont pu, devant la difficulté actuelle de faire aboutir des projets entiers d'assainissements pour une ville, favoriser le développement des applications des fosses septiques particulières, en émaillant le territoire français de représentants régionaux qui se préoccupaient beaucoup plus de vendre un appareil de plus que de satisfaire au programme que son installation devait réaliser pour le propriétaire.

On faisait miroiter aux yeux de ce dernier, souvent par l'intermédiaire de son entrepreneur, architecte, camarade d'école ou autre, l'avantage ultérieur d'une fosse septique, dont on cherchait à justifier le prix élevé par l'économie résultant de la suppression des vidanges, etc.

Pour éviter le refus de l'intéressé, on négligeait de lui proposer le complément indispensable de la fosse septique, les lits bactériens et d'oxydation, qui auraient, par leur supplément de prix et d'emplacement nécessaire, été, d'une façon générale, un empêchement radical à son application.

En déversant ainsi l'effluent des fosses septiques dans les égouts, sans épuration, on ne tend à rien moins qu'à les empoisonner, comme on empoisonne l'air de la ville, et l'on ménage les plus grandes difficultés dans l'avenir aux municipalités et à leurs chefs des services techniques, directeur des travaux, directeur du bureau d'hygiène surtout.

Il n'est peut-être pas un de ces derniers qui ne soit éclairé aujourd'hui sur l'importance du péril, et irrémédiablement opposé à l'autorisation de ces installations dans leur ville. Malheureusement, les influences politiques, le plus souvent bien intentionnées, sinon bien renseignées, s'exercent en faveur de leur tolérance et nous nous trouvons aujourd'hui en présence d'une situation assez difficile dans nombre de cités.

Puisque aujourd'hui il est parmi nous tant d'éminents hygiénistes, de techniciens compétents, qui connaissent les périls de cette situation plutôt déplorable, ne pouvons-nous montrer le danger aux municipalités et obtenir d'elles, par la persuasion, de prendre dès maintenant toutes mesures utiles pour le conjurer?

En conséquence, fort de ma conviction personnelle, que je vous sens unanimement partager, je vous demande de bien vouloir retenir l'utilité de cette intervention et de lui donner la consécration indispensable que son urgence immédiate nécessite, en votant le vœu suivant :

» Considérant les multiples et graves inconvénients que présente, au point de vue de la salubrité générale, la diffusion, *au centre des agglomérations*, d'appareils dits d'épuration des eaux usées et matières de vidange, tels que les *fosses septiques* établies spécialement pour chaque habitation et dont le fonctionnement ne peut être surveillé, ni assuré de façon régulière et satisfaisante; *la Section émet le vœu à l'unanimité :*

« *Que les administrations municipales n'autorisent pas ou ne tolèrent pas, à l'intérieur de leur agglomération, l'installation de fosses septiques, particulières ou autres appareils d'épuration incomplète, les applications des principes biologiques étant exclusivement réservées au traitement des résidus des collectivités, à une distance suffisante de toute construction habitée et avec les garanties de surveillance et de contrôle reconnues nécessaires à ces installations.* »

Ce vœu a été adopté en Assemblée générale de l'Association.

M. F. GARRIGOU,

Professeur à la Faculté de Médecine (Toulouse)

ET

M. DANÉ,

OBSERVATIONS SUR L'ÉVALUATION DES MATIÈRES ORGANIQUES
PAR LE PERMANGANATE DE POTASSE.

54.33 : 546.71-8+628.16

5 *Août.*

Dans le cours des diverses évaluations de matières organiques dans les eaux potables, nous avons été conduits à faire de nombreuses opérations qui ont amené le doute dans notre esprit au sujet de ces dosages que nous croyons entachés de graves erreurs.

On connaît d'abord l'influence des poussières atmosphériques, des matières en suspension dans l'eau, telles que débris divers, bois, fibres, etc. qu'il faut éloigner par décantation et non par filtration, pour ne pas retomber dans un cercle vicieux. Nous ajouterons aussi l'influence de la filtration sur charbon qui laisse passer des eaux absorbant de l'oxygène, ou mieux, réduisant le permanganate. Les actions diverses assez peu étudiées sont celles qui signalent les observations ci-dessous :

1º L'ébullition du permanganate en milieu sulfurique, indique une dépense de permanganate, et si l'on ajoute à 10 cm³ de permanganate titré, après avoir bouilli pendant 10 minutes, une solution oxalique équivalente, on s'aperçoit que le titre n'est plus exact; il faut ajouter quelques dixièmes de permanganate, que dans une analyse d'eau on compterait comme matière organique, en la multipliant soit par 20, soit par 10.

2º Les opérations différentielles sur 5o et 100, soit 100 et 200 sur les eaux distillées diverses accusent un emploi important de permanganate, qu'on multiplie également pour rapporter au litre.

3º L'*inégale terme* de l'ébullition dans les matras différentiels, inégalement concentrés en permanganate, est une cause d'erreur. Une ébullition un peu plus vive dans le matras de 5o cm³, est une cause de réduction plus rapide du permanganate dans ce matras, et, dans ce cas, il peut arriver que la différence soit à zéro ou bien que, par suite d'une addition plus élevée de permanganate dans le matras de 5o cm³, la soustraction soit impossible.

Par transparence, on s'aperçoit de l'inégale action du permanganate.

4° La présence des chlorures et des azotates dans l'eau, source d'acides chlorhydrique et azotique naissant en milieu sulfurique, troublent aussi l'action du permanganate. Quoique assez atténuée aux doses habituelles, ces éléments sont contenus dans les eaux d'alimentation, cette action est réelle et s'accuse par quelques dixièmes de centimètres cubes par 5o cm³, soit 4 à 5 cm³ de Mn O⁴K à o,5o par litre, avec des eaux contenant o,o11 chlorure de calcium. Il en est autrement comme nous nous en sommes rendus compte avec des solutions de chlorures ou d'azotates à $\frac{x\eta}{10}$ ou $\frac{x\eta}{100}$.

5°. Quand on emploie pour le milieu alcalin des solutions de bicarbonate de sodium, celui-ci y apporte constamment de la matière organique, inhérente à son procédé de fabrication; nous préférons l'emploi, à défaut de bicarbonate de sodium strictement pur, du carbonate de sodium cristallisé.

Quoique employant cette méthode, nous devons dire franchement qu'elle ne nous donne pas satisfaction au sujet des renseignements utiles; nous sommes obligés d'y joindre des moyens autres d'appréciation, moyens que nous ferons connaître. Elle serait au contraire propre, si l'on n'y prenait garde, à nous faire accepter comme eaux potables des eaux polluées. Nous avons trouvé ainsi assez d'exemples, et des dosages d'ammoniaque salin et albuminoïdes, des phosphates auraient dû être accompagnés par l'emploi d'une quantité de Mn O⁴K, et il n'en était rien.

A notre avis, la méthode au permanganate employée de cette façon, malgré son usage quasi-universel, ne signifie rien ou signifie bien peu de chose. Les causes d'erreur *en trop*, signalées au début de cette note, ne peuvent pas compenser les erreurs *en moins* qui sont commises dans cette évaluation.

Elle est donc vicieuse et ne saurait évaluer les matières organiques, elles-mêmes si diverses. Nous avons dû chercher une méthode qui puisse dans les analyses rigoureuses donner satisfaction à l'esprit. Le principe est donc de recueillir ces matières organiques, les rendre visibles, pondérables et analysables. Mais, pour l'instant, nous n'avons cherché qu'à nous mettre en garde contre les défauts de la méthode au permanganate; dans un prochain travail, nous établirons les données et les résultats du problème.

M. H. DÉLIEUX,

Pharmacien-Chimiste, Ingénieur-Hygiéniste diplômé de l'Université (Toulouse).

CONSERVATION MOMENTANÉE DU LAIT PAR LE PEROXYCALCITE.

63.71.0044 : 546.41

3 Août.

Chacun sait que le lait est sujet à s'altérer facilement surtout en été. Il ne se contente pas de véhiculer des microorganismes, il est pour eux un excellent milieu de culture, leur fournissant les matières nécessaires à leur développement et leur multiplication.

Ces altérations reconnaissent différentes provenances, tantôt elles proviennent des poussières essentiellement bacillifères qui sont déposées à la surface des mamelles et des trayons que l'on ne prend pas soin de nettoyer comme il faudrait, tantôt la personne chargée de la traite a les mains malpropres et se sert de récipients impropres, tantôt enfin elles viennent des manipulations dont le lait est l'objet et notamment de l'eau impure, trop souvent employée pour le lavage des vases, ou le mouillage frauduleux du lait.

De quelques provenances qu'ils soient, ces agents microbiens appartiennent aux deux catégories bien connues des germes saprophytes et des germes pathogènes. Les uns et les autres sont capables d'engendrer des états morbides chez le consommateur. Elle explique la fréquence des maladies intestinales des nouveau-nés, en été, qui entraînent une mortalité si considérable. Ces altérations sont d'autant plus redoutables qu'elles peuvent parfaitement s'opérer sans qu'il y ait modification appréciable des qualités physiques ou organoleptiques. Flügge a montré qu'à côté des bactéries attaquant la lactose, il y a une série de bactéries peptonisantes qui transforment la caséine en matières toxiques. Le lait ainsi modifié ne se coagule pas spontanément ou après cuisson et son goût n'est pas altéré.

Il faut encore noter l'existence possible, dans le lait, des germes pathogènes. Il est reconnu que plusieurs maladies dont peuvent souffrir les animaux peuvent être transférées à l'homme qui absorbe le lait provenant d'un animal contaminé ou malade, et tel est le cas de la tuberculose, de la fièvre aphteuse, de la splénite et peut-être aussi de la morve, la variole, la rage et des maladies septiques, ne peuvent fournir à l'homme qu'un lait qui lui sera nuisible.

Tout lait doit donc être tenu pour suspect, aussi l'usage s'est-il introduit depuis longtemps de faire bouillir le lait, ce qui est le meilleur moyen de supprimer tout danger.

Depuis longtemps, les hygiénistes se sont préoccupés de la conservation du lait. Jusqu'aux découvertes de Pasteur les moyens employés étaient purement empiriques et ce n'est que depuis que l'on en connaît les causes qu'on est en mesure d'agir contre elles.

Les procédés de conservation diffèrent suivant qu'on veut conserver le lait plus ou moins de temps. Pour une courte durée, on emploie le froid, la coction, la pasteurisation, et l'ébullition. Quand on veut assurer sa conservation indéfinie, on se sert de la stérilisation à 115° ou 120°.

Dans le commerce, on fait usage de substances antiseptiques dans le but de conserver le lait. On se sert le plus généralement du bicarbonate de soude, de l'acide borique, de l'acide salicylique, la formaldéhyde, l'eau oxygénée etc. Mais l'addition au lait de tous ces agents chimiques est formellement interdite, aussi me suis-je appliqué à chercher un procédé pour la conservation du lait qui soit complètement inoffensif.

J'ai étudié l'action des divers peroxydes comme agent conservateur du lait, et, après des recherches et des expériences nombreuses, j'ai choisi parmi eux pour faire les expériences le peroxyde de sodium et le peroxyde de calcium : deux sels d'une efficacité certaine et d'une action inoffensive.

J'ai fait des expériences comparatives avec ces deux sels, mais j'ai été obligé d'abandonner le peroxyde de sodium. En effet, ce sel, sous l'action du lait, se décompose violemment en donnant un dégagement d'oxygène, accompagné d'un dégagement de chaleur considérable et, suivant les conditions de l'expérience, la température peut monter bien au-dessus de 100°. !Aussi l'équation suivante montre qu'il suffit de 18 parties d'eau pour décomposer 78 parties de peroxyde de sodium.

$$Na^2O^2 + H^2O = 2\,Na\,OH + O.$$

Cette violente réaction était contraire à mes expériences, attendu que l'oxygène se dissout d'autant plus abondamment dans les liquides que la température est plus basse.

De nombreux travaux dus à Fernet, Claude Bernard, Magnus, Meyer ont établi les coefficients de solubilité de l'oxygène aux différentes températures pour voir combien cette solubilité diminue rapidement quand la température augmente.

A 0° la solubilité de l'oxygène dans l'eau est de..... 0,041
A 10°   »   »   0,032
A 20°   »   »   0,028

Le peroxyde de calcium, au contraire, est un sel moins soluble que le peroxyde de sodium et se décompose [progressivement, presque sans dégagement de chaleur. Afin d'avoir un sel aussi pur que possible pour faire mes expériences, j'ai préparé dans mon laboratoire, par l'action du peroxyde d'hydrogène sur de l'eau de chaux, un peroxyde de calcium, auquel j'ai donné le nom de peroxycalcite.

Le peroxycalcite, titré au moyen du permanganate de potassium en solution sulfurique, produit une action oxydante équivalente à 20 pour 100 de peroxyde d'hydrogène (H^2O^2).

Lorsque le peroxycalcite est en contact avec du lait, il se décompose et donne naissance à trois corps nouveaux : 1° un sel neutre, 2° du peroxyde d'hydrogène, et 3° de l'oxygène.

En effet, sous l'action de l'acide lactique du lait, le peroxycalcite se décompose et donne un lactate de calcium et du peroxyde d'hydrogène d'après l'équation suivante :

$$Ca\,O^2 + 2C^3\,H^6\,O^3 = 2(C^3\,H^5\,O^3)\,Ca^{ll} + H^2\,O^2.$$

Le peroxyde d'hydrogène, très instable surtout dans un milieu faiblement acide et en présence des enzymes ou ferments du lait, se décompose en eau et en oxygène :

$$H^2\,O^2 = H^2\,O + O.$$

De sorte que, finalement, dans des conditions physiologiques, les peroxydes forment de l'oxygène.

Qu'elle est la nature de l'oxygène ainsi mis en liberté?

Pour répondre à cette question, il faut se rappeler la façon dont se comportent l'ozone et le peroxyde d'hydrogène dans les réactions d'oxydation; la molécule d'ozone composée de trois atomes d'oxygène ou la molécule de peroxyde d'hydrogène composée de deux atomes d'hydrogène et de deux atomes d'oxygène. C'est donc à cet oxygène naissant que l'on doit attribuer l'activité bactéricide du peroxycalcite sur les germes du lait. Il reste à déterminer la dose de peroxycalcite qu'il faut ajouter au lait pour sa conservation.

Pour déterminer cette dose j'ai fait remplir, dans les meilleures conditions possible une bouteille de lait que j'ai divisée ensuite en dix échantillons de 100 cc, chacun, j'ai additionné chaque échantillon d'une dose variable de peroxycalcite.

N^{os}.	Peroxycalcite.
	g
1	0,01
2	0,02
3	0,03
4	0,04
5	0,05
6	0,06
7	0,07
8	0,08
9	0,09
10	0,10

J'ai placé ces échantillons dans le laboratoire à une température moyenne de 15°, en ayant soin de les agiter de temps à autre.

Pour faire mon expérience, j'ai préparé spécialement un papier amidonné à l'iodure de potassium, d'une grande sensibilité. Au bout de deux heures, j'ai essayé mes échantillons de lait, ils ne m'ont donné aucune réaction, quatre heures après pas de réaction, six heures après pas de réaction, huit heures après les neuf premiers échantillons n'ont donné aucune réaction, le 10e échantillon une réaction légère, 9 heures après les huit premiers échantillons n'ont donné aucune réaction tandis que le 9e échantillon colore très légèrement le papier amidonné et le 10e échantillon produit sur le papier une coloration plus nette. Dix heures après les 7 premiers échantillons ne donnent aucune réaction tandis que le 8e colore légèrement le papier, le 9e colore plus franchement et le 10e échantillon, donne au papier une coloration brune très caractéristique.

Il résulte de ces expériences qu'un litre de lait décompose un gramme de peroxycalcite en dix heures.

Fixé par ces expériences, j'ai essayé la conservation du lait. J'ai fait plusieurs expériences et j'ai pu conclure qu'un litre de lait, additionné d'un gramme de peroxycalcite, pouvait se conserver facilement, à la température ordinaire de douze à quinze jours suivant la traite, sans subir aucun changement physique, ayant une réaction légèrement alcaline, une odeur de lait frais et ne se coagulant pas par l'ébullition, tandis que le lait témoin s'est coagulé au bout du troisième jour. J'ai pu même conserver un lait plus d'un mois, sans aucun changement physique avec une réaction franchement alcaline.

L'addition du peroxycalcite au lait produit-elle quelques changements à sa composition chimique? Pour répondre à cette question, j'ai fait l'analyse du lait a essayer, après l'avoir additionné de peroxycalcite, et voici le résultat.

	Lait pur.	Lait additionné de 1ᵍ de peroxycalcite.
Matières grasses..........	38ᵍ,5o	38ᵍ,5o
Sucre de lait.............	49,5o	49,5o
Caséine.................	34,75	34,75
Cendres	7,25	7,9o
Eau	87o	87o
	1000,00	

L'analyse quantitative de ce lait montre que l'addition d'un gramme de peroxycalcite n'a modifié en rien la composition chimique de ce lait, sauf les cendres qui ont augmenté de 65 cg, à cause de la chaux.

Action du peroxycalcite sur les germes du lait. Un échantillon de lait a été prélevé dans un flacon stérilisé. L'énumération faite, une heure après la traite, donna une teneur de germes égale à 6345 germes par centimètre cube.

J'ai fait deux parts de cet échantillon. L'un contenait 0,10 g de peroxycalcite par 100 c : c de lait, et l'autre ne contenait rien.

Au bout de douze heures, j'ai fait l'énumération des germes.

L'échantillon de lait pur en renferme 860000 par centimètre cube, tandis que le lait additionné de peroxycalcite n'en renferme que 450. Vingt-quatre heures après le lait pur renferme des germes en quantité minimum tandis que le lait additionné de peroxycalcite n'en contient plus que 355.

J'en conclus que le peroxycalcite a la propriété de retarder progressivement le nombre des germes du lait.

Le procédé de conservation du lait que j'indique avec le peroxycalcite a l'avantage, sur ceux employés par la chaleur, de conserver au lait, tous ses ferments et de le faire ressembler au lait frais. En effet, en le portant à une forte température, il subit des modifications essentielles qui le rendent bien différent du lait frais, modifications qui, justement, ne sont pas sans importance pour les nourrissons. L'effet nuisible du lait pasteurisé est évidemment moins apparent, puisqu'il est en rapport direct avec le degré de chaleur employé pour la pasteurisation. Par le chauffage du lait, les enzymes et les ferments « zymases », qui, normalement, se trouvent dans le lait et qui, certainement, jouent un rôle dans l'acte de la digestion, sont de suite détruits ou endommagés; il en est certainement de même aussi des organismes bactéricides présents dans le lait, qui sont détruits à la température de 70°. D'autre part, les substances albuminoïdes solubles, tels que l'albumine et la globuline, sont réduites à un tiers par le fait de la coagulation provoqué par la chaleur. MM. Bordas et Bactykosski ont trouvé que la contenance en lécithine du lait est réduite par le chauffage de 28 pour 100, et ils sont d'avis que c'est au manque de ce principe phosphoreux qu'il faut attribuer la maladie dite de *Basedow*. Il faut aussi noter la réduction de la propriété coagulatrice du lait à l'égard du ferment de la présure, circonstance qui n'est pas dépourvue d'importance quant à la digestibilité du lait. La réduction de la propriété ou faculté coagulatrice du lait se rattache à la transformation produite par la chaleur, du composé calcaire soluble en un phosphate de calcium insoluble.

La lactose est en partie caramélisée par le chauffage du lait.

Le lait qui a été stérilisé depuis longtemps a le goût et la couleur modifiés. Il a le goût de lait cuit.

Reuk a démontré que, pendant la stérilisation du lait, une partie de la graisse s'élimine de l'émulsion fine du lait frais, et forme des globules assez grands qui, naturellement, atténuent la résorption de la graisse dans l'intestin. Flügge affirme que le lait stérilisé du commerce n'est presque jamais complètement libre de germes et que, généralement, se sont des spores peptonifiants du genre des germes des bacilles subtiles qui résistent à la stérilisation. Suivant l'opinion de Flügge ces bacilles secrètent des toxines qui provoquent les vomissements et la diarrhée chez les enfants. De toutes ces observations, il résulte que la conservation momentanée du lait par le peroxycalcite a une supériorité incontestable sur tous les autres antiseptiques employés. Il possède l'avantage incomparable de n'être pas toxique et de se décomposer progressivement sous l'action de l'acide lactique du lait en lactate de chaux qui, loin d'être nuisible à l'organisme humain, lui est au contraire salutaire et est très utile à l'ossification. Je n'insisterai pas pour recommander l'emploi du peroxycalcite, malgré ses propriétés incomparables, attendu qu'en France, l'addition de substances antiseptiques au lait mis en vente est formellement interdite, mais je désirerais que les conseils d'hygiène veuillent bien étudier cette question et la mettre en pratique, ce serait rendre un grand service à l'humanité.

M. É. MAUREL.

UTILITÉ DE PROTÉGER PAR DES VITRINES LES SUCRERIES ET LES PATISSERIES VENDUES DANS LES RUES ET SUR LES PLACES PUBLIQUES.

351.773.1+614.311.642

5 *Août.*

Dans une première série de recherches, faites en 1901 et 1902, j'avais constaté que la surface des sucreries et des patisseries vendues surtout sur certaines places publiques, présentaient des micro-organismes, pouvant se cultiver sur nos milieux de laboratoire; et aussi que certains microbes pathogènes (staphylocoques et bactéridie charbonneuse) y conservaient leur reproductivité pendant plusieurs jours. Je communiquai ces résultats au Congrès pour l'Avancement des Sciences de Montauban (1902), à la Section médecine; et celle-ci, sur ma demande, voulut bien émettre le vœu suivant (¹).

« Considérant les inconvénients qu'il peut y avoir à laisser exposées à l'air libre et à la poussière les pâtisseries et les sucreries qui sont ingérées sans autre préparation;

« Considérant surtout que ces pâtisseries et ces sucreries, très propres à retenir les microorganismes de l'atmosphère, sont vendues le plus souvent dans les rues les plus fréquentées et sur les promenades, au moment où le public s'y trouve en plus grand nombre, et où, par conséquent, la poussière y est soulevée avec le plus d'abondance.

(¹) Compte rendu du Congrès pour l'Avancement des Sciences. — Montauban, 1902, 1ʳᵉ Partie, page 118.

« La Section des Sciences médicales, frappée de ces inconvénients, demande que, désormais, tout marchand de ces pâtisseries ou de ces sucreries soit tenu de les conserver sous vitrine. »

Un an après, j'ai repris la même question au Congrès international d'Hygiène de Bruxelles devant la vi[e] Section (1); et, après avoir signalé les mêmes inconvénients, je faisais voir que cette mesure pouvait être prise sans porter la moindre atteinte à la liberté de ce petit commerce. Or, jusqu'à présent, rien n'a été fait dans cette voie; et si quelques-uns de ces marchands en sont venus d'eux-mêmes à protéger leurs gâteaux ou sucreries par une vitrine ou par une mousseline, beaucoup les laissent encore exposés aux vents, à la poussière, et, en été, aux mouches, sans aucun moyen de protection.

J'ai repris cette question à la fin de 1909 et au commencement de 1910, et je viens résumer les résultats obtenus, qui, du reste, confirment pleinement ceux de 1901 et 1902.

Sucreries. — Les expériences ont porté sur des *berlingots*.

Expérience N° 1. — Lavage de la surface dans de l'eau distillée fraîchement bouillie, centrifugation de l'eau de lavage, décantation et ensemencement du culot sur trois tubes de gélose. Apparition de quelques points de culture dès le lendemain; riche culture dans 48 heures.

Tube n° 1. — Certains points sont composés par des micro-organismes sphériques, mais ayant de 5 à 6 μ de diamètre. Ils sont disposés soit en chaînettes de 8 à 10 éléments, soit en groupes plus nombreux et irréguliers.

D'autres points de la préparation sont exclusivement composés de diplocoques, ayant tout au plus 1,5 μ de diamètre.

Tubes n° 2 et n° 3. — Leurs cultures qui couvrent toute la surface de la gélose sont composées exclusivement de diplocoques de mêmes dimensions que les précédents. Le plus souvent, ils sont isolés; mais quelques autres sont groupés par deux et parallèlement.

Expériences N° 2. — La méthode suivie a été la même que précédemment.

Ensemencement de deux tubes de gélose, qui, dès le lendemain, sont couverts d'une riche culture, exclusivement composée de longs filaments segmentés, ayant 2 à 3 μ de largeur. Chaque segment a de 5 à 6 μ de long, et les filaments ne comprennent que 3 à 4 segments.

Le lendemain, ces tubes sont sporulés, et, en outre, beaucoup de spores sont libres.

---

(1) De l'utilité de protéger par une vitrine les sucreries et les pâtisseries vendues dans les rues et sur les places publiques. Congrès international d'Hygiène de Bruxelles, 1903, Tome VII, première division, Section VI. Hygiène administrative, page 218.

Une partie de cette culture est mélangée à de l'eau distillée, fraîchement bouillie, et un centimètre cube de ce mélange est injecté dans la veine de l'oreille d'un lapin. Or, le poids de cet animal, qui le matin de l'injection était de 1440 g, tombe à 1370 g le lendemain matin, à 1310 g le jour suivant. Mais il revient à 1400 g le matin du troisième jour et à 1480 le matin du quatrième. En somme, il a fallu quatre jours pour que cet animal revint à son poids initial.

De ces expériences, qui complètent celle de 1901 et de 1902, on peut donc conclure :

1° Que les berlingots non protégés par des vitrines peuvent conserver à leur surface certains micro-organismes;

2° Que ces micro-organismes se cultivent sur la gélose.

3° Que leur culture injectée par la voie veineuse au lapin, lui fait perdre de son poids, au moins pendant plusieurs jours.

Pâtisseries. — Les expériences ont porté sur des *gâteaux secs* et à surface lisse, vendus dans un jardin public.

1re Expérience. — La surface du gâteau est grattée avec un scalpel flambé; le résultat de cette opération est mélangé à de l'eau distillée fraîchement bouillie; le mélange est centrifugé, et le culot sert à ensemencer trois tubes de gélose (n° 1, n° 2, et n° 3).

Le lendemain, à peine quelques points de culture sur le n° 2; mais le second jour, le tube n° 2 présente une large culture et le n° 3 quelques points. Le n° 1 est resté stérile.

En ce moment, soit 48 heures après l'ensemencement :

Tube n° 2. — Certains points de cette culture sont composés par des éléments sphériques de 5 à 7 μ de diamètre; et, par conséquent, de la dimension de nos hématies, mais contenant des granulations dans leur intérieur.

Le reste de la culture est composé par des filaments ayant de 20 à 25 μ de longueur sur 2 μ de largeur. Les filaments n'ayant de 4 à 5 μ de longueur ont des déplacements dans le sens de leur longueur.

Tube n° 3. — Par places, la culture est composée par des diplocoques dont les éléments ont environ 3 μ de diamètre. Ces diplocoques sont soit isolés soit groupés par deux parallèlement. Sur d'autres points, le culture est composée d'abord par des filaments comme ceux du tube n° 2, et de plus par des bacilles n'ayant que 2 à 3 μ de longueur sur moins de 1 μ de largeur.

Expérience n° 2. — Même technique que pour l'expérience précédente et ensemencement de quatre tubes de gélose : n° 1, n° 2, n° 3, n° 4.

Le lendemain les quatre tubes sont restés stériles, mais, 48 heures après, tous présentent des points de culture plus ou moins nombreux.

Tube n° 1. — Micrococus ayant 3 μ environ de diamètre, souvent groupés par deux et parfois par quatre.

Tube n° 2. — Culture exclusivement composée de diplocoques ayant 2 μ de diamètre, souvent isolés et parfois groupés par deux, soit bout à bout, soit parallèlement.

Tubes n° 3 et n° 4. — Culture composée en partie par des diplocoques dont les éléments ont environ 1,5 μ de diamètre, et presque toujours isolés, et en partie par des filaments très longs de 1,5 μ de largeur et sans mouvement.

Conclusions. — De ces expériences, qui de nouveau confirment celles faites en 1901 et 1902, on peut conclure :

1° Que les pâtisseries, même lorsque leur surface est sèche et lisse, peuvent retenir des micro-organismes sur cette surface.

2° Que ces micro-organismes conservent leur reproductivité, et qu'ils peuvent être cultivés sur la gélose.

En m'appuyant sur ces nouvelles expériences, et sans qu'il soit nécessaire d'insister davantage sur les inconvénients que peut présenter l'ingestion de ces micro-organismes, je propose de renouveler le vœu qui a été émis, il y a 8 ans, par la Section de médecine de notre Association, en le formulant ainsi :

Considérant l'existence bien constatée de micro-organismes à la surface des pâtisseries et des sucreries; considérant que ces micro-organismes conservent leur reproductivité sur ces substances;

Considérant enfin que ces micro-organismes ont une certaine influence pathogène sur le lapin, puisqu'ils peuvent faire baisser son poids pendant plusieurs jours, ce qui permet de supposer qu'ils pourraient aussi avoir un pouvoir pathogène pour l'homme;

La Section d'Hygiène et de Médecine publique renouvelle le vœu émis en 1902, que les pâtisseries et les sucreries vendues dans les rues ou sur les places publiques soient protégées par une vitrine.

Plusieurs membres ont appuyé ce vœu, et il a été émis à l'unanimité par la Section.

M. DANÉ.

DE L'APPLICATION JUDICIAIRE DES LOIS SANITAIRES
ET PARTICULIÈREMENT DE LA LOI DU 15 FÉVRIER 1902.

351.77

5 *Août.*

Comme les Hygiénistes l'ont montré, comme tous les jours l'expérience nous l'apprend, la loi sanitaire du 15 février 1902 est menacée à brève échéance, surtout dans les petites villes, de perdre tout l'effet que le législateur en avait espéré. Le défaut de la loi, très bien faite, est dans son application qui est réservée à l'appréciation des Maires d'abord et ensuite des Commissions sanitaires d'arrondissement. Or, la plupart des Maires ont bien accepté, carte forcée, un modèle de règlement sanitaire, mais ils se sont bien gardés de le porter à la connaissance du public par la voie légale de l'affichage, de telle sorte que tous ces réglements sont sans valeur. Mais, si les règlements sanitaires *n'existent pas de ce fait* la loi existe et il serait possible de la faire appliquer par la voie judiciaire, juges de Paix et Tribunaux, à la demande d'un intéressé. Les tribunaux pourraient, d'ailleurs, s'entourer d'experts compétents. Les frais devraient être, sauf les cas d'expertises, nuls, ou peu élevés.

Le retour d'une loi au pouvoir judiciaire, qui n'est pas, comme les corps élus, astreint aux satisfactions et aux rancunes électorales, serait un retour normal de cette loi à des juges naturels, pouvant eux-mêmes s'entourer d'experts compétents.

C'est donc le salut de la loi du 15 février 1902 que je demande.

TABLE DES MATIÈRES.

(Tome IV.)

NOTES ET MÉMOIRES.

TABLE ANALYTIQUE.

46474   Paris. — Imp. GAUTHIER-VILLARS, quai des Grands-Augustins, 55.

RAPPORTS

TOME IV

Les idées modernes sur l'acide urique et les purines chez l'homme.

M. Pierre Fauvel, professeur à l'Université catholique (Angers).

La brièveté de ce rapport excluant la possibilité de faire l'historique et la bibliographie de la question, je me bornerai à résumer les notions principales paraissant acquises et à indiquer les points à élucider et les recherches nouvelles à entreprendre (1).

Définitions. — On désigne sous le nom de purines toute une série de composés appartenant à la même famille chimique que l'acide urique et renfermant tous le noyau de la purine (C^5Az^4) substance ainsi nommée parce qu'elle a été extraite d'abord des globules du pus.

Les principales de ces substances sont : la purine, l'hypoxanthine, la xanthine, l'acide urique, l'adénine, la guanine. On y rattache aussi la caféine et la théobromine, mais ces dernières substances appartiennent à la catégorie particulière des méthylxanthines, jouissant de propriétés spéciales.

L'acide urique, la xanthine et l'hypoxanthine existent normalement dans l'urine de l'homme.

Origine des purines. — Quelle en est l'origine ? De nombreuses théories, n'ayant plus qu'un intérêt historique, ont été proposées à ce sujet. Maintenant, semble-t-il, on peut considérer comme démontré par les travaux de Fischer, Kossel, Weintraub, Hess et Schmoll que l'acide urique provient du dédoublement des nucléines de l'organisme et des aliments. C'est finalement un produit d'oxydation des bases xanthiques ou purines. Quant aux processus biochimiques sous l'influence desquels se produit ce dédoublement dans l'organisme, ils sont probablement très compliqués et encore mal connus.

Les substances albuminoïdes alimentaires ou protéides peuvent être, au point de vue qui nous occupe, divisées en trois classes.

1º Les albumines proprement dites constituant le plasma de la cellule vivante, animale ou végétale, telles sont l'albumine du blanc d'œuf, celle des muscles, telles encore la légumine, le gluten, la maïsine et divers protéines végétales.

Ces albumines ne renferment pas de phosphore et ne donnent pas d'acide nucléinique dans leurs produits de dédoublement.

(1) La plupart de mes recherches ont déjà été communiquées aux précédents congrès de l'Association Française.

*d*¹

2º Les para-nucléines (vitelline du jaune d'œuf, caséine du lait) *renferment un peu de phosphore et ne donnent pas non plus d'acide nucléinique ni de bases xanthiques.*

3º Les nucléines, ou nucléo-albumines, *riches en phosphore, donnent naissance par dédoublement à de l'acide nucléinique, puis à des bases xanthiques et finalement à de l'acide urique.*

D'après le schéma maintenant classique, ces nucléo-albumines se scindent d'abord en albuminé et nucléine, cette dernière en albumine et acide nucléinique qui se fragmente ensuite en donnant : 1º de l'acide phosphorique ; 2º des hydrates de carbone ; 3º des bases xanthiques ; 4º de l'acide thyminique.

L'acide thyminique produit aux dépens de l'acide nucléinique, en même temps que l'acide urique, jouit de la propriété de maintenir ce dernier en solution, même en présence des acides.

Chez l'*homme sain* l'acide urique paraît provenir toujours des purines ou bases xanthiques, soit directement, soit indirectement par le dédoublement des nucléo-albumines.

Purines endogènes et exogènes. — L'acide urique ainsi produit a une double origine : une partie provient du fonctionnement même de l'organisme, le surplus provient des nucléines et des purines libres ou combinées des aliments. On est donc amené à distinguer l'acide urique *endogène* de l'acide urique *exogène*, provenant de l'alimentation.

Le foie et la rate paraissent être les principaux lieux de formation des purines mais en réalité ces corps se forment dans tous les tissus et l'acide urique endogène provient :

1º De la destruction des leucocytes ;

· 2º De la destruction des noyaux des cellules des tissus ;

'3º D'après Burian, de l'hypoxanthine produite par le muscle au repos et au travail, transformée en acide urique par une oxydase du muscle ;

4º Du dédoublement diastasique des nucléo-protéides des tissus, soit par les diastases protéolytiques de ceux-ci, soit par la nucléase du tissu pancréatique.

On a en effet décrit de nombreuses diastases jouant un rôle dans la production de l'acide urique, tandis qu'une autre, la diastase uricolytique, le détruirait. L'acide urique excrété représenterait seulement la différence entre ces deux actions contraires. Mais ces questions sont encore loin d'être élucidées d'une façon satisfaisante et on ne peut guère conclure avec sécurité des phénomènes se passant dans des extraits ou des macérations d'organes à ceux dont les tissus vivants sont le siège.

Minimum endogène. — Quoiqu'il en soit de ces processus on a constaté expérimentalement que chez l'homme sain l'excrétion urique peut être réduite considérablement en supprimant tous les aliments renfermant des purines ou des nucléines susceptibles d'en fournir. Mais, même avec une alimentation sans purines, l'homme sain continue à excréter régulièrement une certaine quantité de purines et d'acide urique provenant du fonctionnement même de l'organisme et qu'il est impossible de faire disparaître.

C'est ce que l'on appelle le minimum endogène.

De nombreuses recherches ont été effectuées à ce sujet et celles qui ont été exécutées avec les précautions nécessaires, c'est-à-dire : régime sans purines maintenu un temps suffisant et équilibre azoté bien réalisé, ont fourni des résultats suffisamment concordants pour pouvoir être considérés comme l'expression de la réalité.

En voici le résumé :

1° La quantité des purines et de l'acide urique endogène est constante pour un sujet donné ;

2° Elle varie peu d'un sujet à l'autre ;

3° Elle est indépendante de la nature animale ou végétale du régime ;

4° Elle est sans aucun rapport avec la quantité d'albumine ingérée, tant que celle-ci ne renferme ni purines, ni nucléo-albumines ;

5° Il n'existe aucun rapport constant entre l'acide urique et l'urée, pas plus qu'entre l'azote uréique et l'azote total ;

6° L'excrétion endogène est, en moyenne, par vingt-quatre heures, et en chiffres ronds, de 400 à 500 milligrammes pour les xantho-uriques et de 280 à 350 milligrammes pour l'acide urique seul ;

7° Un travail musculaire, même considérable, est sans action notable sur l'excrétion endogène ;

8° L'acide urique endogène n'est généralement pas précipité de l'urine par l'acide chlorhydrique.

Influence de l'acide thyminique. — Ce dernier résultat tient sans doute à ce que l'acide urique endogène est toujours accompagné d'acide thyminique formé en même temps et le maintenant en solution. On sait, en effet, qu'une solution d'acide urique dans l'acide thyminique ne précipite que très faiblement et très difficilement par les acides. Par contre, la présence de l'acide thyminique ne gène en rien le dosage de l'acide urique par la méthode d'Haycraft-Denigès à l'argent et par celle de Folin à l'urate d'ammoniaque.

On a émis l'hypothèse de la destruction de la combinaison acide urique-acide thyminique au niveau du rein, le premier passant seul dans l'urine. Je crois qu'il y aurait lieu de reprendre des recherches à cet égard car l'absence de précipitation de l'acide urique par les acides dans l'urine d'un sujet au minimum endogène plaide en sens contraire.

Nécessité de l'équilibre azoté. — Pour obtenir tous ces résultats au régime sans purines, il est absolument nécessaire que l'équilibre azoté soit bien réalisé. Lorsqu'il ne l'est pas, le sujet, excrétant plus d'azote qu'il n'en reçoit, prend la différence aux dépens de ses propres tissus. Tout se passe alors comme s'il ingérait une quantité de viande correspondante. Une expérience faite dans ces conditions m'a donné une augmentation d'acide urique proportionnelle à la destruction de la matière azotée du sujet (1). Dans le jeûne, l'excrétion urique est, pour la même raison, supérieure au minimum endogène et n'a plus les caractères qu'elle présente au régime sans purines, le sujet devenant un véritable carnivore.

Excrétion urique exogène. — Lorsque les aliments renferment des purines ou des nucléines susceptibles de se dédoubler en acide urique, l'excrétion purique augmente proportionnellement à l'ingestion de ces aliments. Elle peut devenir fort élevée et présenter certaines particularités.

(1) P. FAUVEL : C. R. *Soc. de Biologie,* 22 mai 1909.

Proportion de l'acide urique aux purines. — Chez l'homme sain, le rapport de l'acide urique aux purines totales est constant pour une alimentation déterminée mais très différent d'un régime à l'autre.

Il est, en moyenne, de 75 0/0 au régime strictement sans purines ; de 86 0/0 avec 200 grammes de haricots par jour ; de 40 0/0, environ, avec 80 à 100 grammes de chocolat ou avec quatre tasses de café noir. *Il varie en raison inverse de la quantité des méthylxanthines (caféine ou théobromine) ingérées.* Ce rapport ne peut avoir aucune valeur lorsque l'alimentation n'est pas connue d'une façon très exacte.

Aliments riches en purines. — Les aliments les plus riches en purines sont d'abord, parmi ceux d'origine animale : les extraits de viande (10 0/0), le bouillon (1 à 5 0/0), le ris de veau (1,207 0/0), la cervelle, le foie (0,330 0/0), la viande de boucherie (0,068 à 0,247 0/0), le lapin (0,114 0/0), la volaille (0,150 0/0), le poisson (0,070 à 0,140 0/0). Parmi les végétaux : les légumineuses (0,045 à 0,076 0/0), les champignons, la farine d'avoine (0,064 0/0), les asperges (0,026 0/0), le chocolat (théobromine = 1,43 0/0), le café (caféine = 1,24 0/0), le thé (1,35 à 3,58 0/0), la bière (0,015 à 0,018 0/0).

Le beurre, le fromage, le lait, les œufs n'en contiennent que des traces insignifiantes ; il en est de même des légumes et des fruits, sauf les exceptions ci-dessus.

Précautions à observer. — Pour étudier l'action des aliments et des médicaments sur l'excrétion urique, un certain nombre de précautions sont absolument indispensables.

Le sujet doit être mis d'abord à un régime sans purines pendant un temps assez long pour que son excrétion urique devienne constante et soit réduite au minimum endogène, l'équilibre azoté étant en outre réalisé. Le régime doit être maintenu tous les jours identique, qualitativement et quantitativement, c'est-à-dire comporter tous les jours exactement le même poids des mêmes aliments. On donne ensuite, pendant plusieurs jours, l'aliment à étudier, puis on revient, pendant un certain temps au régime antérieur. On dose tous les jours dans l'urine des vingt-quatre heures : 1º le total des purines ; 2º l'acide urique ; 3º la quantité d'acide urique susceptible de précipiter par l'acide chlorhydrique. *Dans ces conditions seulement*, on peut arriver à déterminer avec exactitude l'influence d'un facteur donné sur l'excrétion urique.

Ces conditions sont fastidieuses et difficiles à réaliser, mais je ne saurais trop le répéter, elles sont absolument indispensables. Faute d'avoir été observées, toutes les recherches anciennes et un trop grand nombre de récentes sont inutilisables.

Régime carné. — En appliquant cette méthode au régime carné, on constate qu'environ la moitié des purines de la viande et du poisson passe dans l'urine, augmentant énormément, de ce fait, l'excrétion urique qui passe de 300 milligrammes à 1^{gr},5 et davantage.

Lorsque la viande est introduite dans la ration, fait particulièrement remarquable, l'acide urique précipite très facilement, soit spontanément, soit par l'acide chlorhydrique. Enfin, la hausse de l'excrétion urique, immédiate après l'ingestion de la viande, persiste plusieurs jours après la suppression de cet aliment.

En résumé, la viande et le poisson engendrent une grande quantité d'acide urique précipitant facilement et difficile à éliminer.

Ceci tient, sans doute, à ce que la viande renferme naturellement une certaine quantité de purines libres; la cuisson met, en outre, en liberté une partie des purines qui étaient combinées à l'acide thyminique. C'est vraisemblablement cette portion de l'acide urique qui précipite facilement n'étant plus accompagnée de son dissolvant physiologique.

Légumineuses. — En expérimentant de la même façon rigoureuse avec des légumineuses (haricots) riches en purines, j'ai constaté également une notable augmentation de l'excrétion purique, portant principalement sur l'acide urique dont une fraction notable précipite alors facilement par les acides. *L'action des légumineuses est donc analogue à celle de la viande.*

Méthylxanthines. — Le café, le thé et le chocolat, riches en méthylxanthines (caféine, théobromine), doivent, *a priori*, augmenter fortement l'excrétion purique. C'est bien ce que montre l'expérience. Mais des recherches conduites suivant la méthode rigoureuse reconnue nécessaire ont fait découvrir plusieurs particularités inattendues. *Chez l'homme sain, au régime par ailleurs sans purines, le chocolat et le café augmentent l'excrétion des purines, mais diminuent l'excrétion de l'acide urique qui ne précipite plus par les acides.*

Le café et le chocolat empêchent même, parfois, la précipitation de l'acide urique avec des aliments la produisant d'ordinaire, tels que les légumineuses. La diminution de l'acide urique n'est pas due à une rétention dans l'organisme.

Action des œufs. — Les œufs ne contiennent pas de purines et malgré des affirmations contraires, les expériences de Hall, de Hess, de Schmoll et les nôtres ont montré qu'ils sont sans action sur l'excrétion urique *chez l'homme sain.* Ce résultat était d'ailleurs à prévoir, la vitelline de l'œuf, comme la caséine du lait, étant une para-nucléine dont les produits de dédoublement ne donnent pas de purines.

Précipitants et dissolvants. — Sous ces appellations on classe, les agents susceptibles de modifier l'excrétion urique en plus ou en moins. On considère comme des précipitants les acides minéraux, certains sels métalliques (de fer, de plomb, de mercure, d'argent, de cuivre, de manganèse, de lithium, de calcium), l'ammoniaque, les iodures, certains hyposulfites et diverses substances telles que l'opium, la morphine, la strychnine, la cocaïne, l'antipyrine.

Parmi les dissolvants on range généralement : les alcalins (à l'exception de l'ammoniaque et de la lithine), l'acide salicylique, les salicylates, le salol, la pipérazine, la quinine, la belladone, l'atropine, l'urotropine.

On peut constater expérimentalement l'action de ces divers agents sur l'excrétion urique. Quant à savoir s'ils agissent par voie de dissolution ou de précipitation comme le pense Haig, c'est une autre affaire ! La façon dont ces agents se comportent *in vitro* avec l'acide urique ne nous renseigne pas *a priori* sur leur action dans l'organisme. Ainsi les sels de lithine, excellents dissolvants de l'acide urique dans un tube à essai, paraissent plutôt en entraver la solution dans l'organisme.

Acides. — Avec l'acide formique, l'acide phosphorique, le chlorure de calcium, l'acide chlorhydrique, j'ai constaté une diminution notable des purines et de l'acide urique, le régime contenant ou non des purines.

Chez l'homme sain cette diminution n'étant suivie d'aucune augmentation compensatrice, même avec l'emploi de dissolvants, ne semble pas devoir être attribuée à une précipitation suivie de rétention dans l'organisme. L'excrétion urique se fait donc régulièrement *chez l'homme sain* et la rétention est un mythe.

Alcalins. — S'il en est bien ainsi, les dissolvants ne doivent avoir aucune influence sur un sujet au régime sans purines dont l'excrétion est réduite au minimum endogène.

C'est en effet ce que montre l'expérience. Dans ces conditions le bicarbonate de soude, même à la dose de 6 grammes par jour, n'a aucun effet marqué sur l'excrétion des xantho-uriques et de l'acide urique.

Acide thyminique. — Il en est de même du dissolvant physiologique qu'est l'acide thyminique. Chez l'homme sain, même lorsque le régime contient une petite quantité d'aliments riches en purines, on constate aussi un résultat identique. Tout récemment Duhamel (1) a confirmé ces expériences en montrant aussi que l'acide thyminique est sans action sur l'excrétion urique d'un sujet sain ayant un régime moyen, mi-carné, mi-végétarien.

Chez le goutteux, Schmoll, Fenner, Breton, Duhamel ont montré que l'acide thyminique augmente considérablement l'excrétion urique.

Salicylate de soude. — Parmi les dissolvants de l'acide urique le salicylate de soude a une action tout à fait particulière qu'il importe de connaître. A faible dose (1 à 2 grammes) *il diminue* fortement l'excrétion des purines et surtout de l'acide urique.

Cette diminution n'est suivie d'aucune augmentation compensatrice. A dose plus élevée (supérieure à 3 grammes), que le régime comporte ou non, des purines, il provoque une forte augmentation de l'excrétion urique, suivie d'une diminution compensatrice, de sorte que si l'on fait la moyenne de l'augmentation et de la diminution subséquente, on ne trouve pas une élimination totale supérieure à celle des jours précédents. Chez *l'homme sain* le salicylate provoque donc seulement une accélération passagère de l'excrétion urique et non une augmentation véritable de l'élimination.

Pipérazine. — Chez *l'homme sain*, aux doses de 1 à 4 grammes par jour, la pipérazine diminue très notablement l'excrétion urique et davantage encore celle des purines. Cet effet est même plus marqué au régime avec purines qu'au régime sans purines. Dans le cas considéré, cette drogue paraît donc loin de favoriser l'élimination urique.

Questions à élucider. — Même en ce qui concerne l'homme sain, nous voyons qu'un certain nombre de questions restent encore à élucider, indépendamment des processus de formation de l'acide urique dans l'organisme.

La question de l'acide urique dans le sang demande de nouvelles études. On sait que Haig base sa théorie de la collémie sur un état colloïdal que l'acide urique serait susceptible, d'après lui, de prendre dans le sang.

On n'a jamais encore vérifié expérimentalement la réalité de cette forme colloïde dans le sang humain.

Il y aurait lieu aussi de faire de nouvelles recherches sur l'acide thyminique afin de s'assurer si cet acide passe dans l'urine avec l'acide urique ou s'il en est séparé par le rein, ainsi que le pensent plusieurs auteurs.

Nous avons vu que les méthylxanthines, tout en diminuant l'acide urique, augmentent fortement les purines. Il serait intéressant de savoir sous quelle forme elles sont excrétées, dans quelles proportions, quelles modifications elles subissent et quel est le sort de la portion que l'on ne retrouve pas dans l'urine. Nos connaissances actuelles sont encore fragmentaires et insuffisantes.

(1) Duhamel : *L'acide thyminique (solurol) dans la thérapeutique des maladies goutteuses,* — Vigot, frères, 1909.

Les effets de la caféine et de la théobromine sont-ils identiques à ceux observés au régime végétarien lorsque le chocolat et le café sont associés à une diète fortement carnée ?

Il faudrait encore déterminer exactement la teneur en purines d'un grand nombre d'aliments avant et après la cuisson.

Pathologie de l'acide urique. — Le métabolisme du malade devant être différent de celui de l'homme sain on ne peut donc conclure *a priori* de l'un à l'autre. C'est ce que nous montre d'ailleurs l'expérimentation dans le cas du goutteux chez lequel l'acide thyminique, sans action sur l'homme bien portant, provoque une forte décharge urique. D'après Schmoll, le goutteux fabrique synthétiquement de l'acide urique aux dépens des paranucléines (caséine) qui sont sans action sur l'excrétion urique de l'homme sain. Il faudrait voir si les œufs n'ont pas aussi le même inconvénient chez l'uricémique.

Récemment Labbé et Hancu ont montré que l'excrétion des purines et de l'acide urique chez le goutteux saturnin se fait d'une façon anormale.

Il importerait donc de reprendre toutes ces questions dans les différentes diathèses par les méthodes rigoureuses de la physiologie, en ne perdant pas de vue qu'une analyse d'urine isolée n'a aucune signification et qu'on ne peut obtenir de résultats utilisables si le régime alimentaire n'est pas exactement déterminé et maintenu identique pendant une expérience de longue durée.

APPLICATIONS PRATIQUES

Si la pathologie de l'acide urique est encore insuffisamment connue et si l'on ne peut appliquer aux malades toutes les conclusions valables pour l'homme sain, il n'en est pas moins certain qu'il est absolument indiqué de supprimer complètement tout apport d'acide urique exogène dans les maladies relevant de la diathèse urique.

L'alimentation sans purines est le régime de choix des uricémiques. — Le lait, le fromage, le beurre, les œufs, les céréales et leurs dérivés (pain, biscuits, farines, pâtes), les fruits, les légumes et en général tous les aliments végétaux, sauf les quelques exceptions déjà signalées (légumineuses, champignons, asperges) offrent des ressources variées pour composer un régime sans purines adapté rationnellement aux facultés digestives de chaque sujet.

On ne devra pas oublier, cependant, que le goutteux peut fabriquer synthétiquement de l'acide urique aux dépens des albumines et para-nucléines, il sera donc prudent de réduire le plus possible l'azote de sa ration.

En ce qui concerne l'homme sain la réduction des purines alimentaires exerce une action favorable sur la résistance à la fatigue et sur le rendement en travail physique et intellectuel.

Cependant, dans bien des cas, le régime *strictement sans purines* est insuffisamment excitant pour un homme actif, bien portant et inférieur au régime végétarien ordinaire. L'usage *modéré* du thé, du café ou du chocolat paraît plus favorable que nuisible au végétarien en bonne santé. Il n'est pas du tout prouvé qu'il en soit de même au régime carné.

L'assainissement d'une grande ville.

M. E. Rolants,

Chef de Laboratoire à l'Institut Pasteur, Lille.
Auditeur au Conseil supérieur d'hygiène publique de France.

Les Congrès provinciaux ont cet avantage de proposer à la discussion des questions intéressant soit la région, soit la ville qui en est le siège. Déjà aux réunions antérieures de l'Association française pour l'Avancement des Sciences, la section d'hygiène avait été saisie de ces questions. M. le professeur Maurel, le président actuel de cette section, a bien voulu nous charger d'exposer, dans un rapport devant servir de base à la discussion, comment on pouvait réaliser l'assainissement de Toulouse. Nous l'en remercions vivement ainsi que M. le Dr Chabaud, directeur du Bureau d'hygiène qui nous a prodigué les documents et renseignements qui nous ont facilité notre tâche.

Toulouse est une ville importante non seulement par le nombre de ses habitants, 149.438 ce qui la classe la sixième de France, mais aussi par son activité industrielle et commerciale, malheureusement elle ne présente pas un état sanitaire irréprochable. La statistique publiée par le Ministère de l'Intérieur pour 1908 donne les nombres suivants :

	NAISSANCES	DÉCÈS
	par 1.000 habitants.	
Paris (2.722.731 habitants)	18,7	17,7
Villes de plus de 100.000 habitants (moyenne)	20,7	21,2
Toulouse	18,2	23,1

Parmi les villes ayant plus de 100.000 habitants, si on en exclut les deux ports de Toulon et Marseille, c'est Toulouse qui a fourni le plus grand nombre de cas de fièvre typhoïde, 51, pendant cette même année.

D'après *MM. Macé et Imbeaux, l'Hygiène et la Salubrité générales des collectivités urbaines et rurales,* « d'une façon générale, on peut dire que ce sont les nombreux déchets de la vie et de l'activité humaine qui déterminent, dans toutes ces agglomérations, les causes d'insalubrité. Ces déchets vicient l'atmosphère, polluent le sol, contaminent directement ou indirectement les eaux; ils modifient d'une façon spéciale, défavorable, le milieu urbain constitué, qui peut déjà se ressentir de conditions plus ou moins mauvaises résultant de la situation, du climat de la ville. »

A Toulouse, comme encore dans bien des villes de France, les égouts ne servent qu'à l'évacuation des eaux pluviales et des eaux ménagères et industrielles, tandis que les excreta humains ou animaux sont reçus dans des fosses fixes attenantes à chaque maison. Ce voisinage immédiat de matières de putréfaction, qui dégagent toujours des odeurs malsaines, est encore rendu plus dangereux par la contamination fréquente du sous-sol, car si certaines fosses sont plus ou moins étanches, la plupart sont intentionnellement transformées en puisards qui permettent l'absorption des matières par le sol.

Aussi la municipalité, voulant appliquer le principe hygiénique que tous les déchets de la vie doivent être évacués le plus rapidement possible, sans séjourner ni fermenter dans les maisons, a-t-elle ouvert en 1906 un concours pour l'assainissement de la ville. Les articles principaux du programme étaient les suivants :

ART. 2. — L'attention des concurrents est toutefois appelée sur ce fait que, par suite des dispositions défectueuses des égouts existants, du défaut de pente de la ville, de l'absence, dans la banlieue de Toulouse, de champs d'épandage suffisants et convenablement situés, par suite aussi de la difficulté de se procurer en abondance l'eau nécessaire à la dilution des matières, le système du tout-à-l'égout unitaire avec champs d'épandage, tel qu'il est appliqué à Paris, dans la presqu'île de Gennevilliers, semble devoir se heurter à des difficultés particulières.

ART. 3. — . . . .

Les projets devront être conçus de manière à utiliser, partout où cela sera possible, tout au moins pour l'évacuation des eaux pluviales, les égouts existants. Ces égouts, dont l'étanchéité est sur beaucoup de points imparfaite, ne devront, en aucun cas, recevoir les produits des fosses d'aisances.

. . . .

ART. 4. — L'entreprise a pour objet :

1º De prendre à domicile et de recevoir dans des conduites souterraines étanches, pour les amener au dehors dans une usine où elles seront traitées, soit par des procédés mécaniques, soit par des procédés chimiques, soit par des procédés biologiques, soit par des systèmes mixtes comportant une combinaison judicieuse et rationnelle de ces différents procédés, non seulement toutes les eaux ménagères, mais encore tous les produits des fosses d'aisances, et généralement toutes les eaux souillées, à quelque titre et de quelque manière que ce soit;

2º De restituer à la Garonne, en aval de la Chaussée de Bazacle, ces eaux complètement débarassées de tous germes pathogènes et ne contenant pas un nombre de bactéries non pathogènes supérieur à celui que les analyses microbiologiques permettent de découvrir dans les eaux de la Garonne puisées au pont d'Empalot;

3º De traiter, par le procédé le mieux approprié aux circonstances locales, les boues provenant de l'épuration des eaux usées;

4º De conduire directement à la Garonne les eaux des pluies, ainsi que les eaux industrielles préalablement traitées.

La Commission chargée d'examiner les projets présentés au concours n'en retint aucun pour des raisons diverses qu'il serait trop long d'énumérer, et déclara qu'il n'était pas douteux qu'une étude sur place permettrait d'établir un projet définitif.

Les concours, tels que celui qui a été ouvert par la municipalité toulousaine ne peuvent facilement aboutir, car l'étude de l'assainissement d'une ville de cette importance est longue et demande le concours d'hommes compétents, ingénieurs et hygiénistes, dégagés de toute préoccupation de faire prévaloir un système dont ils sont les inventeurs ou les exploitants. De plus les industriels, qui désirent concourir, ne peuvent pas toujours engager les dépenses de temps et d'argent nécessaires pour l'établissement d'un projet.

Il serait préférable, comme l'ont déjà compris certaines municipalités, de demander à quelques ingénieurs et hygiénistes indépendants de se charger, avec bien entendu le concours constant des services municipaux, de tracer un travail d'ensemble de l'assainissement. Ce programme arrêté faciliterait la tâche des industriels appelés ensuite à concourir et leur permettrait d'établir des plans et devis définitifs qui donneraient à la municipalité une idée nette des sacrifices qu'elle doit s'imposer.

Toulouse possède actuellement un peu plus de 42 kilomètres d'égouts, dont un quart en médiocre ou mauvais état. Dans les articles 2 et 3 du programme de concours, la municipalité indique que ces égouts devront servir à l'évacuation des eaux pluviales. Il ne semble pas qu'on doive y admettre les eaux industrielles car, à l'exception des eaux de condensation ou de réfrigération, la plupart de ces eaux, bien que ne pouvant être suspectées de renfermer des germes pathogènes, sont très souillées. Comme il n'existe pas d'industries rejetant des eaux résiduaires d'une composition capable de compromettre une méthode d'épuration, il serait préférable de recevoir ces eaux industrielles dans le réseau-vanne.

Le choix du système séparatif qui a reçu l'approbation de la commission du concours, s'impose à Toulouse, par suite principalement du défaut de pente de la ville, ce qui oblige au moins pour une partie du territoire à relever les eaux pour les conduire à l'usine d'épuration, et aussi en raison de l'utilité incontestable de cette épuration avant le rejet au fleuve.

Les égouts existants, servant à l'évacuation des eaux pluviales, doivent aussi servir à l'assainissement. Ils seront aménagés de telle sorte qu'ils puissent abaisser et maintenir le niveau de la nappe souterraine à une hauteur suffisante au-dessus de la surface, de manière à éviter une trop grande humidité dans les murs des habitations et une invasion de l'eau dans les caves. Cette précaution est indispensable à Toulouse, où le sol est très argileux, et où les inondations sont à craindre par les grandes crues de la Garonne.

Le réseau-vanne doit toujours être de faible section et établi de telle sorte que les liquides y circulent rapidement sans stagnation. Des chasses périodiques doivent balayer toutes les canalisations et des regards fréquents, tous les 50 mètres au maximum, doivent permettre de les visiter. Il y a lieu d'y prévoir une bonne ventilation et des dispositifs capables d'empêcher le reflux des odeurs dans les habitations.

Il existe de nombreux systèmes de relèvement des eaux, leur étude nous entraînerait hors du cadre d'un rapport, du reste leur choix est dépendant plutôt des questions économiques que des questions hygiéniques.

Épuration. — Dans les *Instructions générales relatives à la construction des égouts, à l'évacuation et à l'épuration des eaux d'égout* élaborés par *MM. Masson* et le *Dr A. Calmette* et approuvées par *le Conseil Supérieur d'Hygiène publique de France*, nous trouvons : « Il n'est pas admissible qu'une ville puisse souiller d'une manière quelconque les cours d'eau qui la traversent ou qui coulent dans son voisinage.

» Il faut que, tenant compte des circonstances et des dispositions spéciales à chaque localité, les autorités sanitaires n'exagèrent pas les difficultés du problème à résoudre et sachent se borner à exiger que les eaux usagées soient rendues imputrescibles aux nappes souterraines ou aux cours d'eau. Il serait évidemment déraisonnable d'imposer aux municipalités l'obligation de rendre aux rivières ou aux fleuves une eau plus pure que celle qu'on peut leur emprunter.

» Quel que soit le procédé employé, on peut admettre que l'épuration est satisfaisante et que l'eau traitée peut être évacuée sans inconvénients quand elle ne renferme aucune matière en suspension susceptible de se déposer sur les bords ou dans le lit des rivières, ni aucune matière en solution capable, soit de fermenter en dégageant des gaz nauséabonds, soit d'intoxiquer les êtres vivants, animaux ou végétaux. »

La ville de Toulouse doit rejeter ses eaux épurées dans la Garonne ; les 20.000 mètres cubes d'eaux se dilueront alors dans un volume considérable. Le débit minimum du fleuve étant de 3.024.000 mètres cubes par jour, la dilution sera de cent cinquante fois et par débit moyen de 6.912.000 mètres cubes par jour elle sera portée à trois cent quarante cinq fois.

Cette situation très favorable est malheureusement diminuée par ce fait que des villes très proches en aval (Blaganac à 6 kilomètres) s'alimentent avec les eaux de la Garonne. Il est donc indispensable de pousser l'épuration aussi loin que possible pour que la composition des eaux du fleuve à l'arrivée à Blaganac soit sensiblement la même que celle des eaux en amont de Toulouse.

Les données du problème étant posées voyons quels procédés d'épuration peuvent être proposés pour les eaux d'égout de Toulouse.

On peut dire qu'actuellement seules les *méthodes biologiques (naturelles ou artificielles)*, permettent d'obtenir une épuration satisfaisante, l'emploi des moyens mécaniques ou des réactifs chimiques n'étant plus considérés que comme des traitements préliminaires.

En effet la minéralisation de la matière organique des eaux d'égout, c'est-à-dire sa destruction pour obtenir une eau épurée imputrescible, est naturellement l'œuvre des microbes qui sont chargés de remettre en circulation les éléments combinés dans les déchets de la vie.

Les eaux d'égout forment un milieu contenant les matières organiques les plus diverses, depuis les plus complexes, voisines de l'état vivant, jusqu'aux plus simples. Le rôle des microbes dans la nature est de détruire ces matières organiques, et, pour cela, il faut l'action successive et pratiquement simultanée d'une infinité d'espèces. Les uns commencent la dégradation, les autres la continuent, et, de proche en proche, on arrive à la production d'éléments simples ou de combinaisons que nous sommes habitués à classer parmi les composés minéraux. Les substances solubles deviennent de suite la proie des microbes; celles qui sont insolubles doivent d'abord se dissoudre sous l'action des diastases sécrétées par les ferments qui s'y implantent.

Les substances ternaires, telles que la cellulose, les sucres, etc., sont brûlées intégralement et donnent de l'acide carbonique et de l'eau. Des transformations analogues s'accomplissent pour les matières azotées et les derniers termes sont l'azote, l'ammoniaque et l'acide carbonique. Mais ici la transformation va plus loin, de nouvelles espèces de microbes oxydent l'ammoniaque pour former l'acide nitrique.

Tous les microbes capables de concourir à l'épuration se trouvent normalement dans les eaux d'égout, aussi tous les efforts doivent tendre à les mettre dans les conditions les plus favorables à leur action.

La *méthode biologique naturelle* est ordinairement appelée *épandage* et mieux *irrigation terrienne* ou *irrigation culturale*. Si on peut obtenir l'épuration sur la plupart des sols, il en est relativement peu qui peuvent être pratiquement employés dans ce but. La matière organique des eaux d'égout doit être complètement retenue dans les couches superficielles, le sable la laisse trop facilement passer, l'argile qui la retient bien est imperméable à l'eau. Il faut donc que le sol soit composé de sable et d'argile, ou de calcaire et d'argile, ou encore de sable et d'humus. Il faut aussi pour que la minéralisation de cette matière organique soit rapide, qu'elle soit placée dans un milieu meuble et bien aéré, pour que les microbes y trouvent toujours un grand excès d'oxygène. L'eau doit s'écouler assez rapidement pour que les terres ne soient jamais immergées, aussi est-il toujours indispensable de les drainer soigneusement.

Les doses d'irrigations sont donc très variables suivant les terrains, ce qui explique pourquoi la dose légale annuelle dans les domaines de la ville de Paris est de 40.000 mètres cubes par hectare, tandis qu'elle n'est en Allemagne et en Angleterre que de 12 à 15.000 mètres cubes. Ces doses varient aussi dans des proportions considérables avec la culture et M. Vincey a montré que les prairies permanentes peuvent recevoir quatre fois la dose légale tandis que les pommes de terre ne peuvent en recevoir que la moitié et les asperges le quart.

Il ne semble pas que l'épandage soit applicable aux eaux d'égout de Toulouse, car ainsi que le fait pressentir l'article 2 du programme du concours son application se heurterait à des difficultés particulières. L'opinion de MM. Imbeaux et Launay, qui, lors de ce concours, ont pu s'en rendre compte sur place, est que les terrains de la vallée de la Garonne sont trop argileux.

Il serait peut-être possible de trouver à une assez grande distance de la ville des terrains propices, mais alors les longues canalisations et les dépenses consécutives de pompage ne seraient-elles pas prohibitives ?

Il faut ajouter qu'un traitement préalable, tel que le dégrossissage par des filtres, permet dans tous les cas d'élever d'une façon très importante la dose d'irrigation et ainsi en faciliter l'opération.

Les difficultés de l'épandage des eaux d'égout et l'étude des transformations qui s'accomplissent alors dans le sol ont conduit à rechercher les moyens capables d'obtenir l'épuration sans être sous la dépendance des situations locales, et de diminuer autant que possible les surfaces nécessaires ; de là sont nés les *méthodes biologiques artificielles.*

L'épuration des eaux d'égout comprend deux phases : dans la première on en sépare les matières en suspension, dans la seconde, ou épuration proprement dite, on détruit la matière organique en solution.

Déjà dans l'épandage les boues causent un embarras, car elles colmatent la surface du sol qui ne se laisse plus traverser par l'eau et on est obligé par des labourages de briser cette enveloppe.

Dans les méthodes biologiques artificielles on a employé divers procédés pour l'élimination des boues, ce sont : la décantation, la précipitation chimique et la fosse septique.

La *décantation,* soit par repos, soit par écoulement continu ralenti, a le grave inconvénient de donner des boues en voie de décomposition et par suite très désagréables à manier et à transporter. On peut faire le même reproche au dégrossissage obtenu par les filtres à gravier.

La *précipitation chimique* facilite beaucoup le dépôt des matières en suspension et de plus entraîne certaines matières colloïdales organiques. Mais, si elle donne les meilleurs résultats avec les eaux résiduaires industrielles de composition constante, il n'en est pas de même avec les eaux d'égout de villes. La composition de ces dernières est extrêmement variable dans le cours d'une journée et la précipitation pour être bonne doit être produite par une dose de réactif chimique en proportion donnée avec la quantité de matière à précipiter ; il ne paraît pas qu'il existe actuellement un dispositif permettant d'obtenir ce résultat.

La *fosse septique* a d'abord pour rôle de permettre la décantation des matières en suspension, par le ralentissement de l'écoulement de l'eau dans cette fosse. Les boues qui s'accumulent au fond ou à la surface de ces fosses fermentent. Sous l'influence des microbes et des diastases qu'ils sécrètent une partie plus ou moins importante de la matière organique de ces boues se dissout et se gazéifie. Après un certain temps de séjour, les boues des fosses n'ont plus le même aspect et elles sont devenues imputrescibles. On a l'avantage de diminuer le poids des boues à évacuer, 20 0/0 au minimum et souvent beaucoup plus avec le système séparatif, et de faciliter leur manipulation car elles ne sont plus offensives, aussitôt égouttées elles se dessèchent facilement sans dégager aucune odeur.

L'épuration proprement dite s'opère dans les lits bactériens. Ce sont des sols artificiels qui doivent être composés de matériaux à surface aussi tourmentée que possible, entre lesquels l'air puisse circuler abondamment. L'explication du mécanisme de l'épuration est la suivante : Lorsque l'eau, après un traitement préalable qui lui a enlevé toutes les matières en suspension, est déversée en petite quantité sur ces lits, elle ruisselle à la surface des matériaux sur lesquels se fixent à la manière d'une teinture les matières organiques solubles qu'elle contient. Ces matières organiques, lorsque l'eau s'est écoulée, sont la proie de très nombreuses espèces de microbes qui, avec l'aide de l'oxygène de l'air, la brûlent et il ne reste plus comme produits ultimes que l'acide carbonique, l'azote et l'eau, et, comme témoins, les nitrates et nitrites. Une nouvelle venue d'eau entraîne ces produits en abandonnant en échange la matière organique.

Pour que l'épuration soit parfaite il faut que les périodes de déversement d'eau sur les lits soient réglées de telle façon que pendant les périodes d'aération les microbes puissent agir complètement. Ceci amène à proportionner l'importance des lits bactériens à la pollution de l'eau. Pour une eau d'égout de composition moyenne, on sait actuellement qu'on peut obtenir une bonne épuration en traitant un mètre cube d'eau par mètre carré de lit bactérien à percolation de $1^m,50$ de hauteur minimum, par vingt-quatre heures. Mais comme pendant certaines heures, à moins de prévoir des appareils régulateurs de débit, l'afflux d'eau est plus important, on doit se régler sur l'heure la plus chargée et construire des lits en conséquence. Il peut être aussi avantageux de créer des bassins régulateurs.

La répartition de l'eau à la surface des lits est un problème assez délicat à résoudre, car tous les systèmes employés actuellement ont leurs avantages et aussi leurs inconvénients. Les appareils rotatifs, sprinklers ou tourniquets hydrauliques, permettent une assez bonne épuration, mais ils sont très coûteux, d'un mécanisme assez délicat; ils cessent de fonctionner lorsque le vent est contraire ou lorsque le débit est très faible, à moins d'être munis de réservoirs de chasse. Les appareils construits sur le principe de la roue hydraulique donnent une répartition peut-être meilleure, mais ils sont aussi très coûteux; ils cessent de fonctionner par les faibles débits ou lorsqu'un obstacle vient à se produire sur le trajet de la roue directrice, aussi certains de ces appareils (par va-et-vient) sont-ils reliés à une force motrice. Le dispositif adopté à la station de La Madeleine est plus simple : il se compose de réservoirs de chasses avec des tuyaux en fonte perforés de distance en distance de trous à 45 degrés; la répartition est suffisante et les trous se bouchent rarement. On obtient encore de bien meilleurs résultats en munissant les tuyaux en fonte, de becs pulvérisateurs; il est indispensable alors de disposer d'une certaine pression qui est quelquefois coûteuse à obtenir; il faut signaler aussi que les becs doivent être souvent nettoyés.

Quel que soit le dispositif adopté, si le projet a été bien étudié, on peut obtenir une épuration aussi bonne qu'on peut le désirer pratiquement comme il a été dit plus haut.

On a reproché aux procédés biologiques artificiels, et aussi souvent à l'épandage, de fournir des effluents peu épurés bactériologiquement, car ils contiennent encore un grand nombre de germes. Il serait remarquable que des microbes, tels des acteurs dans une comédie, disparaissent aussitôt après avoir rempli leur rôle. On semble aussi oublier les phénomènes d'autoépuration qui se produisent dans les rivières et les fleuves aux dépens des eaux d'égout brutes. Il y a cependant tout lieu de penser, et c'est ce qui se passe dans la pratique, que dans une eau épurée ensemencée des germes ayant accompli l'épuration, celle-ci s'achèvera rapidement, et qu'ensuite, tout aliment ayant disparu, les microbes cesseront de se reproduire et disparaîtront eux aussi.

A quelle distance du point de déversement ce résultat est-il atteint? C'est ce qu'il n'est pas possible d'indiquer, car une foule de facteurs interviennent : pollution antérieure de l'eau du fleuve, débit, vitesse de l'eau, etc. Dans le cas de Toulouse, il existe à proximité en aval des villes s'alimentant en eau dans la Garonne. Il faut d'abord remarquer qu'une eau de fleuve doit toujours être considérée comme suspecte, car elle est exposée à toutes les souillures, aussi doit-on toujours la purifier. La ville de Toulouse rejette actuellement ses eaux d'égout au fleuve, comme on sait, par exemple, que les urines peuvent renfermer le bacille typhique, il y a de grandes chances pour que ce bacille se soit trouvé déjà dans la Garonne.

On peut cependant se mettre à l'abri de ce reproche, car de nombreuses expériences faites aux États-Unis ont montré que l'addition de quelques milligrammes de chlore par litre d'eau épurée, avec un temps d'action déterminé, permet d'obtenir une eau pratiquement stérile, c'est-à-dire ne contenant plus qu'un petit nombre de germes saprophytes assez résistants, comme le bacillus subtilis, et en tout cas infiniment moins peuplée que l'eau du fleuve.

Conclusions. — L'assainissement de la ville de Toulouse peut être réalisé de la façon suivante :

Le réseau d'égouts actuel recevra uniquement les eaux de pluies et de fonte des neiges à l'exclusion de toute eau ménagère, industrielle ou de latrine publique ou privée. Il sera aménagé de façon à effectuer le drainage du sous-sol.

Un réseau-vanne sera créé de toutes pièces pour l'évacuation de toutes les eaux polluées, eaux ménagères, eaux industrielles, matières de vidange. Il sera établi par sections de façon à utiliser les pentes naturelles lorsqu'elles seront suffisantes et à éviter de relever un trop grand volume d'eau pour le conduire à l'usine d'épuration. Les égouts seront bien ventilés et pourvus de dispositifs pour éviter le reflux des odeurs dans les habitations. Ils seront balayés à des intervalles suffisamment rapprochés par des chasses de façon à ce qu'il ne s'y produise de stagnation ou dépôt en aucun point.

L'usine d'épuration sera située dans un quartier peu peuplé, et à une certaine distance des habitations. Le terrain choisi aura une superficie permettant de prévoir une extension de l'installation en rapport avec l'accroissement de la population. Il sera utilement entouré de plantations d'arbres à feuillage persistant.

L'épuration des eaux d'égout sera effectuée suivant les méthodes biologiques artificielles, c'est-à-dire par fosses septiques et lits bactériens à percolation. Les fosses septiques seront en nombre suffisant pour que certaines d'entre elles puissent être mises hors service pendant les périodes de dragage des boues sans qu'il s'ensuive aucune interruption d'opération. S'il est reconnu utile de les couvrir, il est indispensable que cette couverture ne puisse être un obstacle ou une gêne à l'enlèvement facile des boues. Il y a lieu de prévoir une surface de terrain suffisante pour l'égouttage et le séchage des boues. Elles pourront alors être brûlées, mélangées aux gadoues de ville.

Les lits bactériens seront construits en matériaux présentant la plus grande surface possible et peu sensibles aux influences atmosphériques, c'est-à-dire ne s'effritant que très difficilement. Il faudra régler le choix des appareils de répartition des eaux sur les lits, sur le prix de ces appareils et surtout sur leur robustesse et leur facile entretien, il se portera principalement sur les dispositifs les plus simples.

Si la stérilisation des effluents épurés paraît indispensable, il suffit de recevoir ces effluents, additionnés d'une proportion convenable d'une solution de chlorure de chaux, dans une fosse qui soit de capacité suffisante pour les retenir pendant deux heures à l'heure la plus chargée de la journée. Cette opération pourrait n'être faite qu'à certaines époques de l'année ou lorsqu'il se sera déclaré des maladies infectieuses comme la fièvre typhoïde.

De la Méthode en Éducation physique par le mouvement discipliné.

M. le Docteur Philippe Tissié, de Pau.

Président-fondateur de la Ligue Française de l'Éducation physique,
Lauréat de l'Institut (Académie des Sciences),
de l'Académie de Médecine, etc.

Peu de questions ont soulevé autant de discussions que celle de l'éducation physique. Celle-ci est à l'ordre du jour depuis cent ans. Elle n'est pas encore résolue, bien qu'à l'heure actuelle on approche de la solution. Mais que de divergences de vues ! Tout le monde est d'accord sur le principe. Il y a quelque chose à faire, la natalité décroît, il semble qu'un besoin impérieux, oblige le français au repos, dans l'indifférence et l'égoïsme. Il n'en est rien pourtant, notre race possède des forces en réserve. Ces forces elle les extériorise de diverses manières. Une de ces manifestations est le mouvement physique.

Depuis quelques années la France s'intéresse à ses champions de gymnastique et d'athlétisme. Une bibliographie copieuse et une presse spéciale et à grand tirage tiennent quotidiennement au courant une population sportive qui grandit de plus en plus.

Des mœurs nouvelles sont nées, faites d'actions viriles, accomplies au plein air, sur les routes, sur les pistes, sur les pelouses, sur les cours d'eaux, dans les montagnes, dans les airs nouvellement conquis par le Français du XXe siècle.

L'exemple est contagieux, les nouvelles générations désertent le café pour le plein air. Elles adoptent des systèmes d'entraînement, la plupart empiriques ; mais ce souci de soumettre son corps à des règles, et de discipliner sa volonté pour un but à atteindre, est un indice précieux. Il est révélateur d'une vie nouvelle qui s'affirme par l'acte physique, souvent douloureux, toujours impérieusement imposé par le besoin d'affirmation du « moi ». Si donc tout le monde est d'accord sur le principe : que le relèvement de la race dépend en grande partie de son éducation physique ; si un grand mouvement entraîne les nouvelles générations vers cette éducation, comment se fait-il qu'on discute, qu'on dispute encore avec autant d'ardeur et quelquefois même, d'acrimonie ?

C'est que, sous une forme qui de prime abord paraît très simple et élémentaire, l'éducation physique est une science très complexe et d'autant plus difficile à connaître que chacun croit la posséder ; et, la possédant, veut l'imposer à autrui. A y regarder de plus près on constate que chacun possède une part de la vérité, mais pas la vérité tout entière. Chacun amplifie la part qui répond à ses besoins, à ses goûts, à son éducation, aux tendances de sa mentalité psycho-dynamique. Ainsi se groupent des mentalités semblables d'où les divers clans, les nombreuses écoles. Il arrive donc qu'avec la meilleure bonne foi du monde, mais par le grossissement d'une part de la vérité on se condamne à l'erreur. Sans vouloir pousser les choses au pire mais pour bien me faire comprendre je dirai que nous nous trouvons en présence du phénomène de psychologie, connu, en maladies mentales, sous le nom de « délire d'interprétation ».

CAUSES QUI ONT RETARDÉ L'ÉVOLUTION DE L'ÉDUCATION PHYSIQUE

Les causes qui ont retardé l'évolution de l'éducation physique sont nombreuses. En voici quelques-unes :

— La première est l'*automatisme* humain. Dès que l'homme a aiguillé sur une voie il lui est pénible de revenir en arrière pour repartir. Il doit alors reconnaître son erreur. L'amour-propre et l'orgueil entrent en jeu, et l'entourage aidant, on poursuit la route, fût-elle sans issue. Savoir reconnaître son erreur est la part du sage, combien d'hommes sont peu sages !

Le grand coupable en cette affaire a été l'œil.

L'œil est un organe inférieur, captif de l'illusion. Il est allé automatiquement aux gestes qui l'attiraient le plus, d'où l'intérêt de la foule, qui ne raisonne pas, pour les exhibitions de gymnastique dans lesquelles plusieurs milliers de bras ou de jambes fonctionnent en même temps, au son rythmé de la musique. La foule réclama l'illusion, elle trouva pour la servir des « illusionnistes » de réelle valeur. L'illusion se répétant, une mentalité spéciale a été créée, par l'œil lui-même, à la fois dupeur et dupé. L'œil a vu des muscles s'hypertrophier par certains mouvements, soulever des poids lourds, abattre un homme d'un seul coup de poing, etc., il est allé directement et automatiquement aux muscles, la seule chose qu'il voyait sans jamais aller plus loin, à l'intérieur du corps, pour constater la répercussion de tels actes sur les grandes fonctions biologiques.

Il accepta ces actes comme rationnels, il les imposa, il les impose encore, puisqu'il accorde la plus grande importance *aux* mouvements. C'est là précisément qu'est l'erreur. Il ne faut pas confondre *les* mouvements avec *le* mouvement, pas plus qu'on ne confond *les* hommes avec *l'*homme.

En gymnastique rationnelle il n'y a pas *des* mouvements, il n'y a que *du* mouvement. L'œil a imposé *les* mouvements, la raison impose *le* mouvement.

— La deuxième des causes est toute à l'honneur de l'homme, c'est ce que j'ai appelé l'*ego-altruisme*, c'est-à-dire le sentiment altruiste qui nous pousse d'instinct à vouloir le bien de notre semblable jusqu'à lui imposer un acte qui nous a été salutaire. D'où les remèdes de bonne femme. Tel exercice physique par exemple a fait du bien à tel sujet ou à telle catégorie de sujets pareillement constitués anatomiquement, et cet exercice est aussitôt imposé comme étant le meilleur par cette catégorie de sujets, voilà pourquoi les « bras de leviers courts », c'est-à-dire les hommes petits et bien râblés ont imposé les exercices de force auxquels ils peuvent mécaniquement et anatomiquement se livrer sans grand danger, pendant que les « bras de leviers longs », c'est-à-dire les hommes élancés et sveltes, avec longs segments ont préconisé les exercices de vitesse auxquels ils sont adaptés par leur structure anatomique même.

— Le costume habillé tel que nous le portons est encore une des causes d'erreur. Si l'homme pratiquait les mouvements physiques nú, s'il revenait au γυμνοσ des Grecs, il constaterait *de visu* les déformations de son corps, il y remédierait, empiriquement. Il n'est pas de palefrenier qui ne connaisse la valeur d'un cheval par sa simple inspection, il n'en serait pas de même si on habillait les chevaux. Le médecin seul peut deviner ce qui doit se passer sous les habits et encore faut-il que ce médecin soit compétent dans les choses physiques ce qui n'existe pas encore puisque aucun cours d'éducation physique n'est professé dans les Facultés de médecine. Ce que le médecin sait aujourd'hui, en France, il l'a appris par lui-même et généralement sur lui-même d'où un ego-altruisme d'autant plus dangereux qu'il vient d'un homme de l'art.

Autre cause. — On critique le jeune philosophe péripatéticien qui se promène dans la cour du collège au lieu de s'amuser comme au jeune âge. On critique également les pédagogues qui jusqu'à ce jour se sont désintéressés de la question physique. Cette critique a une excuse dans une cause psycho-dynamique. Cette cause est l'antagonisme profond qui existe entre la *cérébration* et la *musculation*; entre *l'attention* et la *respiration*.

« A attention forcée, respiration atténuée; à respiration forcée, attention atténuée ».

L'influx nerveux ne peut aller à la fois, avec un égal débit, au cerveau, pour la cérébration, et aux muscles pour la musculation.

Seule, une méthode rationnelle d'entraînement physique peut répartir posologiquement ce débit d'après les besoins et d'après les moments de chaque sujet. La pédagogie livresque que nous subissons avec le « mot » qui a plus de valeur que « l'acte » crée des tendances en faveur du débit de l'influx nerveux dirigé vers la cérébration; elle oublie ou plutôt elle ignore la nécessité de rétablir l'équilibre en répartissant ce débit à la musculation, c'est-à-dire à la respiration puisque l'acte respiratoire est en raison directe de l'acte musculaire. Voilà pourquoi les pédagogues obéissant aux tendances établies depuis longtemps, considèrent comme mauvais tout ce qui contrarie ces tendances, c'est-à-dire les exercices physiques.

Les péripatéticiens grecs qui unissaient le mouvement à la pensée par la marche, établissaient ainsi l'équilibre entre la *cérébration* et la *musculation* par un *petit travail musculaire des jambes* dégageant le cerveau.

Cependant sous la poussée des sports une réaction s'est produite et quelques pédagogues encore clairsemés accordent une attention bienveillante aux sports.

Mais ici nouvelle erreur, beaucoup oublient que les fatigues *s'additionnent* au lieu de se *soustraire*, et qu'à cerveau fatigué par la cérébration intellectuelle il ne faut pas ajouter l'irritation du système nerveux par la musculation physique des sports trop violents.

L'avertissement fut donné en 1894 à notre Congrès de Caen, par M. le docteur Le Gendre.

— Une autre cause encore fait les pédagogues se désintéresser de l'éducation physique; c'est la violence et l'incohérence de la gymnastique de suspension aux agrès de la gymnastique allemande que nous devons au Prussien Jahn. Elle fut introduite en France par le Suisse Clias et popularisée par l'Espagnol Amoros, c'est pourquoi cette gymnastique est dite « française ». La devise de Jahn était « *Vive qui peut vivre* ».

Sa gymnastique a donc un principe combattif. Elle fut créée en effet après les désastres de la Prusse, à Iéna. Cette gymnastique n'est pas de la gymnastique au vrai sens du mot, c'est du *sport aérien, à poids lourd,* le pire de tous les sports pour l'homme parce que l'homme est un *marcheur* et non un *voilier* ou un *grimpeur.*

Cette gymnastique violente les lois de la biologie humaine, elle ne peut donner que de mauvais résultats. On ne lutte jamais en vain contre la Nature. C'est pourquoi seuls les sujets *jeunes,* aux bras de leviers courts pouvant produire de la force s'y entraînent. L'agrès de suspension établit la sélection, il garde pour lui les sujets petits et trapus ; il repousse les sujets allongés et grands. C'est pourquoi on ne voit que des gymnastes de petite taille, au buste épais, aux jambes frêles, dans les défilés des Sociétés de gymnastique, imposant les agrès de suspension : trapèze, anneaux, barres fixes, etc. Les gymnastes de taille élevée y sont rares. Quant aux pédagogues ayant déjà subi « les affres » provoquées par les mouvements de suspension au cours de leur scolarité, ils les évitent à leurs élèves avec d'autant plus de raison que les méthodes de gymnastique imposées jusqu'à ce jour dans les programmes officiels ne donnent pas satisfaction à leur esprit critique. Nos règlements d'éducation physique sont défectueux, incomplets, la longueur des considérations biologiques, les truismes, le verbiage, les phrases creuses, les mots sans valeur font regretter l'absence de toute précision.

La méthode allemande appliquée par de braves gens assurément, mais de culture intellectuelle moins développée que celle des pédagogues, fit que ceux-ci ont considéré jusqu'à ce jour la gymnastique comme matière inférieure en éducation ; comme sujet à exhibition pour quelques privilégiés sacrifiant plus à leurs muscles qu'à leur cerveau. Le jour où les pédagogues se trouveront en présence d'une Méthode vraiment rationnelle d'éducation physique la question sera tranchée, ils l'adopteront parce que cette méthode par son rationnalisme même leur permettra de faire rendre au cerveau de leurs élèves le maximum de rendement avec le minimum de lassitude. Jusqu'à ce jour il en a été autrement d'où la dualité entre pédagogues et sportifs.

Deux méthodes qui se trouvent actuellement en présence dans une lutte vive : la méthode allemande de Jahn, dite « française » ou « amorosienne » ; la méthode suédoise, de Ling.

Sans prendre parti pour l'une ni pour l'autre de ces deux méthodes, considérons le corps humain mis en fonction physiologique vis-à-vis du milieu, de lui-même et de ses semblables, par le mouvement physique.

Ici une définition de l'éducation physique s'impose.

DÉFINITION DE L'ÉDUCATION PHYSIQUE

L'éducation physique est l'ensemble des moyens psycho-dynamiques qui permettent de faire produire au corps humain le maximum de rendement physique et intellectuel avec le minimum de lassitude. L'éducation physique comprend :

1° *La gymnastique de formation* pour le développement méthodique du corps, ou gymnastique de principe, faite d'analyse des mouvements systématiquement réglés, classés, disciplinés et imposés, en vue d'une fin biologique recherchée d'avance ;

2º Les jeux et les sports ou *gymnastique d'application* faite- de synthèse et d'émotivité dans le plaisir à prendre; ou d'utilité à satisfaire par des mouvements libres et non réglés systématiquement.

L'éducation physique doit avoir pour effet :

1º Le développement rationnel du tronc par l'entraînement méthodique des muscles antagonistes et synergiques du thorax et de l'abdomen qui concourent aux trois grandes fonctions vitales de la nutrition : la respiration, la digestion, la circulation. Ce développement s'obtient par le redressement de la colonne vertébrale; par la fixation du centre de gravité du corps autour duquel pivote la vie de nutrition; par la fixation des omoplates et de la tête en arrière;

2º Le développement *proportionnel* des quatre segments, les bras et les jambes par l'entraînement physiologique des muscles et l'assouplissement des articulations ;

3º L'éducation du système nerveux par l'entraînement des localisations psycho-motrices des couches corticales du cerveau et des noyaux moteurs de la moelle épinière;

4º L'éducation de la volonté réfléchie et à longue échéance par la création de tendances au devoir à accomplir quotidiennement en imposant aux muscles des mouvements *disciplinés*. Le mouvement est de la pensée en acte, la pensée est du mouvement en puissance. Discipliner ses muscles c'est discipliner sa pensée;

5º Le développement de l'énergie physique et morale par l'entraînement progressif de la personnalité dans la recherche de l'effort utile.

Tels sont les effets qu'une bonne éducation physique doit produire sur l'homme et sur la race.

Envisageant la question sous ses grandes lignes, laissant de côté toutes les disputes d'école, adoptant la méthode cartésienne et faisant le vide autour de la question, je dirai en paraphrasant le *Cogito : J'agis, donc je suis. Que suis-je? Qui suis-je ?* Je vais répondre à la première question, celle qui a trait au développement somatique de l'homme mis en fonction mécanique, anatomique, physiologique, hygiénique, pédagogique par le mouvement discipliné de la gymnastique de formation. Le *Qui suis-je?* a trait à la psychologie du mouvement, c'est-à-dire à l'homme mis en fonction psychologique et sociale, par le mouvement libre de la gymnastique d'application, les jeux et les sports. Je ne puis aborder ici cette question très complexe, elle fournirait matière à un autre rapport.

LA MACHINE HUMAINE

L'homme est un corps vivant en station verticale soumis comme tous les corps de la nature à la loi de l'attraction terrestre. Son centre de gravité placé à la onzième vertèbre dorsale, face inférieure, bord antérieur est sans cesse attiré vers le centre de la terre, d'où lutte constante entre les deux centres de gravité celui de l'homme et celui de la terre. Le corps de l'homme est articulé, chaque articulation est attirée vers le centre de la terre; la station de l'homme étant la station verticale, chaque articulation doit être fixée à l'articulation voisine dans le sens de la ligne verticale, pour toutes les articulations, *en remontant* des pieds à la tête, d'où nécessité de s'adresser à tous les muscles extenseurs placés à l'angle *externe* de chaque articulation. Ces muscles sont antagonistes de la force d'attraction terrestre. Cet antagonisme a pour effet le redressement des segments articulaires les uns sur les autres et surtout des segments articulaires des vertèbres de la colonne vertébrale. Sur la colonne vertébrale s'insère un muscle important, celui-ci ouvre et ferme la vie, c'est le diaphragme. Le premier acte de l'enfant qui naît est une *inspiration*, le dernier acte du vieillard qui meurt est une *expiration*. La nutrition gazeuse assurée par le diaphragme passe avant la nutrition solide et liquide ; on peut vivre plusieurs jours sans manger ni boire, on ne peut vivre plusieurs minutes sans respirer. Si donc le diaphragme possède un rôle si important, au point de vue de la philosophie biologique il doit être le maître de toute la musculation. Tous les muscles du tronc sont ses serviteurs. Tous les muscles qui prennent un point d'appui au-dessus de lui sont *inspirateurs*, ils le servent pour faciliter son jeu ; tous les muscles qui prennent un point d'appui *au-dessous* de lui sont *expirateurs*, c'est-à-dire antagonistes des muscles placés au-dessus.

Le diaphragme est actif dans l'inspiration d'entretien ou respiration moyenne à raison de 300 à 500 centilitres d'air, par inspiration, il est secondé dans l'inspiration forte, par les muscles inspirateurs qui *soulèvent* la cage thoracique de bas en haut et qui l'élargissent de dedans en dehors, pour mieux assurer la nutrition gazeuse. L'hématose se produisant dans les poumons et la fonction faisant l'organe il est nécessaire d'agrandir au maximum le champ d'épandage pulmonaire pour que les échanges gazeux y soient nombreux, rapides et profonds, d'où nécessité de né jamais violenter le jeu élastique de la cage thoracique renfermant deux organes de vie, dont l'élasticité même assure la fonction de la vie : le cœur et les poumons.

Le squelette humain est formé d'un tronc divisé en trois étages, chacun de ces étages possède un développement osseux différent : 1º l'étage supérieur : la tête, capsule osseuse, protégeant le cerveau ou étage *psychique*; 2º l'étage moyen thoracique, cage osseuse élasticorigide, avec la colonne vertébrale, les côtes, le sternum, les clavicules et les omoplates, pour protéger deux organes élastiques : le cœur et les poumons, c'est l'étage *mécano-chimique;* 3º l'étage inférieur, l'abdomen, manchon musculo-osseux, très élastique pour assurer la fonction péristaltique des intestins, en même temps que très rigide par les os du bassin pour assurer un point d'appui à la colonne vertébrale, supportant le massif osseux costal, scapulaire et céphalique, c'est l'étage *chimique*.

Quatre grands segments s'insèrent au tronc : deux supérieurs, les bras; deux inférieurs, les jambes. Le segment des bras ou *train supérieur* est suspendu au tronc à l'aide d'un anneau musculo-osseux très élastique pour ne pas violenter l'élasticité de la cage thoracique : les clavicules en avant, les omoplates en arrière; celles-ci sont reliées à la colonne vertébrale par des muscles rhomboïdes et trapèze, une solution de continuité osseuse existe donc entre les deux omoplates, placées à la région postérieure et supérieure de la cage thoracique *pour servir de point d'appui fixe* à des muscles inspirateurs, serviteurs du diaphragme le principal de ces muscles est le *grand dentelé*. L'articulation de l'épaule est très souple et très peu résistante par sa constitution même en *forme de pince :* la clavicule en avant, l'omoplate en arrière. L'humérus est suspendu au bout du mors de la pince.

Le segment des jambes ou *train inférieur* est fixé au tronc à l'aide d'un anneau puissamment osseux, le bassin. Ici pas de solution de continuité entre les os, mais au contraire puissance très grande des vertèbres lombaires et du sacrum, pour donner un point d'appui rigide et fort à la puissance musculaire des fessiers et du massif dorso-lombaire *redresseurs* de la colonne vertébrale dans la station verticale *et luttant ainsi contre l'attraction terrestre* qui provoque la chute du corps en avant. L'articulation coxo-fémorale est très robuste, à type de « joint universel » solidement adaptée par des ligaments et des muscles puissants, elle donne appui au fémur sur lequel porte le poids du tronc et de là, à la jambe et au pied. *L'articulation du cou-de-pied, a donc une grande importance en éducation physique, puisque c'est sur elle que porte tout le poids du corps,* il y a donc nécessité à l'entraîner rationnellement par ses ligaments articulaires et par ses muscles en vue de la fonction de la marche et du saut à laquelle elle préside. Elle assure la station verticale en permettant au centre de gravité du corps d'être fixé dans son plan normal vertical et non dans des plans obliques antéro-postérieurs ou latéraux.

La méthode suédoise accorde une attention toute particulière à cette *articulation-base,* ignorée de toutes les autres méthodes surtout de la méthode allemande. Celle-ci porte son attention sur l'articulation du poignet dans les mouvements de suspension par les mains. Ling part des *pieds;* Jahn part des *mains.* Lequel des deux est dans la vérité biologique humaine?

Considérant de plus près le squelette, nous constatons que toute sa partie postérieure est plus osseusement développée que sa partie antérieure. Toutes les fortes saillies, toutes les épines, tubérosités, etc., sont situées en arrière, de l'occiput au sacrum, puis à la jambe, au calcanéum; par contre à la cuisse, les tubérosités sont situées en avant, au fémur, au tibia, une telle constatation nous amène à établir *a priori* ce fait que sur chacune de ces tubérosités osseuses doit s'insérer un muscle important, un *extenseur luttant contre l'attraction terrestre.* La fonction faisant l'organe, celui-ci se développe en raison de sa fonction. Le point d'appui du bras de levier osseux doit être d'autant plus fort et plus rigide que la puissance musculaire est plus grande en vue de la lutte provoquée par une plus grande résistance antagoniste. C'est pourquoi le système des vertèbres se développe énormément du sommet à la base, le sacrum étant plus développé que l'atlas et que l'axis, et les vertèbres lombaires plus épaisses et plus larges que les vertèbres cervicales. En avant à la cuisse, les condyles du fémur, la tubérosité du tibia et la rotule, constituent un système osseux à point d'appui très solide pour la puissance musculaire du *quadriceps fémoral,* muscle extenseur de la jambe sur la cuisse.

Si maintenant nous examinons la cage thoracique, nous constatons qu'elle est constituée de deux os placés parallèlement sur un même plan vertical, l'un est indépendant : l'omoplate; l'autre est fixé à la cage thoracique : le sternum.

L'homme étant un *marcheur* par ses jambes, son *omoplate* possède une forte *épine.* L'omoplate donne insertion à des muscles puissants qui la fixent dans le plan vertical, contre la cage thoracique, le rhomboïde, l'angulaire de l'omoplate, le grand dorsal et surtout le trapèze, et tout cela pour permettre au grand dentelé, élévateur des côtes, de soulager le diaphragme dans sa fonction inspiratrice.

L'oiseau étant un *grimpeur* dans l'air par ses bras, chaque coup d'aile est l'équivalent d'une montée de marche d'escalier que l'homme accomplirait avec ses jambes, l'oiseau, dis-je, doit posséder une anatomie osseuse thoracique différente de celle de l'homme, nous constatons en effet que son *sternum* au lieu d'être aplati comme chez l'homme est très développé surtout chez les oiseaux à bras de leviers courts, c'est-à-dire à ailes courtes pour la force à déployer; il possède de plus un *bréchet,* équivalent de l'épine de l'omoplate chez l'homme. Ce bréchet donne un point d'appui fixe et rigide au muscle *grand pectoral,* abaisseur des ailes, de haut en bas, et de dehors en dedans pour le vol, chez l'oiseau.

Les bras chez l'homme étant un système de préhension l'appel au point d'appui du grand pectoral sur le sternum est plus souvent répété que l'appel du point d'appui sur l'humérus parce que l'homme n'est pas un grimpeur.

Le grand pectoral contribue à l'inspiration quand le point d'appui est pris sur l'humérus, mais il n'est pas le muscle inspirateur par excellence, le petit pectoral est plus inspirateur que le grand pectoral par son insertion à l'apophyse coracoïde et aux troisième, quatrième et cinquième côtes.

Le véritable muscle inspirateur est le grand dentelé. La gymnastique de suspension allemande violente la fonction du grand pectoral en lui laissant prendre un point d'appui sur l'humérus plus que sur le sternum pour le soulèvement du corps en l'air. Quand le point d'appui le plus fort est placé sur le sternum le grand pectoral agit chez l'homme comme chez l'oiseau en attirant les bras de dehors en dedans, en rapprochant ainsi les deux moignons de l'épaule et resserrant la cage thoracique par compression. Nous verrons plus loin que la lutte entre les deux méthodes, la méthode allemande et la méthode suédoise, se résume dans la lutte entre deux os, c'est-à-dire entre deux points d'appui de la puissance musculaire, le sternum en avant avec la méthode allemande; l'omoplate en arrière, avec la méthode suédoise.

Les plans de la progression chez l'homme et chez l'oiseau à l'égard de la lutte contre l'attraction terrestre sont différents, voilà pourquoi tout le train postérieur est sacrifié chez l'oiseau au train antérieur, alors que chez l'homme c'est le train supérieur (antérieur de l'oiseau), qui est sacrifié au train inférieur (postérieur de l'oiseau). Si donc la nature a doté l'homme d'une épine puissante à l'omoplate et l'oiseau d'une épine puissante ou bréchet au sternum, c'est que les fonctions musculaires de l'homme et de l'oiseau sont différentes.

Ici j'en arrive aux deux méthodes de gymnastique en présence, la méthode suédoise qui s'adresse surtout à *l'omoplate*; la méthode allemande qui s'adresse au *sternum*. La lutte entre les deux écoles se résume donc dans la lutte entre deux os : *l'omoplate* avec la Suède; le *sternum* avec l'Allemagne. L'anatomie biologique peut seule trancher la question de Méthode.

Le *sternum* de l'homme ne possédant pas d'épine, l'homme n'est pas constitué pour se suspendre en l'air par les bras; *l'omoplate* de l'oiseau ne possédant pas l'épine de l'omoplate de l'homme, l'oiseau n'est pas fait pour marcher sur terre, avec ses pattes : conclusion, toute gymnastique qui localise les efforts de l'homme *sur les pieds* et sur la partie postérieure du corps doit être forcément une gymnastique rationnelle puisqu'elle répond aux lois de la biologie humaine, puisqu'elle facilite en cela le plus libre jeux de la cage thoracique en avant, pour la meilleure fonction des poumons et du cœur, par contre, toute gymnastique qui localise les efforts de l'homme, sur les bras et sur la région sternale doit être forcément mauvaise et antiphysiologique parce qu'elle violente l'élasticité de la cage thoracique et qu'elle atténue la fonction du cœur et des poumons. La vie est une oxydation, toute gymnastique rationnelle doit faciliter cette fonction; celle-ci ne peut être établie que grâce au développement maximum du champ d'épandage pulmonaire, d'où nécessité de ne jamais rétrécir l'aire de ce champ d'épandage surtout au moment où le sang passe en plus grande quantité au cours des exercices de gymnastique, des jeux et des sports.

Le cœur droit, accomplit une fonction parallèle à celle des poumons, c'est lui qui envoie à ceux-ci le sang veineux à hématoser. Resserrer la surface d'épandage des poumons c'est par contre-coup, forcer le ventricule droit à plus de travail et, par la répétition même, provoquer des désordres circulatoires graves.

Le cœur n'est pas une pompe *foulante* et *aspirante*. C'est une pompe foulante par les ventricules gauche et droit. Qui dit aspiration, dit modification dans la pression barométrique, c'est-à-dire dans l'équilibre de l'air. Il n'y a pas d'air dans le sang, mais il y en a dans les poumons, *ce sont donc les poumons qui constituent la pompe aspirante.*

Quatre forces font remonter le sang des pieds au cœur. Le travail synergique de ces forces est nécessaire pour lutter contre l'attraction terrestre qui attire vers le sol chaque élément figuré du sang et son plasma. Ces quatre forces sont : 1° *La Vis à tergo;* 2° *les systèmes des valvules sigmoïdes;* 3° *la contraction musculaire;* 4° *le système des vases communicants entre le ventricule droit et les poumons.* Nous subissons les deux premières forces : « *La Vis à tergo et les valvules sigmoïdes* », nous avons une action par la volonté sur les deux autres forces : la *contraction musculaire* et les *vases communicants.*

Voilà pourquoi, chaque fois qu'on veut faire passer plus de sang dans les poumons il faut d'abord songer au cœur *pour sa mise en train progressive;* de même pour la mise en train progressive du champ d'épandage pulmonaire. Il ne faut jamais oublier que la mise en train de l'élasticité du cœur et des poumons doit être établie progressivement, mais non *tout à coup,* violemment en « coup de *bélier* ». De même qu'on risque de rompre un tissu élastique n'ayant pas fonctionné depuis quelque temps, si on le tend tout à coup trop violemment, mais qu'il faut auparavant le mettre en train pour lui faire acquérir son maximum d'élasticité, de même on doit agir progressivement pour la mise en train du cœur et des poumons. Il faut donc provoquer méthodiquement l'élasticité du cœur périphérique : capillaires, artérioles, artères, veines, au début de toute séance de gymnastique ou de sport. L'importance en éducation physique de la circulation veineuse de retour est capitale. Il faut en assurer tout d'abord le libre jeu; sans cette précaution initiale on risque de forcer le cœur et les poumons.

La gymnastique allemande de suspension qui *met tout à coup* le corps humain en fonction maximum vis-à-vis de la lutte contre l'attraction terrestre, lutte d'autant plus grande et pénible que le poids du sujet est plus lourd, provoque tout à coup un travail énorme du cœur, non seulement par une circulation de retour plus intense imposée sans mise en train préalable du cœur et des poumons, mais par la compression de la cage thoracique due à la contraction violente des pectoraux opposant à l'inspiration une sangle musculaire rigide et emprisonnant ainsi les organes élastiques de vie, le cœur et les poumons. C'est précisément au moment où le maximum de sang veineux de retour arrive aux poumons que cette gymnastique resserre leur champ d'épandage; c'est le moment où la circulation de retour est la plus intense que le cœur est comprimé de dehors en dedans par la sangle pectorale et à sa partie interne par l'afflux du sang venant des veines caves et le reflux du sang venant de l'artère pulmonaire, les poumons ne pouvant recevoir tout le sang envoyé par le ventricule droit le repoussent, c'est le coup de « bélier ». Ce coup se produit dans tous les sports, dans l'escrime entre autres, quand la mise en train a été trop violente et trop rapide. C'est ce qui se passe avec la gymnastique allemande, *sport aérien à poids lourd* et brutal pour le cœur, appliqué jusqu'à ce jour à l'enfance et à l'adolescence en voie d'évolution.

Je dois maintenant établir les règles qui président, d'après la méthode suédoise, à la mise en train rationnelle de la circulation et de la respiration, ainsi qu'à la répartition des mouvements de gymnastique à chaque région du corps en vue d'un meilleur entraînement des grandes fonctions biologiques humaines : la respiration, la circulation, la digestion, les sécrétions, l'innervation, la musculation.

On ne peut aboutir qu'à la condition de discipliner le mouvement et d'établir une classification qui fixe sa manière d'être.

La gymnastique rationnelle par le mouvement discipliné ne peut être appliquée qu'à la condition de bien connaître la valeur des *six* manières d'être suivantes :

LES SIX MANIÈRES D'ÊTRE DU MOUVEMENT DISCIPLINÉ

Les *six manières d'être du Mouvement discipliné* sont :

1° Les *deux gymnastiques* :
    a) de formation ;
    b) d'application.

2° Les *cinq points d'appui* du corps humain pris *sur le sol* et *au-dessus* du sol.

3° Les *cinq facteurs du mouvement* s'appliquant à la *résistance* et à la *puissance* des leviers articulaires.

4° Les *trois moments du mouvement* au cours de son exécution.

5° Les *douze répartitions du mouvement* dans lesquelles le corps humain est mis en fonction au moyen des *quatre manières d'être* du mouvement : *Gymnastique, Points d'appui, Facteurs du mouvement, Moments du mouvement.*

6° Les *quatre catégories des exercices* avec ou sans agrès.

Reprenant cette classification, je dois dire ce qu'il faut entendre par chacune des *six manières d'être du mouvement.*

I. — LES DEUX GYMNASTIQUES.

Par les deux gymnastiques, il faut entendre :

1° **La Gymnastique de formation** qui comprend la Gymnastique :	*Pédagogique ou Hygiénique.*	De constitution, d'économie des forces, de développement pour la *Formation* et pour l'*Entretien* du *Moi.*
2° **La Gymnastique d'application.** Celle-ci découle de la Gymnastique de formation ; elle comprend les applications esthétiques, militaires et médicales suivantes.	*Esthétique ou Artistique.*	De gestes rythmiques, d'attitudes plastiques, de beauté dans la forme, d'art dramatique, d'application au chant, etc., pour l'*Ennoblissement* ou pour l'*Agrément intellectuel* du *Moi.*
	Militaire, Athlétique, et Sportive.	De lutte, de compétition, de combat, de protection, d'attaque, de défense, d'action violente, etc., pour l'*Affirmation* et pour la *Domination* du *Moi.*
	Médicale et Thérapeutique.	De réparation après la lutte, ou dans la lutte pour la vie ; de rétablissement des forces dans la maladie ; de correction de la forme pathologique, etc., pour le *Relèvement* et pour la *Reprise* du *Moi.*

II. — LES CINQ POINTS D'APPUI OU POSITIONS FONDAMENTALES DU CORPS PRIS SUR LE SOL OU AU-DESSUS DU SOL

Les *cinq* points d'appui ou positions fondamentales pris sur le sol ou au-dessus du sol permettent de mettre en fonction mécanique le jeu des leviers articulaires par la fixation initiale du centre de gravité du corps humain, c'est-à-dire par la fixation du tronc à la onzième vertèbre dorsale.

Le tronc donnant un point d'appui aux segments, bras et jambes, ce point d'appui doit être rigide afin de permettre aux leviers du troisième genre, bras, jambes et tronc, de jouer dans ses plans géométriques recherchés d'avance, en vue d'une action directe à accomplir sur une ou plusieurs des grandes fonctions vitales.

Les cinq POSITIONS FONDAMENTALES du corps pris sur le sol sont Directes et Indirectes.

DIRECTES s'adressant au **TRONC** avec

  a) Point d'appui du centre de gravité pris *sur* le sol en *équilibre stable*, en position fondamentale.
    1° *Debout.*
    2° *A genoux.*
    3° *Assis.*

  b) Point d'appui pris *sur* le sol en *équilibre indifférent*, en position fondamentale.
    4° *Couché.*

  c) Point d'appui du centre de gravité pris *au-dessus* du sol *avec les mains* en *équilibre stable*, en position fondamentale.
    5° *Suspendu à un espalier ou mur articulé.*

INDIRECTES s'adressant aux **SEGMENTS**

  Aux *Jambes* en position :
    a) *Dérivés de Fixe (Fente).*
    b) *Sous-dérivés de Fixe (Crochet.)*

  Aux *Bras* en position :
    a) *Annexes de Fixe (Croix).*
    b) *Sous-annexes de Fixe (Aile).*

Les bras et les jambes ne font que renforcer le travail des muscles du tronc, en raison même du point d'appui que ces segments prennent sur le tronc et du poids représenté par ces segments mobilisés.

III. — LES CINQ FACTEURS DU MOUVEMENT.

Les cinq facteurs du mouvement qui régissent la *résistance* et la *puissance* du bras de leviers articulaires, sont :

1° *La Force à déployer*, qui se calcule au *gramme;*

2° *La Durée de la séance*, qui se calcule à la *minute;*

3° *Le Rythme du mouvement*, qui se calcule à la *seconde* ou à la *division de seconde;*

4° *La Répétition des mouvements*, qui se calcule à la *quantité* des mouvements ;

5° *La Combinaison des mouvements*, qui se calcule à la *qualité* des mouvements.

La *Force* ou *Puissance* étant nécessaire au jeu des leviers doit être disciplinée.

Dans tout levier, la puissance ou force est fonction de la résistance. Sans résistance, pas de puissance à mettre en jeu. Mais la résistance et la puissance sont fonctions du point d'appui, d'où nécessité de bien fixer *tout d'abord* le point d'appui chaque fois qu'on veut exécuter un mouvement discipliné. Il faut dès lors fixer le point d'appui du tronc, puis celui de chaque segment à mobiliser autour du tronc, base principale du mouvement. Ce point d'appui peut être pris SUR le sol ou AU-DESSUS du sol, mais à la condition de toujours bien fixer la colonne vertébrale en vue du point d'appui que les piliers du diaphragme y prennent et cela *afin d'assurer la respiration, c'est-à-dire l'hématose.* Donc, nécessité biologique absolue de ne jamais violenter le diaphragme par *l'application de faux points d'appui. Le travail de la puissance* peut être intensifié par la *répétition* et la *combinaison* des mouvements ou par des *poids ajoutés* supplémentairement au poids des segments articulaires à mobiliser. *Répétition, combinaison avec poids intensifient au maximum le mouvement.*

La *force* est mise en fonction par les moyens suivants :

1º Avec *appui* PÉDESTRE pris *sur* le sol, à mains libres, *sans engins*. Le poids du segment à mobiliser constitue la *résistance* à vaincre. *C'est la gymnastique de plain pied à mains libres*, le corps humain étant considéré comme un agrès par son point d'appui sur le sol.

2º Avec *appui* PÉDESTRE pris *sur* le sol, à mains libres et avec *appui supplémentaire* d'un segment, pris sur un appareil *stable et rigide* servant à localiser le travail de la puissance au segment à mobiliser. Le poids du segment constitue la résistance à vaincre. C'est la gymnastique avec agrès suédois *stables et rigides*, tels que l'*espalier* ou mur articulé, le *bomme* ou poutre pouvant s'élever ou s'abaisser pour fixer telle ou telle grande articulation du corps.

3º Avec appui MANUEL pris *au-dessus* du sol, sur un appareil stable, rigide et vertical, constituant un mur articulé contre lequel s'étalonne et se fixe la colonne vertébrale pour la *localisation* de la *puissance* au segment inférieur à mobiliser en vue d'une action directe et bien définie d'avance sur l'abdomen, sur le massif musculaire sacro-lombaire et dorso-lombaire, sur le psoas-iliaque, sur les piliers du diaphragme, sur le grand dorsal, sur le trapèze, etc. Le poids du *segment des jambes* à soulever constitue la *résistance*.

C'est la gymnastique à l'espalier suédois. Dans ces trois manifestations du mouvement, le poids du segment seul à mobiliser constitue la *résistance*.

La *résistance* peut être intensifiée par la répétition de la combinaison et surtout par l'application d'un poids supplémentaire faisant OPPOSITION et, par ce fait, *établissant une lutte* entre le segment et le centre de gravité de la terre par attraction d'autant plus vive que le poids ajouté au bras du levier articulaire mobilisé est plus lourd.

Dans *la lutte par l'opposition à l'attraction terrestre*, la *force* est mise en fonction par l'*antagonisme de l'opposant*. Cet opposant est le plus souvent la force antagoniste de l'attraction terrestre.

La force est alors déployée :

1º Avec appui *pédestre* pris *sur* le sol ;

2º Avec appui *manuel* pris *au-dessus* du sol.

1º Avec l'appui *pédestre* pris *sur* le sol et la *graduation* dans la force de la *résistance, avec* ou *sans* lutte contre la force antagoniste de l'attraction terrestre, on utilise les appareils élastiques : 1º humains ; 2º mécaniques. 1º L'appareil humain fournit l'opposant médical : l'homme oppose sa force active ou passive à la force du sujet, dans la lutte athlétique deux forces humaines actives ou passives, se trouvent en présence et à égalité d'action violente ; 2º les appareils mécaniques utilisés sont les ressorts à boudin, les divers appareils en caoutchouc de la gymnastique dite « de chambre ».

2º Avec l'appui *pédestre* pris *sur* le sol, et la *graduation* de la résistance mais *avec lutte* contre la force antagoniste de l'attraction terrestre. On utilise les *engins rigides*, tels que les mils, les haltères, les poids légers ou lourds. La force à développer est fonction de la résistance établie d'après le poids ajouté au levier articulaire mis en fonction.

C'est la méthode préconisée par les écoles dites de *culture physique*. L'effort porte surtout sur les bras et sur la partie supérieure de la cage thoracique. Il peut être *gradué* par la graduation même des poids *opposant* leur résistance. La longueur du bras de levier doit également entrer en ligne de compte dans la graduation de l'effort pour le poids à ajouter.

3º Avec l'appui *manuel* ou pédestre pris *au-dessus* du sol, *sans graduation* de la résistance, *avec lutte vive contre l'attraction terrestre,* le poids total du corps est tout à coup mobilisé. *Le diaphragme est de ce fait, fortement violenté.*

Cette gymnastique utilise les agrès rigides *stables et instables.* Au nombre des agrès rigides stables on trouve les *barres parallèles,* le *rec* ou *barre fixe,* la *planche à établissement,* etc., dans les agrès instables on trouve les *anneaux,* le *trapèze,* le *vindas* ou *pas de géant.* C'est la méthode de gymnastique allemande, de Jahn, gymnastique de lutte violente contre la force antagoniste de l'attraction terrestre avec point d'appui pris sur le sommet du thorax et sur l'articulation de l'épaule, dont la forme en pince impose l'élasticité dans la souplesse du mouvement et non la force dans la rigidité.

Cette méthode est appliquée dans les Sociétés de gymnastique, elle est imposée dans les divers Manuels officiels de gymnastique de publication récente.

Elle donne satisfaction au phénoménisme et au goût de la parade; elle sacrifie le faible au fort; elle est antiphysiologique et antipédagogique. Pour ces raisons elle est antisociale.

A vrai dire on a introduit dans ces Manuels quelques mouvements de la méthode suédoise, mais sans ordre, ni principes directeurs, aussi leur efficacité est détruite par les mouvements de la méthode allemande.

La durée, le rythme, la répétition et la combinaison peuvent intensifier la force. Il suffit pour cela de prolonger la durée, de précipiter ou de ralentir le rythme, d'augmenter la répétition ou de compliquer la combinaison des mouvements dans des attitudes fatigantes à prendre ou à maintenir dans l'une des cinq positions fondamentales. L'opposant humain ou mécanique amplifie le travail et provoque la force musculaire nécessaire pour vaincre la force antagoniste de l'attraction terrestre.

IV. — LES TROIS MOMENTS DU MOUVEMENT AU COURS DE SON EXÉCUTION.

Le principe de toute action humaine consciente est la correction des fautes commises, ce principe domine la pédagogie, il doit donc être appliqué à l'éducation physique au même titre qu'à l'éducation intellectuelle ou morale. Les suédois ont divisé l'exécution du mouvement discipliné, *en trois moments.*

Le premier moment comprend l'attitude générale *au repos* imposée au corps, au commencement et avant l'exécution du mouvement, cette attitude est prise dans l'une des *cinq positions fondamentales* : 1º debout; 2º à genoux; 3º assis; 4º couché ou 5º suspendu. Elle doit être maintenue dans la pureté la plus absolue des lignes ce qui impose tout d'abord un travail statique et synergique de tous les groupes musculaires antagonistes se faisant équilibre dans leur action commune.

Le deuxième moment est constitué par *l'acte* au cours duquel on impose au mouvement les *cinq* facteurs cités plus haut : 1º la force; 2º la durée; 3º le rythme; 4º la répétition; 5º la combinaison.

Le troisième moment comprend l'attitude générale imposée au corps à la fin de l'acte *après* l'exécution du mouvement, avec la correction des fautes commises, la rectification des attitudes de compensation prises pendant le mouvement et surtout à la fin du mouvement, attitudes qui détruisent l'effet recherché au point de vue morphologique et biologique.

La plus grande attention doit être apportée à la correction des attitudes de compensation ; celles-ci se produisent automatiquement sous la loi du moindre effort, le sujet utilise alors le poids de ses divers segments en déplaçant leur centre de gravité du plan qu'ils n'auraient pas dû abandonner. Les causes d'erreur sont nombreuses *et insidieuses*. Il faut les rechercher avec attention, un œil bien exercé peut seul les découvrir ou les deviner sous le costume qui cache la faute commise. Cette faute paraît quelquefois insignifiante, c'est alors qu'elle est le plus souvent capitale, parce qu'elle provoque par répercussion des fautes éloignées et ignorées. C'est ainsi qu'il faut aller chercher du côté des pieds la raison d'une faute commise à la tête ou à l'épaule. Un tel dépistage réclame du maître une connaissance très exacte de la méthode de gymnastique en même temps qu'un œil très expérimenté. C'est du défaut de cette connaissance et du peu de valeur de l'œil que naissent toutes les discussions en éducation physique. Celles-ci proviennent des erreurs commises et d'une fausse nterprétation des mouvements disciplinés par ignorance de la vraie méthode rationnelle.

V. — Les douze répartitions des mouvements disciplinés de la leçon-type.

La gymnastique étant *la science du mouvement discipliné* appliqué à la machine humaine en vue de ses fonctions physiologiques et psycho-dynamiques à l'égard des lois biologiques individuelles et collectives, doit être dosée *quantitativement* et *qualitativement*. Pour cela il est nécessaire de codifier les mouvements.

Une progression doit donc régir cette application. C'est pourquoi le travail dans une séance de gymnastique éducative de formation doit être réglé de façon à être fourni en *crescendo* pour arriver au *descrescendo* final.

Cette séance ou leçon-type est divisée en *douze* parties, chacune d'elles ayant son but précis à l'égard des grandes fonctions de l'économie.

Voici les effets recherchés dans chacune des douze parties de la Leçon-type.

1re Partie. — Mouvements d'ordre de mise en place. Début de la séance.

2e Partie. — Mouvement s'adressant à la Tête pour une meilleure circulation sanguine du cerveau.

3e Partie. — Mouvements s'adressant aux Bras pour augmenter le développement de la surface respiratoire des poumons, en vue du plus grand travail qui va suivre.

4e Partie. — Mouvements s'adressant aux Jambes pour activer la circulation et envoyer, sans danger, plus de sang aux poumons déjà entraînés par les mouvements des bras.

5e Partie. — Mouvements du Tronc. *(Région postérieure)*, pour fortifier les muscles extenseurs de la tête, de la colonne vertébrale, du bassin et des jambes en vue d'une meilleure respiration, par un point d'appui plus solide donné aux piliers du diaphragme et aux omoplates.

6e Partie. — Mouvements du Tronc. *(Région antérieure)*, pour activer la digestion, et agir en même temps sur la circulation et la respiration.

7e Partie. — Mouvements du Tronc. *(Régions latérales)*, droite et gauche. Mêmes effets digestifs, respiratoires et circulatoires.

8e Partie. — Mouvements de torsion gauche et droite du Tronc pour activer la digestion par auto-massage de l'estomac et des intestins.

9e Partie. — Mouvements combinés : 1º *En équilibre stable;* 2º *En équilibre instable*, ayant une action plus particulière sur le Système nerveux, cerveau et moelle épinière, par la coordination des mouvements dans l'association et dans l'antagonisme alternatifs des localisations médullaires.

10ᵉ Partie. — Mouvements de *Gymnastique sportive* : jeux, courses, sauts, lutte, escalade, escrime, exercices athlétiques.violents, activant la circulation et la respiration, EXCITANT le cœur et les poumons à un plus grand travail.

11ᵉ Partie. — Mouvements de *Gymnastique respiratoire* CALMANT le cœur et les poumons et rétablissant la circulation et la respiration normales.

12ᵉ Partie. — Mouvements SÉDATIFS de fin de séance attirant le sang aux pieds pour dégager complètement le cœur et les poumons.

On peut à volonté doser l'effort à produire chez l'enfant, l'adolescent, l'adulte, l'homme mûr, le vieillard, et dans les deux sexes, grâce à cette division. Il suffit pour cela d'appuyer ou non sur telle ou telle partie du mouvement, mais il faut que la leçon *soit toujours donnée dans ses douze parties, à chaque séance.* Il ne faut pas par exemple exécuter telle ou telle partie, tel ou tel jour en délaissant les autres. Le système à *tiroir* de cette leçon avec l'élasticité que lui donnent les quatre premières *manières* d'être du mouvement discipliné, permettent d'agir sur le corps humain comme un chef d'orchestre agit sur son orchestre. Chaque groupe instrumental fournissant son rendement en vue de l'exécution générale des nuances harmoniques.

Les Suédois établissent sur ces bases leur leçon-type avec les *quatre catégories suivantes des exercices* :

VI. — LES QUATRE CATÉGORIES DE LA LEÇON-TYPE SUÉDOISE DES EXERCICES EXÉCUTÉS AVEC OU SANS AGRÈS

1º *Les exercices préparatoires* dans lesquels entrent quelques exercices des *douze* répartitions du mouvement discipliné, tels que « mise en place », « marches », « mouvements élémentaires des bras, des jambes, du tronc, de la tête. »

2º *Les exercices fondamentaux* dans lesquels chacune des douze répartitions du mouvement est plus ou moins localisée et intensifiée avec l'aide ou sans l'aide d'agrès renforçant le travail tout en le localisant. Ces exercices comprenant *dix* divisions, qui sont :

1º Les mouvements combinés des jambes et des bras;
2º   —   d'extension dorsale;
3º   —   de suspension;
4º   —   d'équilibre;
5º   —   de marche et de course;
6º   —   des muscles dorsaux;
7º   —   des muscles abdominaux;
8º   —   des muscles latéraux du tronc;
9º   —   de sauts, de courses, de jeux, etc.;
10º   —   de respiration.

3º *Les exercices dérivatifs* sont en quelque sorte les exercices préparatoires ayant pour effet de rétablir la circulation et la respiration normale à la fin de la séance;

4º *Les exercices respiratoires* proprement dits sont exécutés au cours de la séance au fur et à mesure des besoins et chaque fois que le professeur s'aperçoit d'une gêne respiratoire ou circulatoire chez l'exécutant.

RÉSUMÉ. — En résumé la gymnastique par le mouvement discipliné a pour principe la provocation au plus grand effort avec le minimum de fatigue, par le respect des lois biologiques, celles de la respiration et de la circulation étant les premières à considérer.

. Le schéma de la leçon-type de gymnastique est un *crescendo* avec ascension progressive et méthodique de la ligne de l'effort à produire sur le cœur, sur les poumons et sur le système digestif ; sur le système nerveux et sur le système musculaire, jusqu'au *fortissimo* des exercices de sauts, de lutte, d'escalade, etc., par la gymnastique d'application pour arriver par un *decrescendo* méthodique à un *pianissimo* final. Au cours de la séance, ces nuances s'accusent ou s'imposent par des *crescendo* et des *decrescendo*, des *vivaces* suivis d'*andante* ralenties allant jusqu'au *lento*.

La notation musicale paraît le mieux convenir au mouvement discipliné par son élasticité et sa simplicité mêmes.

Une grande analogie existe entre la direction d'un orchestre et la direction d'une leçon de gymnastique. Chaque fonction biologique constitue le thème sur lequel le mouvement doit être réglé et auquel il doit être appliqué d'après un rythme spécial et des nuances souvent très délicates. En musique le geste se traduit par des vibrations disciplinées ; en gymnastique le geste se traduit par des mouvements disciplinés ; ces mouvements, en dernière analyse, ne sont que des vibrations disciplinées ; vibrations nerveuses, vibrations musculaires.

On doit sortir d'une séance de gymnastique rationnelle plus fort, plus souple, plus reposé, plus résistant et plus prêt à recommencer qu'en y entrant. Il faut demeurer toujours au-dessus de ses moyens. Une bonne séance de gymnastique doit donner l'impression d'un bon bain fortifiant et sédatif à la fois. Toute séance de gymnastique qui irrite et qui fatigue n'est pas une séance bien donnée. Elle peut être athlétique, sûrement elle n'est ni pédagogique, ni hygiénique encore moins thérapeutique. De tels effets ne peuvent être obtenus que par l'application d'une méthode rationnelle de gymnastique et par des professeurs vraiment instruits. En Suède les professeurs de gymnastique sont généralement des officiers, lieutenants, capitaines, colonels même.

La méthode de gymnastique éducative, dont nous devons les principes au génial suédois Ling et que l'école suédoise a sans cesse mise au point au cours du xixe siècle, à l'Institut Central de Gymnastique de Stockholm, cette méthode, dis-je, par son élasticité et son système « à tiroir » donne satisfaction à tous les besoins.

Elle est avant tout pédagogique et hygiénique, c'est-à-dire de *formation* et d'*entretien* du *moi*. Elle prend donc la vie dès son principe même ; elle s'accommode ensuite à la vie.

Par le développement du *Rythme* du mouvement, elle répond au besoin d'Esthétique et de Beauté ; par le développement de la *Force* elle donne satisfaction au besoin d'Affirmation et de Lutte de l'individu, elle devient militaire et athlétique ; par la localisation et l'application posologique du mouvement, elle devient médicale et thérapeutique. Le mouvement aliment se transforme en remède sous la direction du médecin.

La thérapeutique est l'hygiène du malade, de même que l'hygiène est la thérapeutique de l'homme valide. Cette gymnastique ne violente jamais la Nature, elle la suit, elle la sert, c'est en cela qu'est sa supériorité sur toutes les autres gymnastiques. Elle peut très facilement devenir un instrument redoutable dans des mains inexpérimentées. Elle peut devenir ennuyeuse, alors qu'elle est vraiment très récréative ; être très fatigante, alors qu'elle est très fortifiante.

Toutes les discussions à son sujet proviennent de ce que ceux qui l'ont introduite en France ne la connaissaient que très superficiellement.

Ils ont élaboré une méthode hybride, qu'ils ont fait admettre comme la vraie méthode avec des principes faux, d'où des erreurs commises ; des mots vagues ont dominé des faits précis, d'où le discrédit et les discussions.

La grande erreur est de croire qu'on fortifie un muscle ou un groupe musculaire par lui-même, en localisant le travail à ce muscle ou à ce groupe musculaire seul.

Il faut souvent aller chercher très loin le muscle ou le groupe musculaire qui *bénéficie vraiment* du travail direct d'un autre groupe musculaire. C'est ainsi que dans certains mouvements des bras ce sont les muscles de l'articulation de la jambe et les ligaments de la patte d'oie avec le quadriceps fémoral qui travaillent, etc. On peut facilement et rapidement hypertrophier un muscle *mais l'hypertrophie n'est pas la force*. La force d'un muscle ou d'un groupe musculaire est faite de la force de tous ses congénères, et, je le dis une fois encore, souvent très éloignés les uns des autres, mais dont l'action synergique ou antagoniste est nécessaire. « Un pour tous, tous pour un », telle est la devise de la « République des muscles ».

L'homme vraiment fort est celui dont toute la musculature est harmonieusement développée et non pas celui dont quelques régions musculaires du tronc, des bras ou des cuisses, sont seules hypertrophiées. La vie est faite d'harmonie ; l'harmonie doit donc régner dans toutes les fonctions du corps humain : la respiration, la circulation, la digestion, les sécrétions, l'innervation, la musculation. Deux exercices servent de critérium à l'harmonie de la musculation : 1° dans *l'acte statique*, c'est la *position du corps en fixe, les bras tendus parallèlement au-dessus de la tête*. Dans cette attitude la ligne générale doit être verticale du bout des doigts, mains ouvertes jusqu'au talon, sans courbures de compensation des épaules, de l'abdomen, des jambes, des bras ou des mains ; 2° dans *l'acte dynamique* c'est le *saut* avec son élan, son vol et surtout son *arrivée* sur le sol dans une chute où le *tronc demeure fixé dans le plan vertical* ; où l'articulation tibio-tarsienne bien entraînée, subit le choc sans déviation aucune sous l'influence de la chute du poids qu'elle supporte.

Savoir fixer les points d'appui osseux pour la puissance musculaire à provoquer ; discipliner cette puissance en vue de vaincre la résistance opposée par le segment du corps à mobiliser, que ce segment soit libre ou surchargé d'un poids supplémentairement appliqué, est le principe même de toute gymnastique rationnelle. La connaissance de la fixation des points d'appui du corps ou des segments du corps est une science très complexe.

Toute gymnastique rationnelle doit provoquer le sens *de l'effort utile*, et répondre en même temps au besoin critique de l'analyse de chaque personne qui veut se rendre compte de la valeur et de la portée de l'acte physique avant de l'accomplir. La gymnastique rationnelle est moins une gymnastique des muscles qu'une gymnastique des localisations corticales et des noyaux médullaires. Discipliner la moelle épinière avec le concours des muscles c'est discipliner le mouvement par acte réflexe, mais la moelle épinière ne pouvant être disciplinée que par les muscles, c'est par la discipline des muscles qu'il faut commencer. On parvient ainsi à créer un entraînement général dans lequel les fonctions synergiques et antagonistes sont d'autant mieux équilibrées que l'équilibre est établi, par avance, dans les localisations corticales entre elles-mêmes ; dans les noyaux moteurs médullaires entre eux ; dans l'association nerveuse générale et synergique des localisations et des noyaux entre eux.

Plus que tout autre peuple le Français par son émotivité même, doit apprendre à discipliner ses gestes afin de mieux discipliner sa pensée.

A pensée exacerbée, mouvements désordonnés; à pensée calme, mouvements ordonnés. On arrive avec son cerveau. On peut atteindre le cerveau par le muscle; la cérébration par la musculation. Jusqu'à ce jour les principes de la discipline intellectuelle et morale ont été imposés comme une valeur fiduciaire par le précepte oral. On a ignoré un facteur puissant: le *mouvement musculaire discipliné*. Celui-ci constitue, non une valeur fiduciaire, mais une valeur consolidée par le geste vécu, cérébralement et musculairement et surtout personnellement contrôlé.

La meilleure des théories contre l'alcoolisme, le tabagisme, l'érotisme, etc., ne valent pas le fait vécu par celui qui constate sur lui-même que l'alcool, le tabac, etc., les excitations génésiques sont mauvais en gymnastique et dans les sports. Ce précepte est ainsi vécu et contrôlé.

L'œuvre que nous poursuivons personnellement depuis vingt-deux ans, avec la Ligue Française de l'Éducation physique tend précisément à donner une formule nouvelle et rationnelle pour le meilleur développement physique de notre jeunesse. Cette œuvre est avant tout pédagogique et hygiénique.

Elle s'adresse *aux deux sexes* et *à tous les âges*. La méthode athlétique utilisée jusqu'à ce jour est une méthode égoïste, elle ne s'adresse qu'aux riches en santé, en jeunesse et en force, elle ignore l'enfant, l'homme mûr et le vieillard; elle délaisse surtout la femme, et quand elle la prend elle la fatigue, la déforme ou la tue dans ses fonctions de vie. Il faut réagir, créer une mentalité nouvelle *par la science du geste discipliné.*

CONCLUSION. — La solution de la question physique est au Foyer par l'École. C'est la femme, c'est la mère, c'est le pédagogue, c'est l'instituteur, *c'est surtout l'institutrice* qui créeront les meilleures tendances en faveur de cette mentalité nouvelle. Cette révolution dans nos mœurs pédagogiques et sociales sera facilitée par le médecin mieux informé sur les choses du mouvement discipliné, facteur de forces physiques, intellectuelles et morales et du relèvement de la race.

Pour cela, il est nécessaire que des cours d'éducation physique soient institués dans les Facultés de médecine et qu'un enseignement rationnel soit donné en même temps dans toutes les écoles de France des deux sexes et à tous les degrés, d'après une méthode *vraiment rationnelle*. Cette méthode nous fait encore défaut. Il faut la posséder au plus tôt. L'œuvre sera pénible.

L'automatisme humain est un adversaire redoutable. L'application d'une Méthode exacte peut seule nous permettre d'aboutir après cent ans d'erreur. Cette méthode existe, elle a fait ses preuves, c'est la méthode suédoise. Je viens d'en exposer les grandes lignes. Il faut l'adopter dans ses principes.

Elle entraîne la conviction de tous ceux qui la connaissent et qui l'appliquent exactement; sans esprit de parti et cela sous toutes les latitudes et sur toutes les races civilisées. Puissé-je avoir convaincu! Convaincre, c'est vaincre.